Fichi a bizzeffe: l'enciclopedia globale

1.Botanica e classificazione del fico

2.Il simbolismo del fico nel corso della storia

3.La ricerca della varietà di fichi perfetta

4.Le prime tracce storiche del fico

5.La migrazione globale del fico

6.La propagazione e la moltiplicazione dei fichi

7.I fichi nell'arte e nella letteratura

8. L'anatomia dettagliata di una figura

9.Le diverse specie di fichi selvatici

10.Il fico e gli ecosistemi circostanti

11.L'impollinazione dei fichi e la nascita dei fichi

12.Le stagioni di crescita del fico

13.I misteri del fico: leggende e credenze

14.L'importanza culturale del fico nelle società antiche

15.Il fico come fonte di nutrimento e salute

16.Il fico nella gastronomia internazionale

17.Ricette tradizionali a base di fichi

18.L'arte della coltivazione in vaso dei fichi

19.La dimensione e la formazione dei fichi

20.Le sfide della coltivazione dei fichi nei climi freddi

21.L'interazione tra il fico e le api

22.Il fico nella medicina tradizionale

23.Fig nei rituali di guarigione

24. Alberi di fico straordinari in tutto il mondo

25.Miti e leggende legate al fico

26.I segreti per conservare i fichi freschi

27.Prodotti derivati dal fico: oli, lozioni, ecc.

28.Il fico come simbolo religioso e spirituale

29.Fichi in rinomati giardini botanici

30.Il futuro della coltivazione del fico di fronte al cambiamento climatico

31.Il fico e la biodiversità

32.I diversi colori e forme dei fichi

33.I fichi nella cultura popolare contemporanea

34.Il fico nella cosmesi moderna

35. Malattie comuni del fico e loro trattamento

36.I nemici naturali del fico

37.Fichi e cucina vegana

38.L'arte dell'innesto sui fichi

39. Feste tradizionali che celebrano i fichi

40.Il fico come fonte di ispirazione artistica

41.Fichi e permacultura

42.Leggende urbane attorno al fico

43.I fichi nella cultura mediterranea

44.Il fico nella letteratura contemporanea

45.Il fico nelle pratiche culinarie regionali

46.Fichi e spiritualità orientale

47.Le varietà più rare di fichi

48.Il fico e l'industria dolciaria

49.L'uso delle foglie di fico nei rimedi tradizionali

50.Fico e cucina fusion moderna

51. Feste religiose e simbolismo del fico

52. Fichi nell'arte della calligrafia

53. Il fico nelle storie e nelle leggende per bambini

54. Fico come fonte di antiossidanti e sostanze nutritive

55. L'uso delle radici di fico nella medicina tradizionale

56. Fichi nei giardini reali e imperiali

57. Fico nella cosmesi naturale fatta in casa

58. Il fico nella cultura culinaria asiatica

59. Fichi nei diari di viaggio storici

60. Il fico e la viticoltura: l'arte del vino di fico

61. Gli alberi di fico nelle tradizioni del matrimonio e della nascita

62. L'influenza del fico sull'architettura e sul design

63. Fichi secchi: storia, preparazione e utilizzo

64. Il fico e la spiritualità indigena

65. L'uso delle foglie di fico negli alimenti

66. Alberi di fico nei giardini Zen e negli spazi meditativi

67. Fichi e pratiche di medicina alternativa

68. Il fico nella poesia e nel canto popolare

69. Gli alberi di fico nelle leggende delle popolazioni indigene

70. Il fico e la cucina molecolare contemporanea

71. L'uso delle radici di fico nell'artigianato

72. Alberi di fico nella cultura mediorientale

73. Il fico e la sostenibilità alimentare

74. Alberi di fico e pratiche di guarigione cinesi

75. L'arte di fare la marmellata di fichi

76. Il fico nelle credenze esoteriche

77. Alberi di fico nella cultura tradizionale africana

Capitolo 1: Botanica e classificazione del fico

Botanica e classificazione del fico

Il fico, scientificamente conosciuto come Ficus carica, è una pianta affascinante che da secoli cattura l'attenzione di botanici, orticoltori e amanti della natura. Appartenente alla famiglia delle Moraceae, il fico è una specie che si distingue per la sua caratteristica morfologia, la sua storia ricca cultura e il suo contributo all'ecosistema circostante.

Classificazione botanica

Il fico appartiene al genere Ficus, che comprende più di 800 specie diverse. La classificazione botanica del fico è la seguente:

- **Regno:**Plantae
- **Divisione:**Angiosperme (piante da fiore)
- **Classe** :Eudicoti
- **Ordine:**Rosales
- **Famiglia** :Moracee
- **Genere** :Ficus
- **Specie:**Ficus carica

Il fico è una pianta legnosa, decidua e a crescita relativamente rapida. È caratterizzata da foglie palmate, lobate e dentate, oltre che da fiori non visibili ad occhio nudo. I fiori si sviluppano all'interno di una struttura chiamata sicono, che in realtà è un ricettacolo rigonfio che racchiude in modo unico il fiore, il frutto e i semi.

Morfologia e caratteristiche

Il fico si presenta sotto forma di albero o arbusto, generalmente di medie dimensioni. Le sue foglie misurano dai 4 ai 25 cm di lunghezza e sono profondamente lobate, conferendo loro il caratteristico aspetto a forma di mano. I bordi dei lobi possono essere lisci o leggermente dentati e il colore delle foglie varia dal verde scuro al verde più chiaro a seconda della varietà.

Il frutto del fico, ovviamente, è il fico. Questo frutto unico è in realtà un ricettacolo carnoso derivante dall'espansione del siconio. Il fico è un frutto di tipo multiplo, ovvero contiene al suo interno tanti piccoli fiori. È disponibile in una varietà di forme, colori e dimensioni, che vanno dal verde al viola, al marrone e al nero.

Distribuzione geografica e storia

Originario della regione mediterranea, il fico ha una lunga storia di coltivazione che risale a tempi antichi.

Gli alberi di fico venivano coltivati in regioni dall'antico Egitto alla Grecia e a Roma e svolgevano un ruolo importante nelle culture e nei rituali religiosi di queste civiltà. Nel corso del tempo, il fico si è diffuso in tutto il mondo attraverso la migrazione e il commercio umano, adattandosi a una varietà di climi e terreni.

La botanica e la classificazione del fico rivelano una pianta che incarna la diversità e la complessità del regno vegetale. Dal genere Ficus alla famiglia delle Moraceae, comprese le caratteristiche morfologiche uniche delle sue foglie e dei suoi frutti, il fico rappresenta un'armoniosa fusione tra natura e cultura umana. La sua ricca storia culturale, le proprietà ecologiche e il contributo alla nutrizione umana ne fanno un affascinante argomento di studio per botanici e amanti della natura.

Capitolo 2: Il simbolismo del fico nel corso della storia

Il fico, Ficus carica, è sempre stato molto più di una semplice pianta nella storia dell'umanità. Si è affermato come un simbolo potente, portando con sé significati profondi che trascendono culture ed epoche. Dagli antichi miti alle tradizioni religiose, il fico ha catturato l'immaginazione ed espresso concetti universali attraverso le sue foglie, i suoi frutti e la sua silhouette iconica.

Una presenza sacra nei miti e nelle leggende

Il fico è stato spesso legato a racconti mitologici, conferendo un alone di mistero al suo simbolismo. Nella mitologia greca, il fico è associato a Dioniso, dio del vino e della fertilità. Secondo la leggenda, Dioniso nacque sotto un albero di fico e l'albero era considerato sacro in suo onore. Allo stesso modo, nella Bibbia, il fico è presente in racconti significativi, come quello della maledizione del fico sterile da parte di Gesù, simbolo di inutilità e sterilità spirituale.

Il fico come metafora culturale

Il frutto del fico, il fico, è una potente metafora utilizzata in molte culture per illustrare idee complesse. Nel Buddismo, il fico è talvolta usato per simboleggiare l'illusione del mondo materiale. A causa della sua natura effimera e della consistenza morbida che maschera un interno carico di semi, il fico può evocare l'idea di un aspetto esteriore ingannevole.

Il fico nelle religioni e nelle credenze spirituali

Il fico svolge un ruolo significativo nelle religioni e nelle credenze spirituali di tutto il mondo.

Nell'Islam, si dice che il profeta Maometto avesse un albero di fico sotto il quale meditava, collegandolo così alla contemplazione e alla connessione spirituale. Il fico è menzionato anche nella tradizione ebraica, simboleggiando fertilità e prosperità.

Un'analogia di crescita e trasformazione

Il fico, con il suo ciclo di crescita, fruttificazione e caduta delle foglie, può essere interpretato come metafora della vita umana. Il suo passaggio attraverso le stagioni può essere paragonato alle diverse fasi dell'esistenza, dalla nascita alla morte, passando per la crescita e la maturità.

Il simbolismo del fico nel corso della storia è un esempio straordinario di come le piante possano trascendere il loro status di semplici organismi viventi per diventare simboli culturali e spirituali. Dal misticismo degli antichi miti alla saggezza delle religioni e delle credenze, il fico ha lasciato un'impronta indelebile nel modo in cui l'umanità percepisce il mondo naturale ed esprime concetti immateriali.

Capitolo 3: La ricerca della varietà di fichi perfetta

Per millenni, l'umanità è impegnata in una continua ricerca per migliorare le varietà di fichi, alla ricerca instancabile del fico perfetto. Questa affascinante ricerca unisce arte, scienza e tradizione e testimonia il fascino che i fichi esercitano sui palati e sulle menti degli individui nel corso dei tempi. La ricerca della perfetta varietà di fichi è un'esplorazione che trascende il semplice culto del sapore e del gusto si immerge nella ricchezza della diversità botanica, culturale e gastronomica.

L'eredità della selezione e della coltivazione

Fin dagli albori della coltivazione agricola, gli esseri umani hanno notato che alcuni fichi hanno qualità superiori rispetto ad altri. I fichi selvatici sono stati i precursori di questa esplorazione, offrendo indizi su quali caratteristiche cercare per ottenere il fico perfetto. I primi coltivatori iniziarono a selezionare esemplari che avevano il gusto più delicato, la consistenza più gradevole e la migliore adattabilità al loro ambiente.

L'arte dell'ibridazione e della selezione

Con l'avvento dell'agricoltura sistematica si sviluppò l'arte dell'ibridazione e della selezione delle varietà di fichi. Gli orticoltori iniziarono a incrociare diverse varietà per combinare le migliori caratteristiche di ciascuna specie, cercando di migliorare la dolcezza, la dimensione, il colore e la consistenza dei fichi. Questa ricerca richiedeva sia la conoscenza scientifica che l'intuizione coltivata nel corso di generazioni.

Cultura e trasmissione della conoscenza

La ricerca della varietà di fico perfetta è stata plasmata anche dalla trasmissione orale e scritta del sapere. Le comunità agricole hanno condiviso le loro osservazioni, tecniche di coltivazione e segreti di allevamento attraverso generazioni. Storie di successi e fallimenti hanno arricchito la comprensione collettiva della coltivazione dei fichi e ispirato nuove esplorazioni.

Diversità culturale e gastronomica

La ricerca della varietà di fichi perfetta non si è limitata ai confini geografici. Ogni cultura ha portato il proprio approccio al miglioramento dei fichi, dando vita a una sorprendente diversità di varietà in tutto il mondo. Dai vellutati fichi viola della Provenza ai fichi dorati del Medio Oriente, ogni varietà riflette le preferenze culinarie e i terroir unici della sua regione d'origine.

La ricerca infinita

Eppure, nonostante millenni di selezioni e incroci, la ricerca della varietà di fichi perfetta rimane incompiuta. Ogni nuova scoperta, ogni nuova variazione spinge i limiti dell'esperienza gustativa e nutre l'immaginario collettivo. La natura stessa continua a offrire sorprese e le generazioni future avranno sempre nuove varietà da esplorare e apprezzare.

La ricerca della varietà di fico perfetta è una testimonianza del rapporto profondo e complesso tra gli esseri umani e il mondo naturale. Rivela il nostro desiderio di esplorazione, innovazione e connessione con la terra che ci nutre. Questa ricerca continua a invitarci a celebrare la diversità dei fichi e ad assaporare i risultati della nostra perseveranza e creatività.

Capitolo 4: Le prime tracce storiche del fico

Il fico, Ficus carica, ha una storia radicata che risale agli albori della civiltà umana. Nel corso dei secoli ha assistito all'evoluzione della società, del commercio, della cultura e della religione, lasciando dietro di sé affascinanti tracce storiche che rivelano il suo ruolo centrale nello sviluppo della società e dell'umanità.

Origini lontane e addomesticamento

Le prime testimonianze storiche del fico risalgono al 9400 a.C. circa. aC, durante il Neolitico, nella regione della Mezzaluna Fertile, che si estendeva dalla Mesopotamia all'antico Egitto. In queste regioni il fico selvatico fu addomesticato per la prima volta, segnando l'inizio di uno stretto rapporto tra l'uomo e questa preziosa pianta. I fichi selvatici erano una fonte di cibo essenziale per le prime comunità agricole.

I fichi nell'antichità

Il fico era venerato nelle culture antiche, svolgendo un ruolo importante nei miti e nelle leggende. Nella mitologia greca, gli alberi di fico erano associati a divinità come Dioniso ed Hermes. I greci e anche i romani adottarono i fichi nella loro dieta, e i fichi venivano spesso offerti come offerte agli dei.

Fichi negli scritti religiosi

Gli alberi di fico hanno un posto significativo nei testi religiosi. Nella Bibbia gli alberi di fico vengono menzionati più volte, simboleggiando la conoscenza (la storia di Adamo ed Eva) e la fertilità. Gli alberi di fico sono presenti anche nell'Islam, in particolare negli scritti del profeta Maometto che li lodava per la loro abbondanza e utilità.

I fichi nel commercio e nella diplomazia

Col tempo i fichi acquisirono una notevole importanza commerciale. I fichi secchi erano una preziosa fonte di cibo e venivano spesso scambiati lungo le rotte commerciali. La storia racconta che la regina d'Egitto Cleopatra usò i fichi per negoziare l'accesso all'acqua per il suo regno con il leader romano Marco Antonio.

Fichi e simbolismo sociale

I fichi erano anche legati alle norme e ai costumi sociali. Nell'antica Grecia i fichi erano un regalo gradito per gli ospiti e venivano spesso serviti nei banchetti. I fichi erano anche considerati un simbolo di ricchezza e prosperità.

Le prime tracce storiche del fico evocano una storia ricca e complessa che trascende i confini geografici e le epoche. Dalle sue umili origini nella Mezzaluna Fertile fino alla sua diffusione in tutto il mondo, il fico ha intrecciato la propria storia con la storia umana. I fichi hanno nutrito il corpo e la mente degli antichi e continuano ad essere un legame vivo tra il nostro passato e il nostro presente, illustrando come una semplice pianta possa lasciare un segno indelebile nella cultura, nella religione e nella società.

Capitolo 5: La migrazione globale del fico: un viaggio botanico e culturale

Il fico, Ficus carica, ha intrapreso uno straordinario viaggio attraverso i continenti e i secoli, diventando uno degli alberi da frutto più universalmente amati e coltivati. La migrazione globale del fico è allo stesso tempo una storia di diffusione botanica e una testimonianza dell'influenza culturale e gastronomica che questa pianta ha avuto sulle diverse società umane.

Origini mediterranee

La storia del fico inizia nella regione del Mediterraneo, dove i fichi selvatici si sono evoluti e sono stati addomesticati migliaia di anni fa. Le antiche civiltà, dai Greci e dai Romani agli Egiziani, coltivavano alberi di fico per i loro frutti dolci e le foglie versatili. I fichi non erano solo una fonte di cibo, ma anche una risorsa medicinale, oltre che un simbolo culturale e religioso.

Verso Nuovi Orizzonti

À Nel corso della storia i fichi hanno viaggiato ben oltre la loro terra d'origine. I movimenti di popolazione, il commercio e l'esplorazione hanno contribuito a diffondere gli alberi di fico in Eurasia, Africa e oltre. Viaggiatori e commercianti trasportavano talee di fichi, garantendone la diffusione in nuovi territori. Gli imperi furono in parte plasmati dalla presenza di fiorenti coltivazioni di fichi, che contribuirono alla crescita di intere regioni.

Climi diversificati

Il fico ha dimostrato la sua capacità di adattarsi a una varietà di climi. Dal caldo del Mediterraneo alla mitezza del Medio Oriente, ai tropici dell'Asia, i fichi hanno trovato nicchie ecologiche in varie regioni. Questa adattabilità ha permesso a questa specie di diventare un elemento comune dei paesaggi e delle culture di molti paesi.

Influenza culturale e gastronomica

La migrazione globale del fico non ha solo modellato gli ecosistemi, ma ha anche lasciato un segno indelebile nelle culture e nella cucina locale. I fichi sono stati incorporati nei piatti tradizionali, dagli squisiti dolci ai piatti salati. Sono diventati simboli di prosperità, generosità e ospitalità in molte culture.

Lo scambio di conoscenze

La migrazione del fico portò anche ad uno scambio di conoscenze botaniche e agricole. I metodi per coltivare, potare e conservare gli alberi di fico sono stati condivisi e adattati ai climi locali, rafforzando le pratiche agricole sostenibili e la sicurezza alimentare.

La migrazione globale del fico è molto più di una semplice diffusione geografica. È una storia vivente di adattamento, scambio culturale e connessione umana con la natura. Attraversando i confini e integrandosi in una miriade di società, il fico ha trasceso il suo status di pianta per diventare un ambasciatore della diversità botanica, culturale e gastronomica del mondo.

Capitolo 6: Propagazione e moltiplicazione degli alberi di fico: un'arte antica e una scienza moderna

La propagazione e moltiplicazione del fico costituisce un campo affascinante che unisce tradizione e innovazione, antichi saperi e moderne scoperte. Questi processi si sono evoluti nel tempo, riflettendo la passione dell'uomo per questa preziosa pianta e la sua costante ricerca di varietà sempre migliori. Dal radicamento di metodi ancestrali all'integrazione dei progressi scientifici, la propagazione e la moltiplicazione dei fichi illustrano l'interconnessione tra patrimonio culturale e ricerca botanica.

Metodi tradizionali di moltiplicazione

Fin dall'antichità per propagare gli alberi di fico sono state utilizzate tecniche di propagazione vegetativa. Tra i metodi tradizionali, il taglio è stato uno dei più comuni. Le talee di fico, prelevate dai rami sani, vengono radicate in terreni idonei. Gli agricoltori esperti hanno avuto un occhio attento nella scelta delle talee promettenti, garantendo così la continuità delle varietà popolari.

L'arte dell'innesto

L'innesto è un altro metodo tradizionale di propagazione del fico, affinato nel corso dei secoli. L'innesto a gemma, ovvero l'impianto di una gemma su un portainnesto, ha permesso di conservare le caratteristiche desiderate delle varietà esistenti favorendone la crescita. I maestri innestatori erano in grado di creare alberi di più varietà innestate sullo stesso tronco.

Innovazione scientifica

Con i progressi della scienza sono emersi nuovi metodi di propagazione degli alberi di fico. La micropropagazione, una tecnica per coltivare tessuti vegetali in laboratorio, ha consentito la produzione di massa di piante di fico geneticamente identiche. Questo metodo offre un'alternativa più rapida alla propagazione tradizionale, soprattutto per le varietà rare o difficili da propagare.

Ibridazione per nuove varietà

Anche l'ibridazione ha svolto un ruolo cruciale nella propagazione dei fichi. Incrociando diverse varietà di fichi, i coltivatori possono creare nuove varietà con caratteristiche migliorate, come rese più elevate, resistenza alle malattie o qualità gustative migliorate. Questa combinazione di metodi di allevamento antichi e tecniche moderne ha ulteriormente diversificato le opzioni disponibili.

Conservazione della biodiversità

Anche la propagazione e la moltiplicazione dei fichi svolgono un ruolo essenziale nella preservazione della biodiversità vegetale. Mentre alcune varietà di fichi sono minacciate dalla perdita di habitat o dai cambiamenti climatici, gli sforzi di propagazione aiutano a preservare e condividere questi tesori genetici per le generazioni future.

La propagazione e la moltiplicazione dei fichi è una fusione armoniosa di tradizione e modernità. Combinando la conoscenza antica con la tecnologia contemporanea, botanici, agricoltori e appassionati di fichi sono riusciti a preservare e migliorare questa pianta iconica. Questo processo riflette la simbiosi tra la cultura umana e il regno vegetale, dove si trova la diversità dei fichi mantenute con cura per continuare a stupire i sensi e nutrire i corpi.

Capitolo 7: I fichi nell'arte e nella letteratura: un'esplorazione sensoriale e simbolica

I fichi, questi frutti dolci e carnosi, affascinano da tempo l'immaginazione di artisti e scrittori. La loro forma sensuale, i colori intensi e il sapore accattivante li hanno resi un soggetto popolare nell'arte e nella letteratura nel corso dei secoli. Oltre alla loro bellezza visiva e gustativa, i fichi sono anche carichi di simbolismo, evocando temi che vanno dalla sensualità all'abbondanza, alla conoscenza e alla trasformazione.

Figure dell'arte

I fichi sono stati spesso raffigurati in opere d'arte, siano essi dipinti, sculture o fotografie. Il loro aspetto distinto, con la forma ovale e l'interno carnoso esposto, ha ispirato gli artisti a catturare la loro essenza in una varietà di stili artistici. Dalle sontuose nature morte alle rappresentazioni più simboliche, i fichi sono diventati soggetti iconici che riflettono la natura sensuale della vita.

Figurazione letteraria

I fichi hanno trovato il loro posto anche nella letteratura, come simboli complessi ed evocativi. Nella poesia, a volte sono usati per evocare passione, lussuria ed esperienza sensoriale. Le descrizioni della loro dolcezza, succosità e consistenza sono diventate metafore di emozioni profonde e relazioni intime.

Simboli e metafore

I fichi sono stati dotati di significati simbolici ricchi e vari. In alcune culture rappresentano l'abbondanza e la fertilità, evocando la generosità della natura. In altri sono legati alla conoscenza, forse a causa della loro associazione con la storia biblica di Adamo ed Eva. I fichi possono anche simboleggiare la trasformazione, passando da un frutto apparentemente senza pretese a una fonte di dolce delizia.

Il potere dell'evocazione

L'uso dei fichi nell'arte e nella letteratura mostra la capacità di questi frutti di evocare una complessa gamma di emozioni e idee. Il semplice atto di addentare un fico succoso può evocare una moltitudine di sensazioni e ricordi. Questa potente evocazione ha ispirato autori e artisti a incorporarli nelle loro creazioni, creando opere che provocano risposte emotive e intellettuali.

I fichi, con la loro bellezza, sapore e simbolismo, hanno tessuto un filo d'oro attraverso l'arte e la letteratura. Ci ricordano che le cose semplici possono avere significati profondi e molteplici, sia nella rappresentazione visiva di una natura morta che nella metafora poetica di un'emozione umana. I fichi continuano a ispirare, nutrire ed emozionare, rendendo la loro presenza nell'arte e nella letteratura una celebrazione della vita stessa.

Capitolo 8: L'anatomia dettagliata di un fico: un mondo nascosto di forme e sapori

Il fico, questo frutto dolce e carnoso, nasconde dentro di sé un'anatomia complessa che rivela una sinfonia di consistenze, colori e sapori. A prima vista si potrebbe sottovalutare la profondità di questa struttura, ma approfondire la sua anatomia rivela un mondo di complessità botanica ed esperienze sensoriali.

Esterno morbido e pelle distinta

Il fico inizia dall'esterno, una buccia liscia e spesso vellutata che protegge questo dolce tesoro. Il colore varia a seconda della varietà, dal verde al viola, dal marrone al nero. La pelle non solo ha un aspetto esteticamente gradevole, ma funge anche da barriera protettiva contro i parassiti e la disidratazione.

Il ricettacolo robusto e carnoso

Tagliare un fico a metà rivela il suo affascinante interno. Il frutto è in realtà un ricettacolo carnoso chiamato siconio. Questo rigonfiamento unico avvolge sia i fiori, i semi che i tessuti commestibili. È qui che avviene la magia della maturazione e della trasformazione dei frutti.

La cavità centrale e i piccoli fiori

La cavità centrale del siconio ospita i piccoli fiori. Questi fiori non sono visibili ad occhio nudo, ma sono essenziali per la riproduzione della pianta. È qui che avviene il processo di impollinazione, dove piccoli insetti possono svolgere un ruolo cruciale nella fecondazione.

Polpa succulenta e nettare dolce

La polpa carnosa che circonda i piccoli fiori è quella che conosciamo come la parte commestibile del fico. Può variare di colore e sapore a seconda della varietà. La consistenza varia da tenera a gommosa e il sapore è una complessa combinazione di dolcezza e talvolta note leggermente aspre. Questa polpa è anche ricca di sostanze nutritive e fibre.

Piccoli Semi Croccanti

Scavando un po' più a fondo nel fico, scopriamo piccoli semi croccanti sparsi nella polpa. Questi semi non sono solo commestibili, ma aggiungono anche una consistenza interessante all'esperienza di mangiare un fico. Di solito sono piccoli e spesso trascurati, ma sono una parte essenziale dell'anatomia del fico.

La magia del gusto e dell'esperienza

L'anatomia di un fico rivela una sinfonia di consistenze e sapori che si combinano in un'esperienza sensoriale unica. I diversi strati, dai petali nascosti ai semi croccanti, si uniscono per creare questo gusto inimitabile che varia da una varietà all'altra. L'atto di mangiare un fico diventa un'esplorazione gustativa e tattile, una connessione con la natura e un apprezzamento della sua diversità.

L'anatomia di un fico è molto più di una semplice struttura botanica. È un'opera d'arte naturale, una complessa composizione di forme, colori e sapori che incuriosisce i sensi ed evoca un profondo apprezzamento per la diversità e la bellezza del mondo vegetale. Ogni volta che assaggiamo un fico, siamo testimoni di questa affascinante anatomia e ci impegniamo in un'esperienza che trascende i limiti della scienza per toccare il cuore dell'esperienza umana.

Capitolo 9: Le diverse specie di fichi selvatici: una sorprendente diversità botanica

I fichi selvatici, appartenenti al genere Ficus, sono una famiglia diversificata di alberi e arbusti che popolano vari ecosistemi in tutto il mondo. Per millenni queste specie hanno convissuto con la natura, svolgendo ruoli essenziali negli ecosistemi e influenzando le culture umane. Dall'Africa all'Asia, dalle Americhe all'Oceania, le diverse specie di fichi selvatici sono fonte di meraviglie botaniche e testimonianza dell'ingegnosità della vita vegetale.

Biodiversità estesa

Il genere Ficus è vasto e riunisce più di 800 specie diverse. Di queste, alcune sono piccole piante rampicanti, mentre altre si sviluppano in alberi maestosi. Ogni specie ha le sue caratteristiche distintive, adattandosi ai diversi climi e habitat del pianeta.

Ficus Carica: il fico addomesticato

Il Ficus carica, il fico comunemente coltivato, è una delle specie più conosciute del genere. Originario della regione mediterranea, è ampiamente coltivato per i suoi deliziosi frutti dolci. Questa specie ha svolto un importante ruolo storico e culturale, essendo citata nei testi antichi ed essendo parte integrante della cucina e dei rituali di diverse culture.

Ficus Benghalensis: il banyan gigante

Il Ficus benghalensis, chiamato anche albero di banyan o albero di banyan gigante, è una specie impressionante venerata in molte culture. Originario dell'India, è noto per la sua modalità di crescita aerea, dove le sue radici aeree scendono dal tronco e si radicano nel terreno per formare una rete complessa. Questi enormi alberi sono spesso considerati sacri e hanno un grande significato spirituale.

Ficus elastica: l'albero della gomma

La specie Ficus elastica, o albero della gomma, è originaria dell'Asia tropicale. È apprezzato per il suo lattice, storicamente utilizzato per produrre la gomma. Inoltre, le sue foglie grandi e lucide la rendono una pianta d'appartamento popolare nelle aree in cui il clima non consente la crescita all'aperto.

Interazioni ecologiche e sostenibilità

I fichi selvatici occupano un posto unico negli ecosistemi a causa della loro relazione simbiotica con specifici insetti impollinatori, chiamati fichi. I fichi e i fichi selvatici dipendono l'uno dall'altro per la sopravvivenza e la riproduzione. Questa interazione dimostra come la natura si è evoluta per creare connessioni complesse tra le specie.

Le diverse specie di fichi selvatici illustrano la straordinaria diversità del mondo vegetale e come le piante si sono evolute per occupare specifiche nicchie ecologiche. Dal loro ruolo negli ecosistemi al loro contributo culturale, i fichi selvatici offrono uno sguardo affascinante sull'armoniosa coesistenza tra natura e umanità. Queste specie meritano la nostra attenzione e preservazione perché sono una testimonianza vivente dell'ingegnosità della vita sulla Terra.

Capitolo 10: Il fico e gli ecosistemi circostanti: un pilastro della biodiversità e dell'equilibrio

Il fico, Ficus carica, non è semplicemente un albero da frutto, ma un attore vitale all'interno degli ecosistemi circostanti. Il suo impatto sulla biodiversità, sulla regolamentazione ecologica e sulla sostenibilità ambientale è profondo. Essendo una specie venerata dall'uomo e armoniosamente integrata nella natura, il fico svolge un ruolo essenziale nella preservazione della vita e nell'equilibrio degli ecosistemi.

Stretto legame con la fauna selvatica

Gli alberi di fico sono rinomati per il loro ruolo cruciale nel mantenimento della biodiversità. I loro frutti carnosi e dolci sono una fonte di cibo per una varietà di animali, come uccelli, mammiferi e insetti. Attirando queste specie, i fichi contribuiscono all'impollinazione incrociata, promuovendo così la diversità genetica delle piante nel loro ambiente.

Riparo e rifugio

Gli alberi di fico forniscono anche riparo e rifugio essenziali per molte creature. Il fitto fogliame dell'albero fornisce copertura dagli elementi e dai predatori. Piccoli animali possono trovare riparo tra i rami, mentre gli uccelli possono costruire i loro nidi al sicuro nei recessi dell'albero.

Ciclo di vita integrato

Il fico è anche un attore chiave nel riciclaggio dei nutrienti negli ecosistemi. Foglie cadute e frutti decomposti arricchiscono il terreno di materia organica, che nutre altre piante e crea un ciclo vitale integrato. Questo contributo al ciclo dei nutrienti aiuta a mantenere la salute generale dell'ecosistema.

Ruolo della regolamentazione ecologica

Gli alberi di fico hanno un ruolo regolatore negli ecosistemi, aiutando a controllare la popolazione di animali e piante. Ad esempio, la presenza di alberi di fico può influenzare la distribuzione delle popolazioni di insetti fornendo l'habitat ai predatori naturali. Inoltre, fornendo una fonte di cibo per una varietà di animali, gli alberi di fico aiutano a mantenere in equilibrio le catene alimentari.

Cultura e Natura in Armonia

L'interazione tra il fico e gli ecosistemi circostanti illustra come natura e cultura possano coesistere armoniosamente. Gli alberi di fico sono stati apprezzati e coltivati dagli esseri umani per millenni, ma hanno anche seguito il proprio percorso ecologico, interagendo con altre specie per sostenere l'intero ecosistema.

Il fico non è solo un fornitore di dolci delizie, ma anche un pilastro della vita negli ecosistemi. Dal fornire cibo e riparo alla regolamentazione ecologica e alla preservazione della biodiversità, il fico dimostra come le piante possono modellare e sostenere la natura che le circonda. Comprendendo e preservando il ruolo vitale dei fichi negli ecosistemi, contribuiamo alla salute e alla sostenibilità del nostro ambiente globale.

Capitolo 11: L'impollinazione dei fichi e la nascita dei fichi: un balletto naturale di vita e

Trasformazione

La nascita dei fichi è un prodigio della natura che nasce da un complesso e intimo processo di impollinazione. Gli alberi di fico, appartenenti al genere Ficus, si sono evoluti con una relazione simbiotica unica con insetti specifici, creando un balletto naturale di vita e trasformazione che alla fine si traduce nella creazione dei fichi. L'impollinazione dei fichi è un esempio significativo di come la natura orchestra delicate interazioni per garantire la riproduzione e la sopravvivenza delle specie vegetali.

Il ruolo essenziale degli alberi di fico

L'impollinazione dei fichi dipende principalmente da piccoli insetti specifici, come i fichi o le vespe dei fichi. Questi insetti hanno una stretta relazione con i fichi, poiché dipendono dai fichi per la riproduzione e il cibo. In cambio, i fichi fanno affidamento su questi insetti per garantire la loro impollinazione. Questo è un potente esempio di coevoluzione, in cui le due parti hanno sviluppato una dipendenza reciproca nel corso di milioni di anni.

La danza dell'impollinazione

Il processo di impollinazione dei fichi inizia quando le vespe femmine cercano i fichi maturi per deporre le uova. Entrando nel fico, si ricoprono del polline del fiore maschio, che avevano precedentemente visitato. Durante la loro permanenza nel fico, le vespe depongono le uova e impollinano i fiori femminili disperdendo il polline che trasportano sui loro corpi.

La trasformazione dei fiori in frutti

Una volta impollinati i fichi, i fiori femminili cominciano a trasformarsi in frutti. Le vespe che hanno deposto le uova generalmente non sopravvivono nei fichi maturi perché non hanno risorse sufficienti per nutrirsi e crescere. Tuttavia, i processi di impollinazione e deposizione delle uova delle vespe hanno innescato la crescita dei fichi e lo sviluppo dei semi al loro interno.

La maturazione e la nascita dei fichi

Col tempo i fichi maturano e si trasformano nelle dolci delizie che conosciamo. Anche i semi all'interno sono maturati, pronti per essere dispersi e germogliare se trovano le condizioni adatte. I fichi forniscono quindi un banchetto per una varietà di animali e assicurano la dispersione dei semi in nuovi luoghi, aiutando a diffondere gli alberi di fico.

Riflessioni sulla convivenza naturale

L'impollinazione dei fichi e la nascita dei fichi sono una testimonianza viva dell'armoniosa convivenza tra piante e insetti. Questo balletto naturale, che si svolge nel segreto di ogni fico, ricorda l'interconnessione sottile e talvolta sorprendente che mantiene l'equilibrio degli ecosistemi. Ci mostra anche come la natura abbia sviluppato soluzioni ingegnose per garantire la riproduzione delle specie vegetali, creando un mondo di bellezza e sostenibilità.

L'impollinazione dei fichi e la nascita dei fichi ricordano potentemente la complessità e la bellezza della vita sulla Terra. Questo intimo processo di riproduzione e trasformazione, orchestrato con grazia dalla natura, ci invita a contemplare la danza invisibile che si svolge in ogni fico che gustiamo. È un umiliante promemoria della magia che risiede nelle interazioni naturali e del ruolo vitale che ogni specie svolge nel preservare la vita.

Capitolo 11: L'impollinazione dei fichi e la nascita dei fichi: una storia di simbiosi e

Fertilità

Nei tranquilli paesaggi dove prosperano i fichi, si svolge silenziosamente uno straordinario spettacolo naturale: l'impollinazione dei fichi e la nascita dei fichi. È una storia di stretta simbiosi tra alberi di fico e insetti impollinatori, una danza complessa che porta alla creazione di questi frutti carnosi e dolci che sono stati apprezzati dagli esseri umani per millenni. Questo processo, sia biologico che poetico, illustra come la natura crea abbondanza attraverso l'interazione armoniosa tra piante e creature.

Simbiosi intima

L'impollinazione dei fichi si basa su un'intima relazione tra gli alberi di fico e insetti specifici, come gli alberi di fico e le vespe di fico. Gli alberi di fico dipendono da questi insetti per la riproduzione, mentre gli insetti dipendono dai fichi per la riproduzione. I fichi, infatti, si trasformano in infiorescenze all'interno delle quali minuscoli fiori e insetti convivono in armonia, creando un'equilibrata simbiosi.

Il processo di impollinazione

Il processo di impollinazione inizia quando i fichi maschi producono fiori che contengono polline. Le vespe maschi di fico emergono da questi fiori e lasciano gli alberi di fico per trovare i fichi femmine che stanno maturando. Durante la ricerca dei fichi femmina, le vespe dei fichi trasportano il polline, impollinando così i fiori femminili all'interno dei fichi.

La nascita dei fichi

Quando le vespe femmine trovano i fichi femmine maturi, entrano per deporre le uova. Durante questo processo, le vespe trasferiscono il polline raccolto nei fichi maschi, consentendo l'impollinazione dei fiori femminili. I fichi femminili, una volta impollinati, iniziano a svilupparsi e maturare creando condizioni favorevoli alla formazione dei semi.

Sostegno alla biodiversità

L'impollinazione dei fichi aiuta anche a sostenere la biodiversità dell'ecosistema. I fichi attirano vari tipi di animali, come uccelli e piccoli mammiferi, che si nutrono dei frutti. Mangiando i fichi, questi animali aiutano a disperdere i semi, aiutando gli alberi di fico a colonizzare nuovi luoghi e a mantenere la loro popolazione.

Equilibrio naturale

L'impollinazione dei fichi e la nascita dei fichi è un vivido esempio dell'equilibrio naturale e delle complesse interazioni che sono alla base della vita sulla Terra. Questa narrazione, sebbene apparentemente semplice, rivela una profondità di interdipendenza che mantiene gli ecosistemi in armonia. Gli alberi di fico e i loro impollinatori sono intrecciati insieme in una trama delicata che ci ricorda che la bellezza e l'abbondanza spesso nascono dalla sottile cooperazione tra diverse forme di vita.

L'impollinazione dei fichi e la nascita dei fichi è una testimonianza eloquente di come la natura orchestra connessioni complesse per sostenere la vita e la fertilità. Questa danza simbiotica tra alberi di fico e insetti impollinatori è un esempio affascinante di come le specie interagiscono per garantire la propria sopravvivenza e riproduzione. I fichi, questi frutti deliziosi e dolci, portano dentro di sé il segreto di una storia di collaborazione, trasformazione e perpetuazione della vita.

Capitolo 12: Le stagioni crescenti del fico: un viaggio attraverso i ritmi della natura

Il fico, testimone silenzioso dello scorrere del tempo, segue un ciclo di crescita che riflette il mutare delle stagioni e le pulsazioni della natura. Dalla dormienza invernale alla fioritura estiva, le stagioni di crescita del fico forniscono una finestra accattivante su come la vita vegetale si adatta e prospera nel corso dei mesi. Questo ciclo, scandito da fasi distinte, illustra il modo in cui il fico interagisce con il suo ambiente e gli elementi che influenzano il suo sviluppo.

Dormienza invernale: paziente attesa

Durante i mesi invernali, il fico entra in un periodo dormiente. Temperature più fresche e giornate più corte riducono l'attività metabolica dell'albero. Le foglie cadono, lasciando i rami spogli e vulnerabili. È un momento di riposo e di recupero per il fico, dove conserva le sue energie per le stagioni a venire.

La primavera emergente: il risveglio della vita

Con l'arrivo della primavera e l'allungarsi delle giornate, il fico esce dal suo letargo. Sui rami cominciano a crescere nuove morbide foglie verdi, che annunciano il rinnovamento della vita. I boccioli sbocciano in magnifiche infiorescenze, ponendo le basi per il processo di impollinazione. È un momento di anticipazione, in cui l'albero si prepara a portare i frutti del suo lavoro.

Estate fruttuosa: la fioritura dei fichi

L'estate è la stagione della fioritura del fico. I fiori impollinati si trasformano in giovani fichi che crescono e maturano sotto il sole generoso. Le foglie forniscono una gradita ombra ai frutti in via di sviluppo, e i fichi acquistano dimensione e sapore giorno dopo giorno. È in questa fase che avviene la magia, trasformando i fiori in frutti carnosi e dolci.

Autunno maturo: raccolto e declino

À Con l'avvicinarsi dell'autunno i fichi raggiungono la piena maturità. È il momento della raccolta, dove i frutti vengono raccolti con cura a mano per essere gustati freschi o trasformati in varie prelibatezze. Le foglie cominciano a mostrare calde tonalità di arancione e rosso, segni di un imminente passaggio alla dormienza invernale. Gli alberi di fico possono produrre un secondo raccolto più piccolo in autunno, fornendo una generosità estesa.

Celebrazione della vita ciclica

Il ciclo di crescita del fico illustra come la natura segua un ritmo stagionale che riflette l'equilibrio tra riposo e attività. Ogni stagione ha il suo significato nella vita del fico, e insieme formano una storia di rinnovamento, crescita, fruttificazione e preparazione all'inverno. Le stagioni di crescita del fico ricordano agli osservatori attenti la bellezza della vita ciclica, dove ogni fase ha il suo ruolo da svolgere nel grande quadro della natura.

Le stagioni di crescita del fico sono un invito a connettersi più profondamente con il ritmo naturale della Terra. Questo ciclo offre l'opportunità di celebrare l'emergere di nuove foglie, la fioritura dei fichi e la continua trasformazione che caratterizza la vita vegetale. Osservando le stagioni di crescita del fico, siamo testimoni di come la natura guidi ogni fase di questo viaggio, dal sonno invernale allo splendore estivo e alla rinascita perpetua.

Capitolo 13: I misteri del fico: tra leggende e credenze

Il fico, questo frutto dolce e carnoso, è avvolto da misteri che hanno affascinato l'immaginazione delle culture nel corso dei secoli. Oltre al suo sapore dolce, il fico è intriso di leggende, credenze e profondo simbolismo. Dall'antica mitologia al significato spirituale, i misteri che circondano il fico aggiungono un ulteriore livello di fascino a questo frutto umile e delizioso.

All'ombra degli antichi miti

I fichi sono stati spesso collegati a miti e leggende in varie culture. Nella mitologia greca, gli alberi di fico erano considerati sacri a Dioniso, il dio del vino e della fertilità, e i fichi erano spesso associati alla conoscenza mistica e alla generosità della natura. Nella storia biblica della Creazione, il fico simboleggiava la comprensione della verità e della dualità, come illustrato nella storia di Adamo ed Eva.

Il simbolismo della foglia di fico

La foglia di fico ha anche un notevole significato simbolico. In molte culture è stato utilizzato per rappresentare protezione, modestia e copertura. Nel contesto biblico Adamo ed Eva usarono foglie di fico per coprirsi dopo aver preso coscienza della loro nudità. Questa

Il simbolismo della foglia di fico si è poi ampliato fino a rappresentare la modestia e la necessità di proteggersi.

Il fico nelle credenze spirituali

In alcune credenze, il fico è stato associato alla spiritualità e alla trasformazione interiore. La sua forma carnosa e succosa è stata interpretata come simbolo dell'animo umano e della sua profondità nascosta. Il fico è spesso diventato una metafora per esprimere idee sulla scoperta di sé, sulla conoscenza interiore e sul viaggio spirituale.

Rituali e usi tradizionali

I fichi hanno avuto un ruolo anche in vari rituali e usi tradizionali. In alcune culture venivano offerti come offerte agli dei per benedizioni e raccolti abbondanti. I fichi venivano utilizzati anche per preparare unguenti e pozioni nella medicina tradizionale, essendo associati a proprietà curative e vitalità.

Tra misticismo e realtà

I misteri che circondano il fico hanno aggiunto una dimensione mistica a questo frutto comune. Che si tratti del suo legame con antiche divinità, dei suoi ruoli simbolici o della sua associazione con la spiritualità, il fico è molto più di un semplice dolcetto delizioso. Incarna le profondità nascoste della storia umana, della mitologia e delle credenze, offrendo uno spaccato di come le culture hanno trovato significati profondi negli elementi più semplici della vita quotidiana.

I misteri del fico rivelano come gli esseri umani abbiano trovato significati profondi nella natura che li circonda. Queste leggende, credenze e simbolismi ci ricordano che i frutti non sono solo fonti di nutrimento, ma anche portatori di significato culturale e spirituale. Il fico, con la sua lunga storia di mistero e significato, ci invita a guardare oltre la sua dolcezza e a scoprire le incantevoli storie che da secoli si intrecciano attorno a questo frutto.

Capitolo 14: L'importanza culturale del fico nelle società antiche: un legame incrollabile

tra Uomo e Natura

Nei recessi della storia antica, il fico ha occupato un posto d'onore nelle culture di tutto il mondo. Molto più che un semplice albero da frutto, il fico è stato testimone e attore di storie, miti e credenze che hanno plasmato le società antiche. Il suo ruolo come fonte di cibo, simbolo spirituale ed elemento culturale è un'illustrazione accattivante dell'intimo rapporto tra uomo e natura.

Cibo abbondante e vitale

Nelle società antiche, il fico forniva una fonte alimentare essenziale. I fichi, ricchi di sostanze nutritive e zuccheri naturali, erano fonte di vitalità per le popolazioni, fungendo da integratore alimentare nelle varie diete dell'epoca. I fichi secchi, facili da conservare, costituivano una fonte di provviste per le stagioni di magra, garantendo così la sicurezza alimentare.

Simbolo di prosperità e fertilità

Il fico era spesso associato a idee di prosperità e fertilità. In molte culture, le sue foglie verdi e i suoi frutti carnosi erano visti come un segno di crescita e abbondanza. Gli alberi di fico in piena fioritura e carichi di frutti erano spesso visti come un simbolo di benedizione e successo, rappresentando la capacità della natura di sostenere e nutrire la vita umana.

Mitologia e religiosità

Nella mitologia e nella religiosità di diverse civiltà antiche, il fico ha avuto un ruolo centrale. Nell'antica Grecia, ad esempio, il fico era dedicato a Dioniso, dio del vino e della fertilità. Nel contesto biblico il fico viene menzionato più volte, in particolare nella storia di Adamo ed Eva. Il suo significato come elemento spirituale ha accresciuto il suo significato culturale, collegandolo alle credenze fondamentali e alla vita spirituale degli antichi.

Artigianato e industria

Gli alberi di fico contribuivano anche all'artigianato e all'industria delle società antiche. Le fibre del fico venivano utilizzate per realizzare tessuti e corde, mentre le foglie venivano utilizzate per creare oggetti utilitari e decorativi. Questi vari usi delle diverse parti dell'albero hanno rafforzato il rapporto tra gli alberi di fico e la vita quotidiana degli antichi.

Un pilastro culturale e sociale

Nelle società antiche il fico è stato ben più che un semplice elemento di sussistenza. È stato testimone di incontri sociali sotto la sua ombra, rituali spirituali attorno ai suoi rami e transazioni commerciali all'ombra delle sue foglie. Gli alberi di fico sono diventati punti di riferimento culturali, un legame tra generazioni e costumi.

L'importanza culturale del fico nelle società antiche trascende il suo ruolo di fornitore di frutta. È stato intessuto nel tessuto della vita umana, portando con sé storie di fertilità, credenze e tradizioni. Questo umile frutto ha acquisito un significato che va ben oltre la sua dolcezza, mostrando come gli elementi naturali possano diventare icone culturali, collegando l'essere umano alle proprie radici e alla terra che lo ha nutrito.

Capitolo 15: Il fico come fonte di nutrimento e salute: un tesoro naturale di benefici

Per millenni il fico è stato riconosciuto come un gioiello della natura, che offre non solo un sapore squisito ma anche numerosi benefici per la salute. Essendo un frutto ricco di sostanze nutritive e composti benefici, il fico ha preso posto nelle diete e nelle pratiche di benessere in tutto il mondo. Il suo profilo nutrizionale ricco di nutrienti essenziali lo rende molto più di un semplice piacere: è una preziosa fonte di vitalità e salute.

Un'abbondanza di nutrienti essenziali

Il fico è una ricchezza di nutrienti essenziali che contribuiscono alla salute generale del corpo. È una fonte di fibre alimentari, vitamine (soprattutto A, C e K), minerali (come potassio, magnesio, calcio e ferro) e antiossidanti. Questi elementi agiscono in sinergia per supportare diversi aspetti della salute, dalla crescita cellulare alla funzione immunitaria alla regolazione della pressione sanguigna.

Fibre per la digestione e la sazietà

I fichi sono ricchi di fibre alimentari, il che li rende un ottimo alleato per una digestione sana e regolare. Le fibre promuovono la salute intestinale prevenendo la stitichezza e favorendo il transito intestinale. Inoltre, contribuiscono a creare una sensazione di sazietà, che può aiutare a controllare l'appetito e a mantenere un peso corporeo equilibrato.

Antiossidanti per la protezione cellulare

Gli antiossidanti presenti nei fichi, come polifenoli, flavonoidi e carotenoidi, hanno un ruolo cruciale nella protezione delle cellule dal danno ossidativo. Aiutano a neutralizzare i radicali liberi, molecole instabili associate all'invecchiamento precoce e a varie malattie croniche, come le malattie cardiache e alcuni tipi di cancro.

Potassio per la salute cardiovascolare

Il potassio, un minerale abbondante nei fichi, è essenziale per il mantenimento dell'equilibrio elettrolitico e la regolazione della pressione sanguigna. Un adeguato consumo di potassio è associato a un ridotto rischio di malattie cardiovascolari e ipertensione. I fichi, ricchi di potassio e poveri di sodio, sono un'opzione nutriente per sostenere la salute del cuore.

I benefici dei fichi secchi

Anche i fichi secchi, con la loro maggiore concentrazione di sostanze nutritive, rappresentano un'opzione nutrizionale interessante. Conservano la maggior parte dei benefici nutrizionali dei fichi freschi e possono essere consumati come snack energetici, ingredienti da forno o integratori alimentari.

Il fico racchiude in sé molto più di una semplice prelibatezza; è un tesoro naturale di nutrizione e salute. La sua combinazione unica di nutrienti, fibre, antiossidanti e minerali lo rende un'opzione dietetica prezioso per sostenere la vitalità, la digestione, la salute cardiovascolare e la protezione cellulare.

Generazioni passate e presenti hanno goduto dei molteplici benefici di questo delizioso frutto, attestandone il valore come preziosa risorsa naturale per uno stile di vita sano ed equilibrato.

Capitolo 16: Il fico nella gastronomia internazionale: un viaggio del gusto attraverso le culture Il fico, un frutto deliziosamente dolce e carnoso, ha catturato il cuore dei buongustai di tutto il mondo. Dall'Asia all'America, passando per l'Europa e l'Africa,

il fico è entrato nelle tavole gastronomiche internazionali, offrendo un'esperienza di gusto ricca e diversificata. Il suo utilizzo versatile e il gusto caratteristico hanno reso il fico un ingrediente prezioso nella cucina tradizionale e contemporanea, aggiungendo un tocco speciale a una varietà di piatti.

Mediterraneo: la culla del fico

La regione mediterranea ha una lunga storia d'amore con il fico. Maestosi alberi di fico fiancheggiano i paesaggi della Grecia, dell'Italia, della Turchia e di altri paesi di questa regione. I fichi freschi o secchi vengono spesso consumati semplicemente come dessert, ma possono anche essere trasformati in marmellate, pasticcini e accompagnamenti per formaggi, creando una sinfonia di sapori dolci e salati.

Asia: Fusione di Sapori

In Asia, il fico trova il suo posto in una varietà di piatti, apportando un tocco dolce ed esotico. In India, i fichi vengono utilizzati per preparare chutney agrodolci, mentre in Medio Oriente vengono spesso incorporati in piatti a base di carne o riso, bilanciando i profili aromatici. Il fico secco è anche un ingrediente popolare nei piatti della cucina iraniana.

Europa: la figurazione della gola

In Europa il fico è simbolo di golosità e raffinatezza. In Spagna, fichi freschi o essiccati si abbinano a taglieri di formaggi, creando un equilibrio tra dolce e salato. In Francia, il fico è spesso presente nelle insalate con formaggi, noci e vinaigrette.

America: integrazione creativa

Sebbene il fico non sia originario dell'America, ha trovato la sua strada nelle cucine creative del continente. Negli Stati Uniti, i fichi freschi o secchi vengono spesso aggiunti alle insalate e ai piatti di carne, aggiungendo una nota dolce e consistente. In Brasile vengono utilizzati per preparare marmellate e dolci tradizionali.

Africa: un assaggio di lusso

In Africa il fico è spesso visto come un ingrediente lussuoso e raffinato. I fichi secchi vengono utilizzati per preparare dolci e pietanze dolci, aggiungendo una naturale ricchezza alla cucina locale. In Egitto, ad esempio, i fichi vengono talvolta farciti con frutta secca e noci per creare dolcetti popolari durante le celebrazioni.

Un tocco contemporaneo

Nella cucina contemporanea, il fico continua a ispirare chef e buongustai. Può essere trasformato in eleganti salse, riduzioni per carni alla griglia, condimenti per la pizza o addirittura come ingrediente per cocktail e dessert sofisticati.

Il fico, con il suo sapore dolce e la consistenza carnosa, ha trasceso i confini geografici per diventare una stella essenziale della gastronomia internazionale. Il suo utilizzo versatile in piatti dolci e salati, nonché il suo adattamento creativo alle varie cucine, ne fanno un ingrediente prezioso e apprezzato. Al di là dei suoi benefici per la salute, il fico ha un potere speciale: quello di riunire culture diverse attorno a una passione comune per il cibo delizioso e alla creatività culinaria.

Capitolo 17: Tradizioni gustose: ricette autentiche con i fichi

Le ricette tradizionali a base di fichi sono tesori culinari che si tramandano di generazione in generazione, arricchendo i palati con sapori autentici e memorabili. Dalla semplicità mediterranea all'eleganza asiatica, queste creazioni culinarie dimostrano la versatilità del fico e il suo ruolo essenziale nelle cucine mondiali. Ecco un viaggio nel gusto attraverso alcune delle ricette tradizionali che celebrano il fico in tutto il suo splendore.

1. Figure e; Prosciutto (Italia)

Una delle combinazioni più iconiche della cucina italiana, fichi e prosciutto, fondono squisitamente dolcezza e salsedine. I fichi freschi, avvolti in fette di prosciutto, offrono un'armonia di sapori che solleticano le papille gustative. Servito come antipasto o antipasto, questo piatto semplice ma elegante è un omaggio alla sofisticata semplicità della cucina italiana.

2. Budino di fichi (Regno Unito)

Il Figgy Pudding, un dolce tradizionale britannico, è una torta densa e umida a base di fichi secchi. Aromatizzato con spezie calde e servito con una salsa dolce, questo budino è spesso associato alle celebrazioni natalizie e invernali. Incarna il caldo conforto della stagione rendendo omaggio all'importanza storica del fico nella cucina britannica.

3. Marmellata di fichi (Grecia)

La marmellata di fichi è una specialità greca apprezzata per la sua semplicità e delicatezza. I fichi vengono uniti allo zucchero e talvolta al limone per creare una marmellata dolce e profumata. Viene spesso gustato con yogurt greco o formaggio, aggiungendo un tocco dolce e piccante a questi piatti cremosi.

4. Mrouzia (Marocco)

La mrouzia è un piatto marocchino a base di agnello, fichi secchi, mandorle e spezie. Questo piatto dolce e salato viene cotto lentamente, permettendo ai sapori di fondersi armoniosamente. Il fico dona dolcezza naturale che contrasta con le spezie, creando una sinfonia di sapori complessi tipici della cucina marocchina.

5. Fichi allo sciroppo (Grecia)

In Grecia i fichi vengono spesso preparati sotto forma di un delicato sciroppo. I fichi freschi vengono immersi in uno sciroppo dolce aromatizzato con spezie come cannella e vaniglia. Questo dessert viene servito con yogurt greco o gelato, creando un mix di consistenze e sapori che evocano la ricchezza del Mediterraneo.

6. Budino di riso ai fichi (Türkiye)

Il budino di riso ai fichi, un dolce turco, unisce la cremosa familiarità del budino di riso con il sapore caratteristico del fico. I fichi secchi vengono reidratati nel latte durante la cottura, infondendo ad ogni boccone questa classica dolcezza con una nota fruttata e dolce.

Le ricette tradizionali a base di fichi testimoniano la ricchezza e la diversità della cucina globale. Ogni piatto racconta una storia, collegando le persone alle terre dove gli alberi di fico prosperano da secoli. Dall'antipasto al dessert, dai piatti dolci a quelli salati, il fico offre un ventaglio di possibilità culinarie che fanno onore alla sua dolcezza e al suo carattere unico. Queste ricette tradizionali, piene di sapore e ricordi, ricordano che il fico è più di un semplice frutto: è un'inestimabile fonte di ispirazione e delizia nella cucina internazionale.

Capitolo 18: L'arte di coltivare alberi di fico in vaso: una piccola tela per una grande bellezza

L'arte della coltivazione in vaso dei fichi è un modo affascinante per catturare la maestosità e il sapore dei fichi in un piccolo spazio. Trasformando un vaso in una scena rigogliosa, questa pratica consente agli appassionati di giardinaggio urbano e di piccoli spazi di creare un'impressionante esposizione di foglie rigogliose e dolci fichi. È una celebrazione dell'ingegnosità orticola e della bellezza concentrata, dove un piccolo vaso diventa la cornice per un albero miniaturizzato.

La selezione del fico in vaso

Scegliere il fico giusto per la coltivazione in vaso è fondamentale. Le varietà nane o semi-nane sono generalmente le migliori opzioni perché si adattano bene ai contenitori e sono più maneggevoli in termini di dimensioni. È essenziale scegliere un albero di fico adatto al clima della tua regione e alle condizioni di coltivazione in vaso.

Il contenitore perfetto

La scelta del vaso è importante quanto quella del fico stesso. I vasi di terracotta sono spesso consigliati poiché consentono una migliore circolazione dell'aria e un drenaggio efficiente. Assicurati che il vaso sia abbastanza grande da accogliere la crescita delle radici e da mantenere un equilibrio tra le dimensioni dell'albero e quelle del vaso.

Il substrato ideale

Un substrato di qualità è essenziale per una coltivazione in vaso di successo. Si consiglia un impasto ben drenante che trattenga l'umidità senza creare problemi di ristagno idrico. Le miscele per vasi a base di compost, perlite e vermiculite vengono spesso utilizzate per fornire condizioni di crescita ottimali.

Posizione e cura adeguata

Il posizionamento del fico in vaso è fondamentale. Posizionalo in una posizione soleggiata, poiché gli alberi di fico amano la luce solare diretta per una crescita vigorosa e una fruttificazione ottimale. Gli alberi di fico in vaso tendono ad avere un fabbisogno idrico più frequente, quindi controlla regolarmente il terreno e l'acqua per evitare che si secchino.

Potatura e Prevenzione

La potatura è una parte essenziale della coltivazione in contenitore degli alberi di fico. Poiché lo spazio è limitato, è importante potare i rami morti o non produttivi per mantenere la forma e il vigore dell'albero. Inoltre, la potatura regolare può aiutare a controllare le dimensioni dell'albero e prevenire problemi legati alla crescita eccessiva.

La ricompensa del raccolto

Una delle parti più gratificanti della coltivazione dei fichi in vaso è la raccolta dei fichi freschi. I fichi sono solitamente pronti per la raccolta quando sono morbidi al tatto e leggermente rugosi. I fichi freschi raccolti dal tuo vaso offrono un'esperienza di gusto incomparabile, unendo la cura, l'attenzione e la pazienza investite nella coltivazione in vaso.

L'arte della coltivazione in vaso dei fichi è una manifestazione di creatività e amore per la natura in un piccolo spazio. È un omaggio all'adattabilità della natura e alla possibilità di creare magnifiche scene in ambienti urbani e limitati. La coltivazione in vaso degli alberi di fico non è solo un modo conveniente per ottenere fichi freschi, ma è anche un modo per unire bellezza, scienza e passione per creare un angolo verdeggiante di contemplazione e indulgenza nel proprio spazio.

Capitolo 19: Potatura e allevamento degli alberi di fico: scolpire la crescita per massimizzare il raccolto

La potatura e la formazione degli alberi di fico sono pratiche essenziali per garantire una crescita sana, una fruttificazione abbondante e un'estetica ben equilibrata. Gli alberi di fico, anche se tendono a crescere naturalmente in modo cespuglioso, rispondono favorevolmente a una potatura giudiziosa che favorisce la produzione di fichi succulenti e ne rende facile la cura. È un'arte orticola che unisce conoscenza, osservazione e maestria per ottenere risultati soddisfacenti.

Le basi della potatura degli alberi di fico

La potatura degli alberi di fico solitamente inizia rimuovendo i rami morti, danneggiati o malati. Questo passaggio promuove la salute generale dell'albero eliminando le aree di decomposizione o rischio di malattie. Successivamente, la potatura mira a creare una struttura aperta e ariosa che permetta alla luce e all'aria di penetrare nell'albero, favorendo così la fruttificazione.

Dimensioni di allevamento dei giovani alberi

La potatura di formazione è particolarmente importante per i giovani fichi. L'obiettivo è guidare la crescita dell'albero creando una struttura forte con rami principali ben distanziati. Ciò aiuta a distribuire uniformemente il carico di frutti, incoraggia la produzione di fichi su tutto l'albero e facilita la raccolta. In generale si consigliano alberi di fico a forma di vaso, con tronco centrale e rami espansi.

Potatura degli alberi di fico stabilizzati

Per i fichi più maturi, la potatura è spesso finalizzata a gestire la crescita eccessiva e a controllare le dimensioni dell'albero. I rami che si incrociano o si sfregano l'uno contro l'altro possono essere potati per prevenire l'attrito e favorire la circolazione dell'aria. I rami che crescono verso l'interno dell'albero possono essere potati per aprire l'albero alla luce solare.

Potatura annuale di mantenimento

Per gli alberi di fico generalmente si consiglia la potatura annuale di mantenimento. Si tratta della potatura dei germogli non fruttiferi e della rimozione dei rami morti o danneggiati. La potatura annuale favorisce una produzione di fichi più robusta perché concentra l'energia dell'albero sui rami fruttiferi.

L'equilibrio tra dimensioni e raccolto

Un aspetto cruciale della potatura dei fichi è trovare l'equilibrio tra potatura e raccolta. Una potatura eccessiva può ridurre il raccolto perché limita i rami fruttiferi. D'altro canto, una mancata potatura può comportare una crescita disordinata, una scarsa penetrazione della luce e un raccolto meno abbondante.

La potatura e la formazione degli alberi di fico sono un'arte di maestria che offre ricompense in termini di resa e salute degli alberi. Comprendendo le esigenze specifiche dei fichi, i giardinieri possono modellare la loro crescita per massimizzare la produzione di fichi saporiti e sani. Potatura e formazione, seppur impegnative, sono investimenti che si traducono in alberi di fico che non solo abbelliscono il paesaggio, ma offrono anche un'abbondanza di deliziosa morbidezza.

Capitolo 20: Le sfide della coltivazione degli alberi di fico nei climi freddi: la delicata arte di coltivare la dolcezza

nelle avversità

Coltivare alberi di fico in un clima freddo è una sfida che mette alla prova la perseveranza e l'ingegno dei giardinieri. Mentre gli alberi di fico sono spesso associati alle regioni calde e mediterranee, gli appassionati di giardinaggio nei climi più freddi si sforzano di superare gli ostacoli per creare morbide oasi in ambienti meno tolleranti. È un impegno che richiede una profonda comprensione delle esigenze dei fichi e creatività nel trovare soluzioni adatte alle condizioni climatiche avverse.

Scelta di varietà resistenti

Una delle prime sfide per i giardinieri nei climi freddi è scegliere varietà di fichi resistenti al freddo. Alcune varietà si adattano meglio alle temperature fredde rispetto ad altre. Gli alberi di fico resistenti sono generalmente preferibili, poiché hanno la capacità di resistere alle temperature più basse. La ricerca di varietà adatte al clima è quindi un passo essenziale per coltivare con successo i fichi in un ambiente freddo.

Protezione invernale

La protezione invernale è una considerazione cruciale per gli alberi di fico nei climi freddi. Gli alberi di fico sono vulnerabili alle gelate e ai venti freddi, che possono danneggiare le parti fragili dell'albero, compresi i giovani germogli e i germogli. I giardinieri possono utilizzare metodi come avvolgere gli alberi con materiali isolanti, pacciamare il terreno per proteggere le radici e creare strutture temporanee per fornire riparo dagli elementi invernali.

Crescere in contenitori e crescere in serre

Nei climi freddi, la coltivazione in contenitori e la coltivazione in serra offrono soluzioni praticabili coltivare alberi di fico. Gli alberi di fico containerizzati possono essere spostati all'interno durante i mesi freddi, fornendo protezione dal gelo. Le serre, creando un microclima più caldo, permettono agli alberi di fico di prosperare anche in condizioni climatiche difficili.

Gestione della crescita e della fruttificazione

I climi freddi possono rallentare la crescita e la fruttificazione dei fichi. Un'attenta gestione della potatura, della fertilizzazione e dell'irrigazione può aiutare a stimolare la crescita degli alberi e incoraggiare la produzione di fichi. La potatura regolare per eliminare i rami morti o non produttivi, insieme ad una fertilizzazione equilibrata, possono aiutare a mantenere la salute dell'albero e ottimizzare la produzione di frutti.

Adattamento e creatività

Coltivare alberi di fico in un clima freddo richiede una certa dose di adattamento e creatività. I giardinieri dovrebbero essere disposti a sperimentare approcci diversi per trovare ciò che funziona meglio nel loro ambiente specifico. Le sfide possono sembrare scoraggianti, ma offrono anche l'opportunità di ampliare i confini della cultura ed esplorare nuovi metodi per raggiungere il successo.

Coltivare alberi di fico nei climi freddi è un'avventura impegnativa, ma offre ricompense uniche per i giardinieri persistenti. Nonostante gli ostacoli climatici, ogni fico raccolto diventa simbolo di successo e ingegno. Le sfide della coltivazione nei climi freddi costringono i giardinieri a superare i confini della tradizione ed esplorare nuovi modi per coltivare la dolcezza in ambienti meno ospitali. È una dimostrazione della resilienza della natura e della determinazione umana nel creare bellezza dove meno ce lo si aspetta.

Capitolo 21: L'interazione tra il fico e le api: una simbiosi naturale di realizzazione

Reciproco

L'interazione tra il fico e le api è un perfetto esempio della simbiosi tra le piante e impollinatori. Questi due attori in natura si sono evoluti nel corso dei millenni fino a dipendere l'uno dall'altro, creando una danza armoniosa che avvantaggia entrambe le parti e l'ecosistema nel suo insieme. Questa complessa relazione è una vera celebrazione dell'interconnessione della vita sulla Terra.

La relazione con gli impollinatori

Il fico e le api hanno sviluppato uno stretto rapporto in cui ciascuno beneficia delle azioni dell'altro. Gli alberi di fico sono piante impollinate da insetti specifici, chiamati agaonidi o "vespe del fico". I fiori del fico sono in realtà infiorescenze capovolte nelle quali sono nascosti i minuscoli fiori femminili. Gli agaonidi entrano nelle infiorescenze per deporre le uova e così facendo trasportano il polline da un fiore all'altro, consentendo l'impollinazione incrociata e la formazione dei fichi.

La reciprocità di impollinazione e riproduzione

Per le api agaonidi il rapporto è altrettanto vitale. Gli alberi di fico forniscono un ambiente ideale per la deposizione e la riproduzione delle uova. Le femmine degli agaonidi entrano nelle infiorescenze per deporre le uova, e durante questo processo trasferiscono il polline che permette la formazione dei fichi. Le larve degli agaonidi si sviluppano all'interno dei fichi, consumando alcuni semi, preparandoli a trasportare il polline quando emergono.

Biodiversità arricchita

L'interazione tra il fico e le api non si limita solo ai fichi e agli agaonidi. Anche una varietà di altri insetti, comprese le api domestiche e selvatiche, così come altri insetti impollinatori, sono attratti dai fiori di fico per cercare nettare e polline. Questa biodiversità arricchisce l'ambiente e contribuisce alla salute generale dell'ecosistema.

Bilancio ambientale

L'interazione tra i fichi e le api ha un impatto significativo sull'equilibrio ambientale. Là

L'impollinazione dei fichi da parte delle api promuove la produzione di frutta, che è vitale per la fauna selvatica che dipende dai fichi come cibo. Inoltre, gli alberi di fico fungono da terreno fertile per gli agaonidi, che a loro volta sono parte integrante della catena alimentare di altre creature.

Preservare l'interazione

Preservare l'interazione tra il fico e le api è essenziale per mantenere l'equilibrio dell'ecosistema. Il degrado dell'habitat naturale delle api e il disturbo antropico possono interrompere questa delicata relazione. Proteggere gli habitat naturali, ridurre l'uso di pesticidi dannosi e sensibilizzare sull'importanza degli impollinatori sono azioni essenziali per garantire che questa interazione benefica continui.

L'interazione tra il fico e le api è un esempio toccante di come la natura abbia stretto stretti legami tra piante e animali per promuovere la sopravvivenza reciproca e l'equilibrio ecologico. Gli alberi di fico e le api danzano al ritmo di una simbiosi perfetta, dove ciascuno contribuisce alla sostenibilità dell'altro. Questo rapporto dimostra la complessa bellezza dell'interazione tra diverse forme di vita e ci ricorda la necessità di preservare la biodiversità per il benessere del nostro pianeta e dei suoi abitanti.

Capitolo 22: Il fico nella medicina tradizionale: un tesoro naturale per la salute e il benessere

Essere

Per millenni il fico è stato venerato non solo per il suo sapore delizioso, ma anche per le sue proprietà benefiche in varie tradizioni medicinali in tutto il mondo. Il fico, ricco di sostanze nutritive e composti naturali, è stato utilizzato per trattare una varietà di disturbi e disturbi, riflettendo la saggezza degli antichi nella medicina naturale e olistica.

Equilibrio e digestione

In molte culture, il fico è stato tradizionalmente associato alla digestione e alla regolazione del sistema digestivo. L'abbondante fibra alimentare presente nei fichi aiuta a potenziare il movimenti intestinali e prevenire la stitichezza. I fichi secchi, ricchi di fibre solubili e insolubili, sono stati spesso utilizzati per lenire problemi gastrointestinali e mantenere un sistema digestivo sano.

Il cuore e la circolazione

I fichi offrono benefici per la salute cardiovascolare. Contengono notevoli quantità di potassio, un minerale essenziale che svolge un ruolo nella regolazione della pressione sanguigna. Gli antiossidanti presenti nei fichi, come i polifenoli, possono aiutare a proteggere i vasi sanguigni e ridurre il rischio di malattie cardiovascolari.

Gestione del diabete

In alcune culture, i fichi sono stati utilizzati per aiutare a mantenere i livelli di zucchero nel sangue. La fibra presente nei fichi può rallentare l'assorbimento degli zuccheri, il che può avvantaggiare le persone con diabete di tipo 2. Tuttavia, è importante consultare un operatore sanitario prima di apportare modifiche significative alla dieta per gestire il diabete.

Rafforzamento immunitario

I fichi sono una fonte di vitamine e minerali, tra cui la vitamina C, che svolge un ruolo chiave nel rafforzamento del sistema immunitario. Gli antiossidanti presenti nei fichi possono aiutare a proteggere le cellule dai danni causati dai radicali liberi, contribuendo a rafforzare la resistenza del corpo alle infezioni e alle malattie.

Benessere generale

In molte tradizioni, i fichi sono stati usati come tonici generali per migliorare il benessere. Il loro diverso profilo nutrizionale li rende un alimento ideale per mantenere energia, vitalità e salute generale. I fichi sono anche ricchi di minerali come calcio, magnesio e ferro, che supportano la salute delle ossa, dei muscoli e del sangue.

Avvertenze e precauzioni

Sebbene i fichi offrano numerosi benefici per la salute, è importante ricordare che il loro consumo deve essere inserito all'interno di una dieta equilibrata e variata. I fichi sono naturalmente ricchi di zuccheri, quindi un consumo eccessivo può influire sui livelli di zucchero nel sangue. Inoltre, alcune persone potrebbero essere allergiche ai fichi, per questo è consigliabile introdurli nella dieta in modo graduale.

Il fico, tesoro naturale ricco di sostanze nutritive e composti bioattivi, occupa un posto meritato nella medicina tradizionale. Culture di tutto il mondo hanno riconosciuto e sfruttato le proprietà benefiche del fico per sostenere la salute e il benessere. Tuttavia, è importante considerare questi usi tradizionali come complementari alle moderne pratiche mediche e chiedere una consulenza professionale se sorgono problemi medici. Il fico, frutto delizioso dalle virtù terapeutiche, resta un ricordo della saggezza della natura e dell'armonia tra uomo e pianta.

Capitolo 23: Il fico nei rituali di guarigione: l'antico potere del frutto sacro

Sin dagli albori dell'umanità, i fichi sono stati molto più di una semplice fonte di nutrimento. Hanno occupato un posto speciale nelle credenze e nelle pratiche di guarigione di molte culture in tutto il mondo. Il loro status sacro e le proprietà nutrizionali uniche hanno reso i fichi un elemento essenziale nei rituali di guarigione, illustrando il ruolo profondamente radicato che hanno svolto nella ricerca della salute e del benessere.

Il simbolismo della fig

Il fico è stato spesso visto come un simbolo di fertilità, rinnovamento e guarigione. La sua forma caratteristica, la consistenza carnosa e il gusto delicato ne fanno un frutto ricco di simbolismi, che evoca la vita, la crescita e la vitalità. In molte culture, il fico è associato alla dea della fertilità e della guarigione, sottolineando il suo ruolo nel promuovere la salute e la rigenerazione.

Rituali di purificazione e guarigione

In alcune tradizioni i fichi venivano usati nei rituali di purificazione e guarigione. I fichi freschi o secchi venivano spesso consumati o utilizzati per preparare infusi per eliminare le tossine dal corpo, favorire la digestione e rafforzare il sistema immunitario. I fichi erano considerati fonte di vitalità e forza, aiutando a ripristinare il naturale equilibrio dell'organismo.

Amuleti e Talismani

I fichi secchi sono stati usati anche come amuleti o talismani per la protezione e la guarigione. Indossati intorno al collo o posti sotto il cuscino, si credeva che avessero il potere di allontanare le malattie e favorire un sonno ristoratore. Le proprietà nutrizionali dei fichi erano associate a qualità curative e protettive che trascendevano il mondo fisico.

Rituali spirituali ed emotivi

I fichi sono stati coinvolti nei rituali non solo per curare il corpo, ma anche per calmare la mente e le emozioni. Si credeva che la meditazione e il consumo rituale dei fichi promuovessero la pace interiore, la chiarezza mentale e l'equilibrio emotivo. I fichi erano visti come un modo per rafforzare la connessione tra corpo e mente, incoraggiando la guarigione olistica.

L'approccio moderno

Sebbene i rituali di guarigione dei fichi siano stati spesso avvolti nel mistero e nella spiritualità, la moderna conoscenza della nutrizione ha confermato i benefici per la salute che gli antichi riconoscevano intuitivamente. I fichi sono ricchi di antiossidanti, fibre, minerali e vitamine, che li rendono favorevoli alla salute digestiva, cardiovascolare e immunitaria.

Il fico nei rituali di guarigione incarna l'antica saggezza dell'umanità, collegando la natura con la salute fisica e spirituale. Le credenze che circondano i fichi nelle pratiche curative evidenziano i modi in cui le culture hanno riconosciuto e onorato i poteri curativi e rigenerativi di questo frutto. Il fico rimane un ricordo della profonda interconnessione tra uomo e natura, oltre che una testimonianza di fede nella capacità intrinseca della Terra di guidare verso la guarigione e il benessere.

Capitolo 24: Straordinari alberi di fico in tutto il mondo: i giganti botanici della terra

Gli alberi di fico, con la loro sagoma maestosa e le foglie rigogliose, affascinano l'immaginazione umana da millenni. In tutto il mondo, questi straordinari alberi hanno prosperato in ambienti diversi, lasciando un'impronta duratura nella storia naturale e culturale delle rispettive regioni. Venerati per la loro età, le loro dimensioni imponenti o il loro ruolo centrale negli ecosistemi locali, gli straordinari alberi di fico sono testimoni viventi della forza della natura e della simbiosi tra le piante e il loro ambiente.

Il fico Banyan a Kalpavriksha, India

Il fico Banyan (Ficus benghalensis) è venerato in India con il nome Kalpavriksha, spesso tradotto come "albero dei desideri". Uno degli esempi più famosi di questo tipo è il fico Banyan di Howrah, Calcutta. Con una corona impressionante che si estende per circa 1,5 ettari, questo maestoso albero è venerato come simbolo di fertilità, forza e guarigione. Fedeli e visitatori locali vengono a ripararsi sotto la sua ombra rilassante, creando un'atmosfera di rispetto e adorazione.

Il fico di Moreton Bay, Australia

Il fico di Moreton Bay (Ficus macrophylla) è una specie iconica in Australia. Uno degli esemplari più famosi è il Curtain Fig Tree, situato a Byron Bay. Questo gigante botanico, noto anche come "Fico Strangolatore" (fico strangolatore), si avvolge attorno all'albero ospite in crescita, soffocando delicatamente nel tempo l'albero sottostante. Nonostante il suo nome sinistro, il fico di Moreton Bay è una parte vitale dell'ecosistema australiano, poiché fornisce riparo e cibo a molte specie animali.

Il fico della Pagoda, Cambogia

Il fico della pagoda (Ficus religiosa), chiamato anche "Albero della Bodhi", occupa un posto centrale nella spiritualità buddista. Si ritiene che l'albero sia il luogo in cui Buddha raggiunse l'illuminazione. Il fico

Le pagode sono un simbolo di conoscenza, saggezza e illuminazione spirituale. Lo straordinario albero situato nel Wat Mahathat ad Ayutthaya, in Thailandia, è famoso per la sua radice che cresce attorno a una testa di Buddha, creando un'immagine iconica che incarna la profonda connessione tra natura e spiritualità.

Il fico maledetto, Madagascar

Il fico maledetto (Ficus trichopoda) del Madagascar è uno straordinario esempio di come la natura possa essere trasformata in un'opera d'arte scultorea. Le massicce radici aeree di questo albero si intrecciano e si estendono a dismisura, creando una struttura quasi scolpita dal tempo. Questo fico unico è un esempio lampante dell'ingegnosità della natura nell'adattarsi e prosperare in ambienti difficili.

Gli straordinari alberi di fico di tutto il mondo raccontano storie di perseveranza, simbiosi e rispetto per la natura. Questi giganti botanici incarnano la maestosità e la complessità della vita vegetale, lasciando un segno indelebile sulle colture e sugli ecosistemi che li circondano. La loro presenza ricorda il potere della natura di modellare paesaggi sorprendenti e creare connessioni profonde tra gli esseri umani e il mondo naturale che li circonda.

Capitolo 25: I miti e le leggende incantati del fico: l'albero sacro dell'immaginazione umana

Il fico, con la sua maestosa statura e le abbondanti foglie, è da sempre un personaggio centrale nei miti e nelle leggende delle culture di tutto il mondo. Dalla fertilità alla spiritualità, alla guarigione e alla creazione, il fico incarna una ricca rete di simboli e significati che catturano l'immaginazione umana da millenni.

Il fico e la creazione

In alcune culture il fico è considerato l'albero della creazione, la fonte stessa della vita. Nelle mitologie greche e romane il fico è associato alla dea Dioniso (Bacco), dio del vino e della fertilità. Il fico è anche venerato nella tradizione indù come albero sacro alla dea

Sarasvati, associato alla conoscenza, alla musica e all'arte.

Il fico e la spiritualità

Il fico è spesso associato a nozioni spirituali e religiose. Nella tradizione buddista, il fico della pagoda (Ficus religiosa) è considerato sacro perché fu sotto questo albero che Buddha raggiunse l'illuminazione. Questo fico, noto anche come "Albero della Bodhi", simboleggia la ricerca della saggezza e della verità spirituale.

Il fico e la fertilità

Per la sua propensione a produrre una grande quantità di frutti, il fico è spesso associato alla fertilità e all'abbondanza. Negli antichi miti greci, il fico era legato alla dea della fertilità, Demetra, e a sua figlia Persefone. In molte culture i fichi venivano anche offerti come offerte alle divinità della fertilità.

Il fico e le trasformazioni

Nelle mitologie il fico è talvolta legato a trasformazioni magiche e misteriose. I fichi strangolatori, che avvolgono le loro radici attorno agli alberi ospiti, sono spesso circondati da leggende di trasformazione e incantesimo. Incarnano il concetto della vita che nasce dalla morte, simboleggiando la rigenerazione e il ciclo eterno.

Il fico e i luoghi sacri

Molti antichi alberi di fico sono considerati alberi sacri, spesso associati a luoghi di culto e siti religiosi. Questi maestosi alberi, con la loro presenza imponente e il loro carattere eterno, aggiungono una dimensione spirituale ai luoghi in cui crescono. Diventano centri di raccolta e culto, fornendo una connessione tangibile tra il divino e il terreno.

I miti e le leggende legate al fico testimoniano il profondo impatto che questo albero ha avuto su immaginazione umana. Ogni cultura ha intrecciato la propria narrativa attorno a questo maestoso albero, riflettendo i valori, le credenze e le speranze della società. Il fico trascende i confini geografici e temporali, unendo gli esseri umani attraverso un fascino condiviso per i misteri della natura e i significati più profondi che emergono dalla sua abbondante ombra.

Capitolo 26: I segreti per conservare i fichi freschi: preservare la dolcezza della natura

I fichi freschi, con la loro polpa dolce e la consistenza deliziosa, sono una prelibatezza stagionale apprezzata da molti amanti della frutta. Tuttavia, la loro breve durata può rendere la loro conservazione una sfida. Scoprire i segreti per preservare il sapore e la qualità dei fichi freschi può prolungare il piacere di gustarli oltre la stagione.

Scegliere i fichi giusti

Il primo passo per conservare i fichi freschi è scegliere frutti maturi ma sodi. Evita i fichi troppo morbidi o ammuffiti perché possono andare a male rapidamente. Cerca fichi leggermente morbidi al tatto, ma non troppo morbidi, con un colore uniforme e vibrante.

Refrigerare immediatamente

Appena portate a casa i fichi, metteteli in frigorifero. I fichi freschi sono sensibili al calore e all'umidità, che possono accelerarne la maturazione e farli deteriorare rapidamente. Metterli in un sacchetto di plastica perforato o in una scatola di plastica con un tovagliolo di carta sul fondo per assorbire l'umidità.

Evitare il lavaggio prematuro

È meglio non lavare i fichi prima di metterli in frigorifero. L'eccessiva umidità può favorire muffe e deterioramento. Lavate i fichi appena prima di mangiarli per mantenerne la freschezza.

Consumare rapidamente

I fichi freschi tendono ad andare a male abbastanza rapidamente, anche se refrigerati. Si consiglia quindi di consumarli entro due o tre giorni dall'acquisto. Prima li mangi, più potrai goderti il loro sapore dolce e la loro consistenza deliziosa.

Congelare i fichi

Se avete un surplus di fichi freschi e volete conservarli più a lungo, potete congelarli. Lavateli, privateli del gambo e, se preferite, tagliateli a pezzetti. Disporre i pezzi su una teglia e congelarli fino a quando non saranno sodi. Quindi trasferire i fichi nei sacchetti del congelatore o nei contenitori ermetici e rimetterli nel congelatore. Possono essere utilizzati in frullati, prodotti da forno e altre preparazioni una volta scongelati.

Uso creativo

Se hai fichi freschi che stanno iniziando a maturare, ma non puoi consumarli velocemente, considera di utilizzarli nelle ricette. I fichi possono essere trasformati in marmellate, composte o salse per prolungarne la vita e aggiungere un tocco dolce ai vostri piatti.

I fichi freschi sono un tesoro della natura da gustare in stagione. Comprendendo i segreti della loro conservazione è possibile massimizzarne la freschezza ed estenderne la delicatezza per gustarli oltre il loro breve periodo di disponibilità. Seguendo i consigli di refrigerazione, consumo rapido e congelamento, potrai preservare la naturale dolcezza dei fichi freschi e assaporare ogni boccone con soddisfazione.

Capitolo 27: Tesori derivati dal fico: oli, lozioni e altro

Il fico, oltre ad offrire frutti succulenti, presenta una ricchezza nascosta nei suoi derivati. Dall'olio alle lozioni, passando per i prodotti di bellezza e benessere, i prodotti del fico hanno catturato l'attenzione dei consumatori.

intenditori in cerca di cure naturali. Questi tesori derivati dal fico hanno il potere di apportare benefici di questa pianta eccezionale in nuove forme e nuove esperienze.

Oli essenziali di fico

Gli oli essenziali di fico sono sempre più apprezzati per le loro proprietà benefiche per la pelle e la salute.

Ricchi di antiossidanti e acidi grassi, questi oli possono idratare e nutrire la pelle, lasciandola morbida ed elastica. Possono anche essere utilizzati per creare profumi unici e calmanti. Gli oli essenziali di fico si prestano all'aromaterapia, offrendo profumi rinfrescanti che possono favorire il relax e il benessere.

Lozioni e creme a base di fichi

Lozioni e creme a base di fichi sono diventate popolari nel settore della cura della pelle. Adornare à Grazie alle loro proprietà idratanti e lenitive, questi prodotti possono aiutare a mantenere l'elasticità e la salute della pelle. Le vitamine, i minerali e gli antiossidanti presenti nei fichi aiutano a nutrire in profondità la pelle e a proteggerla dai danni ambientali.

Prodotti di bellezza naturali

I fichi vengono sempre più incorporati nei prodotti di bellezza naturali, come maschere per il viso, scrub e sieri. Grazie al loro contenuto di nutrienti essenziali, i fichi possono rivitalizzare la pelle, favorire una carnagione luminosa e ridurre i segni dell'invecchiamento. Inoltre, la loro naturale morbidezza li rende adatti alle pelli sensibili.

Prodotti alimentari derivati

Oltre alla cura e alla bellezza della pelle, i fichi vengono utilizzati anche in una gamma di prodotti di derivazione alimentare. Prodotti come marmellate, aceti di fichi, tè e infusi aggiungono una nota dolce e deliziosa alle diverse preparazioni culinarie. I fichi sono anche una fonte di fibre e sostanze nutritive, il che li rende un'ottima scelta per prodotti alimentari sani e saporiti.

Il fascino della natura

La crescente popolarità dei prodotti derivati dal fico riflette la crescente tendenza verso la cura della pelle naturale e gli ingredienti autentici. I consumatori sono alla ricerca di alternative naturali ai prodotti chimici e sintetici, e i prodotti derivati dal fico offrono una soluzione che combina il potere della natura con l'innovazione moderna.

I prodotti derivati dal fico incarnano la diversità dei benefici che questa straordinaria pianta offre all'umanità. Che vengano utilizzati per la bellezza, la salute o la gastronomia, questi tesori derivati attirano l'attenzione fornendo esperienze sensoriali e benefici olistici. Sono una testimonianza del potere della natura di fornire risorse versatili ed efficaci che soddisfano le esigenze del nostro corpo, della mente e del benessere.

Capitolo 28: Il fico: un simbolo religioso e spirituale ancestrale Il fico, con le sue ricche sfumature di simbolismo religioso e spirituale, ha segnato le credenze e le pratiche spirituali di varie culture nel corso dei secoli. In quanto albero antico e frutto nutriente, il fico è diventato un potente simbolo che evoca nozioni di conoscenza, spiritualità, rigenerazione e profonda connessione tra l'uomo e il divino.

Il fico nelle Scritture

I fichi svolgono un ruolo significativo in molte tradizioni religiose. Nei testi biblici il fico viene menzionato più volte. Nell'Antico Testamento il fico è considerato segno di prosperità e benedizione. La parabola del fico sterile, raccontata nei vangeli, è un esempio dell'uso del fico come metafora spirituale, sottolineando l'importanza della produttività spirituale nella vita di un individuo.

Il simbolismo della fig

Il fico è spesso associato a nozioni di conoscenza e saggezza. Nella tradizione giudeo-cristiana,

La foglia di fico è simbolo del peccato originale e della consapevolezza dell'uomo della propria vulnerabilità e natura imperfetta. Nella tradizione indù, il fico nelle pagode è il luogo in cui Buddha raggiunse l'illuminazione, a simboleggiare la ricerca della verità spirituale.

Il fico come metafora spirituale

La crescita del fico dal verde al frutto maturo è spesso usata come metafora della maturazione spirituale e della crescita personale. Allo stesso modo, il fico evoca la dualità dell'esperienza umana, rappresentando sia la dolcezza che l'amarezza, la gioia e la sofferenza, la luce e l'oscurità. Questo simbolismo riflette la natura complessa della vita spirituale e incoraggia la comprensione dell'equilibrio tra aspetti opposti.

Il fico e il legame con la natura

In molte tradizioni spirituali, il fico incarna la profonda connessione tra uomo e natura. Onorando il fico, gli individui riconoscono la saggezza della natura e il ruolo che ogni elemento gioca nell'equilibrio dell'universo. Il fico diventa così un ricordo dell'armonia tra l'uomo, la terra e il sacro. Il fico, come simbolo religioso e spirituale, trascende i confini culturali e temporali. Risuona con il desiderio umano di conoscenza, saggezza, crescita spirituale e connessione con qualcosa di più grande di sé stessi. Il simbolismo del fico ci ricorda che, proprio come il frutto matura attraverso le stagioni, l'anima umana si evolve e cresce nella sua ricerca di significato e comprensione. Il fico resta un legame tangibile tra l'esperienza umana e quella divina, invitando tutti a meditare sui misteri profondi della vita e della spiritualità.

Capitolo 29: I prominenti alberi di fico: lo splendore dei fichi nei giardini botanici

Rinomato

I rinomati giardini botanici di tutto il mondo sono paradisi di biodiversità e bellezza naturale, che ospitano un'incredibile varietà di piante provenienti da ogni angolo del pianeta. Tra i tesori verdi che popolano questi giardini, i fichi spiccano per la loro maestosità, la loro storia e la loro simbolismo. Da un'epoca all'altra, gli alberi di fico hanno prosperato nei giardini botanici, offrendo ai visitatori uno sguardo affascinante sulla complessità e la diversità del mondo vegetale.

Il Giardino Botanico di Rio de Janeiro, Brasile

I Giardini Botanici di Rio de Janeiro, in Brasile, ospitano un albero di fico Banyan (Ficus benghalensis) che si estende su una vasta area. Questo maestoso albero crea un'intricata rete di radici aeree che avvolgono l'albero ospite, creando una struttura visivamente sbalorditiva. I visitatori possono passeggiare all'ombra benefica dei suoi rami aggrovigliati, scoprendo la magia della natura che si svolge davanti ai loro occhi.

I giardini botanici di Singapore

I Giardini Botanici di Singapore ospitano un'affascinante specie di fico: il fico pagoda (Ficus religiosa). Questa varietà è conosciuta anche come "Albero della Bodhi" ed è venerato per essere stato l'albero sotto il quale Buddha raggiunse l'illuminazione. L'albero dei Giardini Botanici di Singapore è un discendente dell'albero storico, stabilendo così una connessione spirituale con l'antica saggezza.

Giardino botanico di Brooklyn, Stati Uniti

Il Brooklyn Botanic Garden di New York ha un fico di Moreton Bay (Ficus macrophylla) dalla presenza imponente. Con le sue radici aeree avvolte nell'aria, questo albero sembra uscito da una fiaba. I visitatori rimangono incantati da come l'albero si è evoluto per coesistere con il suo ambiente, creando una straordinaria visione di adattamento e bellezza naturale.

Il Giardino Majorelle, Marocco

Il Jardin Majorelle a Marrakech, in Marocco, è famoso per i suoi giardini esotici, i colori vivaci e l'atmosfera incantevole. Tra le piante rigogliose, i fichi aggiungono un tocco di mistero e autenticità. Nel giardino è presente anche il fico d'india (Opuntia ficus-indica), un cactus dai fichi carnosi, che simboleggia la resilienza e l'adattamento agli ambienti aridi.

L'importanza dei fichi nei giardini botanici

I fichi non sono solo alberi imponenti negli orti botanici, ma incarnano la storia, la diversità e il profondo rapporto tra uomo e natura. La loro presenza evoca storie antiche, connessioni culturali e significati simbolici. Gli alberi di fico nei rinomati giardini botanici sono molto più che semplici attrazioni visive; sono ambasciatori viventi della complessità e della bellezza della vita vegetale, affascinando i visitatori e ispirando un rinnovato rispetto per il mondo naturale.

Capitolo 30: L'avvento del fico: coltivare il futuro di fronte al cambiamento climatico

Il cambiamento climatico, una realtà innegabile, ha profondi impatti sull'agricoltura e sulla produzione alimentare in tutto il mondo. In questo contesto, la coltivazione del fico, che vanta una lunga storia di rapporti con l'umanità, si trova ad affrontare nuove sfide e opportunità. Esplorando approcci sostenibili e innovativi, la coltivazione del fico potrebbe svolgere un ruolo cruciale nell'adattamento ai cambiamenti climatici e nella preservazione delle risorse naturali.

Resilienza climatica

Il fico è riconosciuto per la sua capacità di adattamento alle diverse condizioni climatiche. Tuttavia, i cambiamenti climatici possono alterare i modelli di temperatura, precipitazioni e stagionalità, che potrebbero avere un impatto sulla crescita e sulla fruttificazione dei fichi. Gli studi sulle varietà di fichi resistenti al caldo e alla siccità potrebbero essere essenziali per garantire la sostenibilità di questa coltura.

Ottimizzazione delle risorse idriche

In un contesto di crescente scarsità d'acqua in molte regioni, la gestione dell'acqua diventa cruciale per la coltivazione dei fichi. Metodi di irrigazione efficienti, come l'irrigazione a goccia, potrebbero ridurre al minimo lo spreco d'acqua fornendo al contempo agli alberi di fico le risorse di cui hanno bisogno per prosperare. La ricerca di pratiche agricole sostenibili che riducano la domanda di acqua massimizzandola le rese saranno cruciali per il futuro del fico.

La diversità genetica come alleata

La diversità genetica delle varietà di fico è una risorsa inestimabile per affrontare le sfide climatiche.
Identificando e preservando varietà resistenti ai cambiamenti climatici, gli agricoltori possono garantire la
sostenibilità a lungo termine della coltivazione dei fichi. I programmi di selezione mirati allo sviluppo di varietà
adatte al clima possono rafforzare la resilienza di questa coltura.

La transizione verso pratiche sostenibili

Il passaggio a pratiche agricole sostenibili è essenziale per il futuro della coltivazione dei fichi. Adottare
l'agroecologia, ridurre l'uso di pesticidi e fertilizzanti chimici, nonché promuovere la biodiversità nei
frutteti, può aiutare a mantenere l'equilibrio ecologico e a ridurre al minimo gli impatti negativi
sull'ambiente.

Educazione e consapevolezza

Educare gli agricoltori e le comunità locali sulle questioni legate al cambiamento climatico e sulle migliori
pratiche agricole è fondamentale per garantire la sostenibilità della coltivazione dei fichi. Aumentare la
consapevolezza sull'importanza della conservazione dell'ecosistema, della riduzione delle emissioni di
carbonio e della gestione delle risorse naturali può ispirare azioni positive.

Il futuro della coltivazione del fico è strettamente legato alla sua capacità di adattamento alle sfide del
cambiamento climatico. Combinando innovazione scientifica, pratiche agricole sostenibili e
sensibilizzazione della comunità, è possibile coltivare questo antico simbolo in un nuovo contesto
climatico. La coltivazione del fico ha l'opportunità di diventare un modello di adattamento e resilienza di
fronte alle mutevoli realtà climatiche, continuando a nutrire le generazioni future con i suoi frutti
succulenti e il suo ricco simbolismo.

Capitolo 31: L'eleganza del fico: preservazione della biodiversità attraverso l'albero antico

Il fico, questo frutto dolce e succulento, non solo delizia le papille gustative; svolge anche un ruolo cruciale nella conservazione della biodiversità. Essendo una pianta fondamentale, il fico influenza gli ecosistemi fornendo un habitat vitale per una varietà di specie, incoraggiando l'impollinazione e contribuendo al fragile equilibrio della natura. Al di là del suo sapore delizioso, il fico fa parte di una complessa rete di interazioni biologiche che alimentano la diversità e la sostenibilità.

Habitat ecologico per la fauna selvatica

Gli alberi di fico, con la loro struttura cespugliosa e i rami abbondanti, creano habitat diversi per molte creature, dai piccoli uccelli agli insetti e ai pipistrelli. Gli uccelli, in particolare, trovano rifugio tra i rami e si nutrono dei fichi, contribuendo così alla dispersione dei semi e alla crescita di nuovi alberi. Gli alberi di fico diventano santuari dove fiorisce la biodiversità.

Relazioni reciprocamente vantaggiose con gli impollinatori

Gli alberi di fico, spesso impollinati da vespe specifiche, stabiliscono relazioni simbiotiche uniche. I fichi maschi producono fiori che ospitano vespe impollinatrici, mentre i fichi femmine producono i frutti. Questa sottile danza tra alberi e impollinatori è un esempio di come la biodiversità si intreccia per garantire la riproduzione e la sostenibilità delle specie.

Promozione della biodiversità vegetale

Anche gli alberi di fico svolgono un ruolo nella promozione della biodiversità vegetale. I loro rami spessi forniscono supporto alle piante epifite, che crescono sopra il terreno senza parassitare l'albero ospite. Queste piante aggiungono un ulteriore livello di diversità all'ecosistema, creando un ambiente ricco di specie e habitat.

Importanza per le comunità indigene

In molte regioni, gli alberi di fico sono venerati dagli indigeni per il loro ruolo ecologico e culturale. I fichi sacri sono spesso considerati punti focali della biodiversità e sono protetti di conseguenza. Simboleggiano il rapporto armonioso tra uomo e natura, ricordando l'importanza di preservare la ricchezza biologica per le generazioni future.

La responsabilità della conservazione

Il fico, in quanto elemento chiave della biodiversità, evidenzia la responsabilità umana nel preservare gli ecosistemi e proteggere le specie. La deforestazione, il cambiamento climatico e altri fattori minacciano queste delicate interconnessioni. Adottando misure per proteggere gli alberi di fico e gli ecosistemi a cui contribuiscono, onoriamo la complessità della vita e aiutiamo a mantenere la stabilità del pianeta.

Il fico, con il suo ruolo fondamentale nella biodiversità, ricorda come ogni elemento naturale sia intrecciato nella complessa rete della vita. Dal più piccolo insetto agli alberi maestosi, ogni attore svolge un ruolo essenziale nel preservare la biodiversità. Apprezzando il fico non solo per il suo gusto delicato, onoriamo il suo contributo alla diversità della vita e rafforziamo il nostro impegno a proteggere e preservare la ricchezza biologica che nutre il nostro pianeta.

Capitolo 32: La straordinaria tavolozza dei fichi: una danza di colori e forme

I fichi, frutti iconici dai sapori accattivanti, non solo incantano le nostre papille gustative, ma stupiscono anche i nostri occhi con la loro affascinante gamma di colori e forme. Dalle tonalità scintillanti alle silhouette variegate, i fichi offrono uno spettacolo visivo accattivante che riflette la diversità della natura e risveglia il nostro apprezzamento per la bellezza in tutta la sua ricchezza.

Una tavolozza di colori

I fichi sono disponibili in una straordinaria varietà di colori che vanno dal verde brillante al viola intenso al giallo dorato. I fichi verdi sono spesso i primi ad apparire sugli alberi, annunciando l'inizio della stagione. Man mano che i fichi maturano, possono assumere tonalità più scure e ricche, che vanno dal viola scuro, quasi nero, al rosso bordeaux. Vengono visualizzate alcune varietà anche sfumature di marrone e arancione.

Forme eleganti e intriganti

I fichi non sono attraenti solo per i loro colori, ma hanno anche una varietà di forme che ne aumentano il fascino. Alcuni fichi sono rotondi e carnosi, mentre altri sono più allungati e affusolati. Fichi "goccia d'acqua" hanno una forma a goccia, mentre la forma "turca" hanno una silhouette più arrotondata e appiattita. Questa varietà di forme dimostra le molteplici sfaccettature della natura e arricchisce l'esperienza di degustazione visiva.

Opere d'arte naturali

I fichi, con le loro variazioni di colore e forma, sono come opere d'arte naturali che si evolvono man mano che maturano. Ogni sfumatura e contorno racconta una storia di crescita, trasformazione e cicli di vita. Osservandoli ci viene ricordata la magia della natura e la complessità della creazione.

Il riflesso della diversità naturale

La diversità di colori e forme dei fichi è un riflesso della diversità naturale che caratterizza il nostro mondo. Ogni varietà di fico porta con sé la storia del suo terroir, del suo ambiente e delle forze che hanno contribuito alla sua crescita unica. Questa diversità ci ricorda l'importanza di preservare le varietà antiche e locali per mantenere la ricchezza genetica delle piante.

I fichi sono più di un semplice piacere per i sensi, sono una celebrazione visiva della creatività della natura. La loro tavolozza di colori e le loro varie forme sono tutte testimonianze della bellezza che si manifesta nel mondo naturale. Assaporando i fichi, siamo invitati a contemplare la sinfonia visiva della natura e a rinnovare il nostro rispetto per la diversità che abbellisce il nostro pianeta.

Capitolo 33: Fascino fruttato: i fichi nella cultura popolare contemporanea

I fichi, quelle delizie dolci e carnose, non sono solo una delizia per il palato, ma hanno trovato posto anche nella cultura popolare contemporanea. Che si tratti del cibo, della moda, dell'arte o anche dei social media, i fichi continuano a catturare l'immaginazione delle persone e a suscitare un interesse duraturo.

La Festa della Gastronomia

I fichi hanno guadagnato popolarità nella cucina contemporanea, trovandoli non solo nei dessert tradizionali, ma anche in una varietà di piatti salati e dolci. Dalle insalate ai formaggi pregiati, dai toast alle carni alla griglia, i fichi aggiungono un tocco sofisticato a una moltitudine di ricette. La loro combinazione di dolcezza e amarezza offre una tavolozza di sapori complessa e deliziosa, ampliando gli orizzonti culinari degli amanti del cibo.

Moda elegante

I fichi hanno conquistato anche il mondo della moda. La loro ricca tavolozza di colori, che va dal viola scuro al rosso intenso, ha ispirato i designer a creare abiti e accessori che riflettono questa tonalità seducente. Dagli abiti da sera ai gioielli, i fichi si sono trasformati in una fonte di ispirazione visiva per i designer contemporanei.

L'arte della creatività

I fichi non vengono solo mangiati, ma ispirano anche gli artisti a creare opere visive accattivanti. Dai dipinti alle fotografie, dalle sculture alle illustrazioni, i fichi sono diventati soggetti artistici popolari. Le loro forme e colori unici forniscono una tela per l'espressione creativa per gli artisti contemporanei che cercano di catturare la bellezza della natura nel loro lavoro.

Social Media: vetrina virtuale

I fichi hanno consolidato la loro presenza anche sui social media, dove gli amanti del cibo, la fotografia e lo stile di vita condividono le loro creazioni culinarie ed estetiche. Gli hashtag dedicati ai fichi stanno inondando le piattaforme, mostrando come questo frutto abbia conquistato cuori e stomaci in tutto il mondo. Blog di cucina, account Instagram e video di ricette hanno contribuito a elevare i fichi allo status di icona nella cultura popolare contemporanea.

I fichi, frutto antico e ricco di simbolismo, sono riusciti a integrarsi armoniosamente nella cultura popolare contemporanea. Incarnano una convergenza tra tradizione e modernità, tra piaceri del gusto ed espressioni artistiche. Dai cibi raffinati alle creazioni artistiche, i fichi continuano a ispirare, deliziare e abbellire le nostre vite, celebrando al contempo il loro posto in un mondo in continua evoluzione.

Capitolo 34: Luminosità naturale: il fico nella cosmesi moderna

La moderna cosmesi ha aperto le sue porte a una varietà di ingredienti naturali dalle proprietà benefiche e tra questi, il fico si distingue per le sue potenzialità di apportare notevoli benefici alla pelle e ai capelli. Dalle formulazioni innovative ai prodotti di bellezza, il fico è diventato una stella nascente nel mondo della bellezza, offrendo un tocco di naturale eleganza e raffinatezza ai rituali di cura della pelle.

Nutrizione e idratazione

I fichi sono ricchi di nutrienti essenziali, tra cui vitamine, minerali e antiossidanti. In cosmetica, queste proprietà si traducono in nutrizione intensa e idratazione profonda per pelle e capelli. I prodotti a base di fichi aiutano a prevenire la disidratazione, leniscono la pelle secca e condizionano i capelli danneggiati, donando loro lucentezza naturale.

Antiossidanti e Anti-Age

Gli antiossidanti presenti nei fichi svolgono un ruolo cruciale nel combattere gli effetti dell'invecchiamento. Aiutano a proteggere la pelle dai radicali liberi e a prevenire i segni prematuri dell'invecchiamento, come linee sottili e rughe. I prodotti di bellezza a base di fico forniscono un supporto naturale alla pelle, favorendo la rigenerazione cellulare e mantenendo un aspetto giovane e luminoso.

Esfoliazione delicata e naturale

Il fico contiene enzimi naturali che aiutano a esfoliare delicatamente la pelle, rimuovendo le cellule morte e rivelando una carnagione più luminosa e uniforme. I prodotti esfolianti a base di fico offrono un'alternativa delicata e non abrasiva ai trattamenti chimici, nutrendo la pelle e promuovendo il rinnovamento cellulare.

Protezione dei capelli

Per i capelli, i fichi forniscono una protezione naturale contro i danni ambientali, rafforzando la struttura del capello e migliorandone l'elasticità. I prodotti per capelli al fico aiutano a prevenire le doppie punte, donano lucentezza e mantengono la salute generale dei capelli.

Impegno per la sostenibilità

Anche la crescente popolarità dei prodotti cosmetici a base di fico fa parte del movimento verso una bellezza più sostenibile. Gli ingredienti naturali e rinnovabili come il fico sono considerati rispettosi dell'ambiente e preoccupati per la salute della pelle. I consumatori sono alla ricerca di prodotti che siano allo stesso tempo efficaci e rispettosi del pianeta, e il fico soddisfa entrambe queste esigenze con eleganza.

Il fico, con le sue virtù nutritive e le sue proprietà rigeneranti, si è conquistato un posto d'elezione nel mondo della cosmesi moderna. Dalle lozioni alle maschere ai sieri, apporta un tocco di lussuosa naturalezza ai rituali di bellezza. Abbracciando tradizione e scienza, il fico celebra il suo ruolo di complice della pelle e dei capelli, fornendo sia una piacevole esperienza sensoriale che benefici duraturi per la bellezza che si irradia dall'interno verso l'esterno.

Capitolo 35: Vigilanza e rimedi: gestione delle malattie comuni del fico

Il fico, simbolo di fertilità e ricchezza, non è esente da sfide per la salute delle piante. COME

Tutte le piante, i fichi, sono soggetti ad alcune malattie che possono comprometterne la crescita e la produttività. Tuttavia, con una conoscenza approfondita e adeguate misure di prevenzione, è possibile proteggere questi preziosi alberi dai disturbi comuni e mantenerli sani.

Oidio

L'oidio è una malattia fungina che appare come una patina bianca e polverosa sulle foglie, sugli steli e sui frutti del fico. Per prevenire e curare l'oidio, è importante mantenere una buona circolazione d'aria attorno all'albero potando i rami densamente frondosi. Anche l'applicazione di un fungicida allo zolfo può aiutare a controllare questa malattia.

Marciume della frutta

La putrefazione della frutta, spesso causata da funghi o batteri, può colpire i fichi, soprattutto in climi umidi. Per evitare che i frutti marciscano, è consigliabile raccogliere i fichi maturi non appena sono pronti, maneggiarli con cura per evitare lesioni e conservarli in un luogo asciutto e ben ventilato. Anche l'uso di fungicidi appropriati può aiutare a prevenire questa malattia.

Ruggine

La ruggine è una malattia fungina che appare come macchie marroni o rosse sulle foglie del fico. La prevenzione della ruggine consiste nel mantenere le foglie asciutte evitando di innaffiare il fogliame. Se infetto, potare le parti colpite può aiutare a limitare la diffusione della malattia. I fungicidi rameici possono essere utilizzati anche per trattare la ruggine.

Necrosi batterica

La necrosi batterica è una malattia che provoca lesioni marrone scuro o nere sui fusti e sui rami del fico. Prevenire la necrosi batterica implica praticare un'attenta potatura rimuovendo le parti infette e disinfettando gli strumenti tra ogni taglio per prevenire la diffusione dei batteri. In caso di infezione grave, potrebbe essere necessario rimuovere l'albero infetto per prevenire la malattia per diffondersi ad altri alberi di fico.

La gestione delle malattie comuni del fico richiede una vigilanza continua e un approccio proattivo. La chiave sta nella prevenzione, nella promozione di un ambiente sano e nell'attuazione di pratiche di coltivazione adeguate. L'identificazione precoce dei sintomi e l'uso mirato di metodi di trattamento, come fungicidi e pratiche di potatura, possono svolgere un ruolo vitale nel mantenimento della salute dei fichi. Combinando la conoscenza delle malattie con adeguate misure precauzionali, gli amanti dei fichi possono mantenere la vitalità dei loro alberi e continuare a godere di queste delizie naturali.

Capitolo 36: Equilibrio naturale: i nemici naturali del fico

Nel complesso ecosistema del fico viene mantenuta una delicata armonia grazie alla presenza di nemici naturali. Man mano che il fico cresce e prospera, si confronta con una varietà di organismi che, sebbene considerati "nemici", svolgono un ruolo essenziale nel mantenimento dell'equilibrio biologico e della salute del fico. Questi nemici naturali non sono solo predatori, ma anche regolatori che contribuiscono alla diversità e alla stabilità dell'ecosistema.

Predatori insettivori

Gli alberi di fico ospitano una moltitudine di insetti che, sebbene possano sembrare parassiti, agiscono come predatori naturali per altri organismi che potrebbero causare danni. Ragni, coccinelle e vespe parassitoidi sono alcuni di questi predatori insettivori che si nutrono di insetti nocivi come afidi e acari. Regolando le popolazioni di insetti nocivi, questi predatori aiutano a mantenere la salute generale del fico.

Gli uccelli e i pipistrelli

Gli alberi di fico producono frutti abbondanti che, oltre a nutrire l'uomo, costituiscono fonte di cibo per molti animali. Uccelli e pipistrelli banchettano con i fichi maturi, aiutando a disperdere i semi e incoraggiando la crescita di nuovi alberi. In cambio, questi animali aiutano anche per controllare le popolazioni di insetti dannosi nutrendosi di specie che potrebbero danneggiare il fico.

Biodiversità vegetale

Anche la presenza di una diversità di piante attorno al fico può contribuire alla protezione naturale dell'albero. Alcune piante producono composti chimici che respingono gli insetti dannosi o attirano i predatori naturali. Promuovendo la biodiversità vegetale, i proprietari di fichi possono creare un ambiente favorevole alla regolazione biologica e alla prevenzione delle infestazioni.

Il prezioso equilibrio

La coesistenza dei fichi con i loro nemici naturali riflette il complesso e sottile equilibrio che caratterizza gli ecosistemi naturali. Questi nemici naturali, spesso considerati a prima vista parassiti, sono in realtà i guardiani dell'equilibrio, garantendo che la crescita del fico non diventi incontrollata e che nessun organismo diventi troppo dominante. L'assenza di questi nemici naturali potrebbe interrompere la catena alimentare e portare a squilibri indesiderati.

La presenza di nemici naturali nell'ecosistema del fico ricorda in modo toccante la complessità della vita e l'interdipendenza delle specie. Le interazioni tra alberi di fico, predatori e piante circostanti formano una rete di interconnessioni che promuovono la diversità, la salute e la sostenibilità dell'ecosistema. Rispettando questo equilibrio naturale, celebriamo la ricchezza della natura e promuoviamo la coesistenza armoniosa di tutte le creature che condividono il mondo dei fichi.

Capitolo 37: Naturalmente delizioso: i fichi nella cucina vegana

La cucina vegana, caratterizzata dal rispetto per gli esseri viventi e per l'ambiente, si basa su una vasta gamma di ingredienti di origine vegetale. Tra questi, i fichi brillano come fonte di bontà naturale, apportando un tocco dolce e nutriente ai piatti vegani. Dall'antipasto al dolce, i fichi offrono una versatilità gastronomica che si sposa perfettamente con l'etica e i sapori della cucina vegano.

La delicatezza nei piatti salati

I fichi freschi o secchi apportano una nota dolce sottile e contrastante ai piatti salati, creando un equilibrio di sapori che delizia le papille gustative. Possono essere utilizzati nelle insalate per aggiungere un tocco di dolcezza, nei piatti a base di cereali integrali per creare una ricca esperienza di gusto o anche nelle salse per creare una base dolce e piccante.

Fichi nei dessert vegani

Quando si parla di dolci, i fichi sono protagonisti indiscussi. Possono essere trasformati in composte, marmellate o ripieni per torte vegane. I fichi secchi, una volta reidratati, diventano un dolcetto naturale da aggiungere a muffin, biscotti e altri dolcetti.

Formaggi Vegetali e Fichi

Un abbinamento classico nella cucina vegana è quello con formaggi vegetali e fichi. I fichi si abbinano perfettamente con formaggi vegetali a pasta dura o morbida, aggiungendo un tocco dolce e materico che imita l'esperienza dei formaggi tradizionali. Questi abbinamenti creano un'esplosione di sapori che deliziano i palati vegani.

Energia e nutrizione naturale

I fichi, ricchi di fibre, vitamine e minerali, offrono una spinta nutrizionale alla cucina vegana. Le loro proprietà nutrizionali li rendono la scelta ideale per ricette vegane che mirano a fornire una fonte di energia sostenibile soddisfacendo al tempo stesso i fabbisogni di nutrienti essenziali.

Etica e creatività culinaria

L'uso dei fichi nella cucina vegana riflette l'impegno per un'alimentazione etica e ecologico. I fichi, essendo prodotti naturali e non di origine animale, si adattano perfettamente ai principi della cucina vegana. Inoltre, ispirano la creatività culinaria, offrendo agli chef vegani una tela di sapori su cui dipingere capolavori culinari.

I fichi, simboli di fertilità e dolcezza, si inseriscono armoniosamente nella cucina vegana, apportando un tocco naturale di delicatezza e sapore dolce. La loro versatilità li rende ingredienti preziosi per piatti salati e dolci, antipasti e dessert. I fichi non sono solo alleati del palato, ma anche dei valori etici e ambientali della cucina vegana. Incorporandoli con creatività e passione, gli appassionati della cucina vegana possono regalare ai loro palati un'esperienza culinaria che celebra la natura, la salute e il rispetto per tutte le forme di vita.

Capitolo 38: L'arte di innestare alberi di fico: fondere la natura con la tecnologia

L'innesto, tecnica ancestrale per la propagazione delle piante, si è trasformata nel corso dei secoli in un'arte raffinata. Applicata agli alberi di fico, questa tecnica assume una nuova dimensione, consentendo agli appassionati di creare varietà uniche, restaurare alberi secolari e condividere il loro amore per questi alberi maestosi. L'arte dell'innesto sui fichi è una dimostrazione dell'armoniosa collaborazione tra la mano dell'uomo e la forza della natura.

La fusione di due individui

L'innesto prevede la fusione di un portinnesto, che fornisce radici e sostegno, con una marza, che fornisce le caratteristiche desiderate della varietà. Nel caso del fico, questa fusione crea una nuova armonia tra il vigore del portinnesto e le caratteristiche distintive della marza. Gli innesti permettono di moltiplicare rapidamente varietà eccezionali e di preservare esemplari rari o antichi.

Tecniche di innesto

Sugli alberi di fico vengono utilizzate diverse tecniche di innesto, ciascuna adatta a scopi specifici. L'innesto a fessura, l'innesto a rosetta e l'innesto a intarsio sono tra i metodi comunemente utilizzati.

dipendenti. Ognuna di queste tecniche richiede un'attenta precisione e una profonda comprensione della fisiologia del fico.

La creazione di nuove varietà

L'arte dell'innesto dei fichi consente agli orticoltori e agli hobbisti di creare nuove varietà combinando le caratteristiche desiderate di diversi alberi di fico. Ad esempio, un fico che produce frutti eccezionalmente dolci può essere innestato su un portainnesto resistente alle malattie. Questo approccio creativo apre le porte all'esplorazione di sapori e aspetti visivi unici.

Conservazione del patrimonio vegetale

I fichi vecchi e rari possono essere minacciati da fattori quali malattie, cambiamenti ambientali o abbandono. L'innesto diventa quindi uno strumento essenziale per preservare questi preziosi esemplari. Innestare un pezzo di un antico fico su un portainnesto sano garantisce la sopravvivenza di tratti unici e storie antiche.

Pazienza premiata

L'innesto degli alberi di fico richiede una generosa dose di pazienza. I risultati non sono istantanei, ma il tempo investito si traduce in ricompense durature. Gli innesti eseguiti correttamente possono produrre alberi di fico vigorosi e produttivi, creando un'eredità vivente per le generazioni future.

L'arte dell'innesto sui fichi incarna la fusione tra scienza, tecnica e creatività. Serve a ricordare che le mani dell'uomo possono lavorare in armonia con le forze della natura per creare qualcosa di nuovo rispettando le radici del passato. Padroneggiando questa tecnica, gli appassionati di fichi arricchiscono la storia di questi alberi eccezionali e contribuiscono alla conservazione e alla diversità di questi gioielli vegetali. L'innesto dei fichi è molto più di una tecnica, è una celebrazione della vita, della crescita e dell'arte che collega l'uomo alla terra.

Capitolo 39: Simboli dolci: feste tradizionali che celebrano i fichi

I fichi, frutti succulenti intrisi di simbolismo e storia, sono celebrati in tutto il mondo nelle feste tradizionali. Questi eventi gioiosi riuniscono gli amanti dei fichi per onorare questo prezioso frutto, non solo per il suo gusto squisito, ma anche per il significato culturale che porta con sé. Dagli antichi rituali alle feste moderne, le festività che celebrano i fichi sono un tributo vivente alla ricchezza e alla diversità della cultura umana.

I raccolti benedetti

In molte culture, i fichi vengono raccolti in periodi specifici dell'anno e questi periodi di raccolta sono spesso contrassegnati da festività religiose o agricole. I fichi vengono raccolti con cura e in alcuni luoghi il primo raccolto viene onorato con preghiere e cerimonie particolari. Queste festività dimostrano il profondo rapporto tra uomo e natura e l'importanza dei fichi nel sostentamento e nella cultura.

Festival dei fichi nel mondo

In Turchia la Festa del Fico d'Oro è una celebrazione che mette in risalto le tradizioni agricole e gastronomiche legate ai fichi. In Marocco, la Festa del Fico a Bouznika è un'occasione per gli agricoltori e gli amanti dei fichi di incontrarsi e scambiare esperienze. In Italia, il villaggio di Solopaca celebra la Festa del Fico, dove vengono presentati i prodotti a base di fichi e le specialità locali. Queste festività riflettono il modo in cui i fichi sono integrati nella cultura delle diverse regioni.

Gastronomia e Creatività

Le feste che celebrano i fichi mettono in risalto la ricchezza gastronomica di questo frutto. Chef locali e appassionati di cucina competono con l'ingegno per creare una varietà di piatti e dessert che mettono in risalto i fichi. Dalle marmellate ai pasticcini, dai piatti salati alle bevande, i fichi sono sotto i riflettori in tutte le loro forme, catturando l'immaginazione delle papille gustative e ispirando creazioni culinarie uniche.

Arte, Musica e Danza

Alcune feste tradizionali che celebrano i fichi vanno oltre la gastronomia per abbracciare espressioni artistiche. Dalle mostre d'arte con opere ispirate ai fichi agli spettacoli musicali e alle danze popolari, queste feste offrono uno scenario culturale ricco e vivace. I fichi diventano così fonte di ispirazione per artisti e creatori.

Trasmissione culturale

Queste feste tradizionali non si limitano solo a celebrare i fichi, ma svolgono anche un ruolo nella trasmissione culturale e nella conservazione del patrimonio. Permettono alle generazioni future di connettersi con pratiche e valori antichi, rafforzando così il legame tra passato e presente.

Le feste tradizionali che celebrano i fichi sono un inno alla cultura, alla natura e al ricco patrimonio che questi frutti portano con sé. Incarnano il legame profondo tra l'uomo e la terra, tra il terroir e la tavola. Celebrando i fichi attraverso questi eventi, le comunità onorano un dolce simbolo che trascende il gusto per diventare parte integrante della loro identità culturale.

Capitolo 40: La dolce musa: il fico come fonte di ispirazione artistica

Sin dai tempi antichi, il fico ha catturato l'immaginazione di molti artisti, poeti, pittori e scrittori. Questo frutto carnoso e delicato ha trasceso la sua natura dolce per diventare una musa ispiratrice nel mondo dell'arte. La sua forma elegante, i colori scintillanti e il ricco simbolismo hanno ispirato creazioni artistiche che celebrano la bellezza, il mistero e la sensualità.

Dipinti evocativi

Il fico è spesso apparso nei dipinti di tutti i tempi, dall'arte antica alle opere moderne. Le nature morte, in particolare, hanno permesso agli artisti di esplorare la forma complessa e la consistenza dei fichi. I dettagli vibranti della loro buccia, la morbidezza carnosa del loro interno, sono stati riprodotti con una meticolosità che testimonia l'ammirazione per questo frutto.

Simbolismo su tela

Il fico, con le sue connotazioni di fertilità, sensualità e piacere, è diventato un potente simbolo nell'arte. È stato utilizzato per rappresentare temi come l'abbondanza, la tentazione e la natura fugace della vita. Nelle opere religiose e mitologiche, i fichi sono stati talvolta utilizzati per infondere un significato più profondo alle storie.

Ispirazione letteraria

Il fico ha trovato la sua strada anche nella letteratura, dove è stato cantato da poeti e scrittori per la sua bellezza e il suo simbolismo. Era usato come metafora per esprimere la dolcezza della vita, la seduzione o addirittura la trasformazione. Il fico, con la sua consistenza lussuosa e il sapore inebriante, ha nutrito non solo il corpo, ma anche la fantasia degli autori.

Creatività culinocentrica

I fichi non hanno solo ispirato opere visive e letterarie, ma sono stati anche fonte di ispirazione per i creatori culinari. Gli chef artisti hanno progettato piatti visivamente sbalorditivi che mettono in risalto la tavolozza dei colori e la forma dei fichi. La cucina artistica ha trasformato i fichi in capolavori commestibili, unendo il gusto all'estetica.

Il fico nell'arte contemporanea

Oggi il fico continua a ispirare gli artisti contemporanei. Dalle sculture alle fotografie alle installazioni artistiche, i fichi vengono esplorati da angolazioni nuove e creative. L'arte moderna esprime spesso un rapporto complesso con la natura e il cibo, e il fico offre un ricco spunto per queste esplorazioni.

Il fico trascende il suo status di frutto delizioso per diventare una fonte ricca e senza tempo di ispirazione artistica. La sua forma sensuale, i colori evocativi e il profondo simbolismo hanno ispirato opere d'arte visive, letterarie e culinarie nel corso dei secoli. Come una dolce musa ispiratrice, il fico continua ad invitare artisti ad esplorare le molteplici dimensioni della bellezza, del simbolismo e della creatività nel mondo dell'arte.

Capitolo 41: Un ecosistema equilibrato: alberi di fico nel mondo della permacultura

La permacultura, un approccio olistico alla progettazione ecologica, mira a creare sistemi sostenibili ed equilibrati traendo ispirazione da modelli naturali. Gli alberi di fico, con la loro capacità di prosperare in una varietà di condizioni, svolgono un ruolo vitale nei progetti di permacultura. Integrando gli alberi di fico in questi sistemi, i professionisti della permacultura beneficiano del loro contributo alla biodiversità, alla rigenerazione del suolo e alla resilienza dell'ecosistema.

Alberi di fico come piante cardine

Nei sistemi di permacultura, gli alberi di fico possono essere utilizzati come piante cardine. Le loro grandi foglie forniscono ombra e creano un microclima favorevole per le altre piante che crescono alla loro base. A seconda delle esigenze progettuali, i fichi possono essere posizionati strategicamente per fornire ombra alle colture sensibili al calore o per creare zone di regolazione termica.

Ridurre l'erosione del suolo

Le radici profonde e robuste dei fichi fungono da ancore, aiutando a stabilizzare il suolo e a ridurre l'erosione. Gli alberi di fico possono essere integrati nei progetti di permacultura per proteggere i suoli vulnerabili dalla lisciviazione causata dalle piogge. Rafforzando l'integrità del suolo, gli alberi di fico promuovono la salute generale dell'ecosistema.

Benefici per la biodiversità

La permacultura promuove la biodiversità creando ecosistemi equilibrati. Gli alberi di fico, attirando una varietà di insetti, uccelli e piccoli mammiferi, contribuiscono alla diversità biologica. I fichi servono anche come fonte di cibo per queste creature, rafforzando le connessioni tra i diversi elementi dell'ecosistema.

Fecondazione naturale

Gli alberi di fico sono noti per la loro capacità di crescere in terreni relativamente poveri. Diffondendo le loro radici profonde per raggiungere le sostanze nutritive, estraggono elementi minerali che vengono poi ridistribuiti quando le foglie cadono e si decompongono. Questa fertilizzazione naturale migliora la fertilità del suolo e avvantaggia le piante vicine.

Sostenibilità nei progetti

Quando si creano progetti di permacultura, gli alberi di fico possono essere utilizzati per massimizzare i benefici reciproci tra gli elementi del sistema. Ad esempio, possono essere posizionati strategicamente per fornire ombra alle aree di raccolta dell'acqua, contribuendo a ridurre l'evaporazione e favorendo la ritenzione idrica nel terreno.

Gli alberi di fico incarnano i principi fondamentali della permacultura come elementi che migliorano la diversità, la rigenerazione del suolo e la sostenibilità dell'ecosistema. La loro capacità di fornire ombra, stabilizzare il suolo e promuovere la biodiversità li rende preziosi nella progettazione dei sistemi di permacultura. Incorporare gli alberi di fico in questi progetti significa abbracciare la filosofia della permacultura creando sistemi equilibrati che imitano e interagiscono armoniosamente con la natura.

Capitolo 42: Leggende intricate: le misteriose leggende metropolitane attorno al fico

I fichi, alberi maestosi carichi di simbolismo e di dolci sapori, alimentano da secoli la fantasia umana. Nel tessuto delle città e degli spazi urbani, i fichi hanno intrecciato anche leggende affascinanti. Tra voci notturne e racconti tramandati di generazione in generazione, queste leggende metropolitane trasportano il mistero del fico in storie che si intrecciano nel tessuto della vita urbana.

Il fico infestato

Alcune leggende metropolitane avvolgono il fico di misteri spaventosi. Si dice che alcuni alberi di fico, particolarmente antichi e isolati, siano infestati da spiriti o fantasmi. I rami contorti e

Le ombre proiettate dal chiarore della luna possono alimentare storie di incontri soprannaturali sotto gli alberi di fico. Queste storie, condivise al lume di candela durante le veglie notturne, catturano l'atmosfera misteriosa della notte urbana.

Voti e segreti

Gli alberi di fico, con la loro natura solenne e imponente, hanno ispirato leggende sulla loro capacità di ascoltare e custodire i segreti. Si dice che se si sussurra un desiderio o un desiderio ad un albero di fico, questo si avvererà. Queste leggende aggiungono un tocco di magia agli alberi di fico urbani, invitando i passanti ad affidare le loro speranze e desideri più profondi a questi alberi premurosi.

Relitti del passato

Alcuni alberi di fico urbano esistono da decenni, addirittura da secoli. Le loro radici profonde affondano in tempi lontani e intorno a questi "testimoni silenziosi" della storia urbana. Si dice che gli alberi di fico nascondano segreti sepolti da tempo, da tesori perduti a storie dimenticate, rendendoli guardiani del passato urbano.

La creatura misteriosa

Le ombre proiettate di notte dai rami dei fichi hanno ispirato storie di creature misteriose che si nascondono tra le foglie. Le leggende metropolitane descrivono strani esseri, metà umani e metà gente, che emergono dagli alberi di fico per vagare per i vicoli bui. Queste storie, sebbene improbabili, contribuiscono al senso di meraviglia e stranezza nell'ambiente urbano.

Bellezza ammaliante

Gli alberi di fico, con le loro foglie fitte e le forme impressionanti, sono spesso descritti come dotati di una bellezza inquietante. Le leggende metropolitane raccontano che chi contempla la maestosità di un albero di fico sotto la luna piena può rimanere stregato dal suo potere. Questi racconti riflettono come gli alberi di fico, con la loro presenza imponente, possano catturare l'immaginazione e catturare l'attenzione dei passanti.

Le leggende metropolitane che circondano gli alberi di fico rivelano il potere dell'immaginazione umana e la capacità di questi alberi di mimetizzarsi nel tessuto urbano, pur conservando un'aura di mistero. Queste storie, tramandate di generazione in generazione, arricchiscono il rapporto tra gli abitanti delle città e gli alberi di fico, rendendo gli alberi creatori di storie oltre che elementi del paesaggio. Nel labirinto delle leggende metropolitane, i fichi restano custodi di segreti e catalizzatori di meraviglia.

Capitolo 43: Fichi del Mediterraneo: gustose reliquie del patrimonio culturale

I fichi, con la loro dolcezza incantevole e la consistenza lussuosa, sono intimamente legati alla cultura mediterranea da millenni. In questa regione soleggiata, gli alberi di fico fiorirono e modellarono profondamente il paesaggio culturale. Dai simboli sacri alle feste sontuose, i fichi nella cultura mediterranea incarnano una ricca storia, tradizione e abbondanza che trascende i confini.

Antenati fertili

I fichi sono spesso associati alla fertilità e nella cultura mediterranea incarnano l'abbondanza della terra generosa. In molte civiltà antiche i fichi erano considerati un dono della natura, un segno di benedizione da parte della Madre Terra. Questo legame tra fichi e fertilità è durato nel tempo, dando forma a feste e celebrazioni.

Fichi e spiritualità

In molte culture mediterranee i fichi sono legati a pratiche spirituali e religiose. Gli alberi di fico sono menzionati nei testi religiosi e sono spesso associati alla saggezza, alla pazienza e alla perseveranza. Sono stati visti come simboli di trasformazione spirituale e connessione con le forze divine.

Feste e tradizioni culinarie

I fichi occupano un posto d'onore nella cucina mediterranea. Freschi o secchi, lo sono utilizzato in svariati piatti, dall'antipasto al dolce. Fichi ripieni di formaggio, crostate di fichi e marmellate di fichi sono specialità culinarie popolari nella regione. Le feste mediterranee sono spesso adornate con piatti che mettono in risalto la ricchezza e il sapore dei fichi, aggiungendo un tocco di rustica raffinatezza.

Artigianato e costumi

Anche i fichi mediterranei hanno trovato il loro posto nell'artigianato e nei costumi locali. Le foglie di fico, ad esempio, sono state utilizzate per avvolgere e cucinare piatti tradizionali, come i dolma. L'ubiquità degli alberi di fico nel paesaggio ha influenzato anche l'arte e l'architettura locale, aggiungendo una dimensione culturale al rapporto tra le persone e gli alberi.

Fichi ed eventi sociali

I fichi hanno svolto un ruolo importante negli eventi sociali e nelle riunioni comunitarie del Mediterraneo. Spesso vengono offerti agli ospiti fichi freschi o secchi in segno di calorosa ospitalità. Matrimoni, feste religiose e feste familiari si arricchiscono con piatti a base di fichi, creando legami sociali attraverso la degustazione condivisa.

I fichi nella cultura mediterranea sono molto più che un semplice alimento. Incarnano la storia, le credenze, le tradizioni e l'abbondanza di una regione ricca di diversità culturale. Gli alberi di fico, con le loro sfumature benefiche e i dolci frutti, sono testimoni silenziosi di un rapporto armonioso tra uomo e natura. Rivelando la ricchezza della cultura mediterranea, i fichi continuano a fungere da ponte tra passato e presente, tra terra e tavola, evocando al contempo il dolce sapore del patrimonio culturale.

Capitolo 44: Delizie letterarie: il fico nella letteratura contemporanea

Nella letteratura contemporanea, il fico si è trasformato in una metafora saporita e multidimensionale, che simboleggia sia il piacere sensoriale che la profondità emotiva. Autori

Gli artisti contemporanei esplorano il fico da molteplici angolazioni, associandolo a temi come la sensualità, la nostalgia, la ricerca di sé e il legame tra uomo e natura. I fichi nella letteratura contemporanea sono molto più di un semplice frutto: racchiudono strati di emozioni e significati che aggiungono una dimensione ricca e complessa alle storie moderne.

Erotismo e sensualità

Il fico è stato a lungo legato ad associazioni sensuali e nella letteratura contemporanea continua a svolgere questo ruolo. Gli autori esplorano le consistenze vellutate e carnose dei fichi per evocare sensazioni erotiche e intense esperienze sensoriali. Le descrizioni dei fichi maturi e succosi diventano sottili metafore di momenti di passione e desiderio.

Memoria e nostalgia

I fichi, con il loro sapore ricco e la dolcezza inebriante, sono spesso usati per evocare ricordi e momenti del passato. Gli autori contemporanei utilizzano i fichi per creare vignette nostalgiche, trasportando i lettori in scene dell'infanzia, della giovinezza o di epoche passate. I fichi diventano portali per ricordi carichi di emozione e riflessioni sul passare del tempo.

La ricerca di sé e dell'identità

In alcuni racconti contemporanei il fico viene utilizzato come metafora della ricerca di sé e della scoperta dell'identità. Il fico, con il suo interno nascosto e la sua buccia protettiva, riflette la complessità umana e gli strati profondi dell'anima. I personaggi letterari spesso ritrovano se stessi attraverso un'esplorazione del sé simile a un fico, svelando sfaccettature nascoste nel tempo.

Rapporto con la Natura

Il fico nella letteratura contemporanea viene talvolta utilizzato per esplorare il rapporto tra uomo e natura. Gli autori contemporanei esaminano come i fichi, radicati nel terroir e modellati da elementi naturali, rappresentino una profonda connessione con il mondo naturale. Questa esplorazione

Il simbolismo rivela come la natura può influenzare la nostra comprensione di noi stessi e delle nostre emozioni.

I fichi nella letteratura contemporanea trascendono il loro status di semplici frutti per diventare simboli complessi che alimentano l'immaginazione dei lettori. Associando i fichi a temi diversi come l'erotismo, la nostalgia, la ricerca di sé e il rapporto con la natura, gli autori contemporanei danno profondità e ricchezza emotiva alle storie moderne. I fichi diventano portatori di significato, strumenti per esplorare la complessità umana e per tessere collegamenti tra esperienze individuali e universali.

Capitolo 45: Delizie regionali: il fico nelle pratiche culinarie regionali

I fichi, ricchi di dolcezza e sapore, hanno da tempo trovato il loro posto nel cuore delle pratiche culinarie regionali di tutto il mondo. In diverse regioni, i fichi sono stati ingegnosamente incorporati nei piatti tradizionali, da squisiti dolci a elaborati piatti salati. Ogni cultura ha aggiunto il suo tocco unico al modo in cui apprezza e celebra questo delizioso frutto. I fichi nelle pratiche culinarie regionali incarnano la sottile fusione tra natura e cultura, creando delizie che raccontano storie di terroir e tradizione.

Mediterraneo: una festa di colori e sapori

La regione mediterranea ha un profondo legame con i fichi, che si riflette nella sua cucina. Dai fichi freschi ai fichi secchi, si trovano in una varietà di piatti. In Grecia, i fichi vengono spesso utilizzati nei dolci, come la baklava o i fichi secchi al miele. In Italia, i fichi freschi vengono talvolta serviti con formaggio, creando una squisita miscela di dolce e salato. I fichi vengono utilizzati anche per esaltare piatti di carne o pesce, aggiungendo una dimensione dolce-umami.

Medio Oriente: dolci orientali

I fichi svolgono un ruolo centrale anche nelle tradizioni culinarie mediorientali. Fichi ripieni con noci e miele, come i ma'amoul, sono dolci apprezzati durante le celebrazioni e gli eventi speciali. I fichi secchi vengono utilizzati anche per aggiungere un tocco di dolcezza ai piatti di carne, creando un'armonia di sapori. I fichi nella cucina mediorientale incarnano la raffinatezza e la complessità dei sapori della regione.

Asia: equilibrio Yin e Yang

In Asia, i fichi sono spesso considerati dotati di proprietà benefiche per la salute. I fichi sono utilizzati nella medicina tradizionale cinese e vengono utilizzati anche in cucina. In Corea, i fichi vengono talvolta messi in salamoia per accompagnare i piatti principali o utilizzati in bevande rinfrescanti. I fichi in Asia incarnano l'equilibrio tra nutrimento e piacere.

America Latina: Fusione di Sapori

In alcune parti dell'America Latina, i fichi vengono utilizzati per aggiungere un tocco esotico alla cucina tradizionale. I fichi possono essere utilizzati per guarnire insalate, aggiungere dolcezza a piatti piccanti o trasformati in marmellate e conserve. La fusione di sapori derivante dall'abbinamento dei fichi con ingredienti locali crea esperienze di gusto uniche.

I fichi, ricchi di storia e sapore, svolgono un ruolo essenziale nelle pratiche culinarie regionali di tutto il mondo. Ogni cultura ha portato creatività nell'uso dei fichi, creando un mosaico di delizie dolci e salate. I fichi incarnano la fusione tra la natura e la creatività umana, offrendo una diversità di gusti che riflettono la ricchezza dei terroir e delle tradizioni. Dal Mediterraneo all'Asia, dalla pasticceria ai secondi piatti, i fichi nelle pratiche culinarie regionali sono un invito a esplorare il mondo attraverso il prisma dei sapori.

Capitolo 46: Risveglio spirituale sotto i fichi: spiritualità orientale e i fichi

Gli alberi di fico, con le loro ombre pacifiche e i frutti nutrienti, hanno stretto legami profondi con la spiritualità orientale da tempo immemorabile. Nelle tradizioni spirituali orientali, i fichi sono diventano simboli di meditazione, saggezza e risveglio. Sotto la loro ombra rilassante venivano impartiti insegnamenti profondi, praticate meditazioni e le anime trovavano una connessione con il divino. Gli alberi di fico, venerati come testimoni dell'illuminazione, incarnano la ricerca della verità e la ricerca interiore.

L'albero dell'illuminazione: il buddismo

Uno degli esempi più iconici del rapporto tra gli alberi di fico e la spiritualità orientale si trova nel buddismo. Fu sotto un albero di fico, il famoso albero della Bodhi, che Siddhartha Gautama raggiunse l'illuminazione per diventare il Buddha. Sotto i rami di questo sacro fico, Siddhartha meditava profondamente, trascendendo la sofferenza umana per trovare la pace e la verità. Oggi, gli alberi di fico della Bodhi sono venerati nel Buddismo come luoghi di contemplazione e risveglio spirituale.

Saggezza nell'ombra: l'induismo

Nell'Induismo, gli alberi di fico sono anche associati alla spiritualità e alla saggezza. Gli alberi di fico sono spesso menzionati in testi antichi come i Veda e le Upanishad, a simboleggiare la connessione tra cielo e terra. Alcuni miti indù dicono che le divinità scelsero gli alberi di fico come loro residenza, conferendo agli alberi un'aura di santuario e conoscenza.

La protezione degli insegnamenti: il Giappone e lo Zen

In Giappone la spiritualità Zen ha anche un profondo rapporto con gli alberi di fico. Il Tempio Ginkaku-ji, o Padiglione d'Argento, è circondato da alberi di fico che incarnano la semplicità e la profondità dello Zen. Gli alberi di fico, con le loro foglie delicate e i tronchi contorti, sono considerati guardiani degli insegnamenti Zen, ricordando ai praticanti la bellezza del momento presente.

Il fico come portale spirituale

In molte tradizioni orientali, gli alberi di fico fungono da portali per il risveglio divino e spirituale. La loro natura abbondante, la loro ombra generosa e i loro frutti nutrienti li trasformano in luoghi favorevole alla meditazione e alla contemplazione. Gli alberi di fico sono venerati non solo per la loro bellezza naturale, ma anche per la loro capacità di fornire uno spazio di connessione con il divino.

Gli alberi di fico e la spiritualità orientale si intrecciano in un rapporto profondo e significativo. Sotto i loro rami, i credenti trovavano l'illuminazione, la pace interiore e la connessione con il divino. Gli alberi di fico incarnano la ricerca della verità e della saggezza, invitando le anime a meditare, riflettere e trovare l'illuminazione.

Radicati in tradizioni secolari, i fichi sono molto più che semplici alberi: sono simboli viventi dell'aspirazione umana a trascendere i limiti materiali e ad abbracciare la profonda spiritualità dell'anima.

Capitolo 47: Tesori nascosti: le varietà più rare di fichi

Tra le innumerevoli varietà di fichi che popolano il mondo, alcuni si distinguono per rarità e unicità. Queste rare varietà di fichi sono tesori botanici, gioielli di diversità naturale. Ognuno con le proprie caratteristiche e sapori, questi rari fichi ci ricordano la ricchezza e la varietà della natura. In questo capitolo esploreremo alcune delle varietà di fichi più rare, che suscitano meraviglia tra gli amanti della frutta e gli intenditori gastronomici.

1. Fico greco

Il fico greco, noto anche come "Vasilika", è una delle varietà di fichi più rare e pregiate. Originario della regione mediterranea, questo fico si caratterizza per il colore verde brillante e la forma oblunga. Il suo sapore dolce, unito alle note leggermente di limone, lo rendono una prelibatezza rara e ricercata.

2. Fico di Djebba

Il fico di Djebba è una varietà rara originaria della Tunisia. I suoi fichi si distinguono per la loro tonalità viola intenso e la loro polpa densa e dolce. Il fico Djebba è apprezzato per il suo sapore delicato e dolce, che evoca il terroir tunisino.

3. San Pedro

La varietà di fico "San Pedro" è una rarità originaria della California. Questi fichi si distinguono per la forma conica e il colore viola scuro. Sono noti per la loro dolcezza e consistenza succosa, creando un'esperienza di gusto che evoca le miti estati californiane.

4. Betlemme

Il fico "Betlemme" è una varietà rara originaria della Palestina. Questi fichi sono piccoli, con buccia viola scuro e polpa rosata. La "Betlemme" è apprezzato per il suo sapore dolce e l'aroma squisito, che evoca le tranquille colline della Terra Santa.

5. Variegato

Il fico variegato, chiamato anche "Tigre", è una varietà rara e visivamente impressionante. La sua pelle è striata di sfumature verdi e gialle, creando un motivo unico simile a quello di una tigre. Questa varietà è apprezzata per la sua dolcezza e la consistenza vellutata.

6. Dottato

Originario dell'Italia, il "Dottato" è raro ed eccezionale. I suoi fichi sono di media grandezza e hanno la buccia verde chiaro punteggiata di puntini bianchi. Il "Dottato" è apprezzato per la sua polpa deliziosamente dolce e l'aroma floreale.

Le varietà più rare di fichi sono tesori botanici che deliziano i sensi e ci ricordano l'infinita diversità della natura. I loro sapori unici e le caratteristiche visive distintive li rendono creazioni uniche della natura. Ogni rara varietà di fico evoca la storia del suo terroir e incarna la passione dei coltivatori per la coltivazione di frutti straordinari. Questi rari fichi, oltre ad essere una delizia per il palato, sono anche testimoni della ricca biodiversità e bellezza che ci circondano.

Capitolo 48: Dolci: il fico e l'industria dolciaria

Nell'incantato mondo della pasticceria, il fico ha trovato il suo posto tra le dolci delizie che fanno brillare gli occhi dei buongustai. La sua combinazione di sapore intenso e consistenza deliziosa lo rende un componente prezioso di molte pasticcerie in tutto il mondo. Dalla dolcezza dei fichi secchi alla ricchezza dei fichi ripieni, il fico ha conquistato l'industria dolciaria come ingrediente di punta. Il fico è riuscito ad affascinare le papille gustative e a portare il suo tocco unico nel dolce mondo della pasticceria.

Un rivestimento di morbidezza

I fichi secchi, naturalmente ricchi di sapore dolce, sono un alimento base nell'industria dolciaria. Spesso sono ricoperti di cioccolato, caramello o zucchero per creare bocconcini irresistibili. I fichi ricoperti di cioccolato, ad esempio, raggiungono il perfetto equilibrio tra la dolcezza del frutto e l'amarezza del cioccolato, creando un'esplosione di sapori ad ogni boccone.

L'arte della pelliccia

I fichi ripieni sono una deliziosa espressione della creatività dell'industria dolciaria. Combinando i fichi con vari condimenti, come noci, frutta secca, spezie o liquori, i pasticceri creano sontuose creazioni. I fichi ripieni vengono spesso presentati come piccoli tesori, racchiudendo al loro interno una gustosa sorpresa.

Tradizione e Innovazione

In alcune regioni il fico è al centro di antiche tradizioni dolciarie. I fichi ripieni, che possono contenere noci, agrumi o spezie, sono dolci tradizionali in molte culture. Tuttavia, l'industria dolciaria è in costante innovazione introducendo colpi di scena moderni e creativi. Dai fichi ricoperti di matcha ai fichi ripieni di caramello al sale marino, i pasticceri stanno spingendo i confini della creatività celebrando la ricca storia del frutto.

Un viaggio gastronomico globale

Il fico, con la sua versatilità e il suo sapore caratteristico, varca i confini gastronomici e trova il suo posto

posto nelle cucine di tutto il mondo. Dalle dolci delizie mediorientali, come la baklava di fichi, alle raffinate confezioni francesi in cui i fichi sono incorporati in intricati pasticcini, il fico offre un'infinita varietà di possibilità creative per gli artigiani dolciari.

Il fico e l'industria dolciaria si uniscono armoniosamente per creare dolcetti che evocano un'esperienza sensoriale unica. Fichi secchi ricoperti, fichi ripieni e creazioni innovative trasportano le papille gustative in un dolce viaggio nel mondo della pasticceria. In questa deliziosa unione, il fico rivela la sua capacità di stupire e ispirare, aggiungendo un tocco di raffinata dolcezza al dolce mondo dell'indulgenza.

Capitolo 49: Foglie di fico: guaritori naturali del passato

Per generazioni, le foglie di fico sono state utilizzate come prezioso ingrediente nei rimedi tradizionali di tutto il mondo. Ricche di composti benefici, queste foglie sono diventate alleate nella ricerca della guarigione naturale. Il loro utilizzo in culture diverse rivela un'eredità di saggezza medicinale che dura fino ai giorni nostri. Le foglie di fico hanno trovato posto nei rimedi tradizionali, fornendo una serie di benefici per la salute e una profonda connessione con la natura.

Antiche pratiche di guarigione

L'uso delle foglie di fico per scopi medicinali risale a tempi antichissimi. Le antiche civiltà, come gli Egizi, i Greci e i Romani, conoscevano le proprietà curative di queste foglie e le usavano per curare vari disturbi. Le foglie di fico venivano spesso trasformate in unguenti, infusi o impiastri per alleviare dolori e disturbi.

Poteri antiossidanti

Le foglie di fico sono ricche di antiossidanti, che svolgono un ruolo cruciale nella protezione delle cellule dal danno ossidativo. Questi antiossidanti aiutano a rafforzare il sistema immunitario, prevenire l'invecchiamento precoce e ridurre il rischio di malattie croniche.

Gestione del diabete

Le foglie di fico sono state collegate anche alla gestione del diabete. Gli studi hanno dimostrato che i composti presenti nelle foglie di fico possono aiutare a regolare i livelli di zucchero nel sangue migliorando la sensibilità all'insulina. Gli estratti di foglie di fico vengono talvolta utilizzati come integratore naturale nella gestione di questa condizione.

Proprietà antinfiammatorie

Le proprietà antinfiammatorie delle foglie di fico le rendono una scelta popolare per alleviare varie condizioni infiammatorie, come dolori articolari e infiammazioni della pelle. Gli impiastri a base di foglie di fico possono aiutare a lenire l'irritazione e favorire la guarigione.

Digestione e salute intestinale

In alcune tradizioni, le foglie di fico sono state utilizzate per supportare la digestione e promuovere la salute dell'intestino. Le proprietà antinfiammatorie e lenitive delle foglie possono aiutare a calmare il mal di stomaco e favorire una sana digestione.

Rivelazione naturale

L'uso delle foglie di fico nei rimedi tradizionali illustra il potere curativo e la saggezza della natura. La conoscenza tramandata di generazione in generazione ha permesso di scoprire i tesori di benefici nascosti in queste foglie. Dalla gestione delle malattie croniche alla promozione del benessere generale, le foglie di fico offrono un esempio lampante della simbiosi tra uomo e natura.

Le foglie di fico, con il loro eccezionale potenziale medicinale, ricordano la ricchezza dei rimedi tradizionali e dell'antica saggezza. Il loro utilizzo in vari rimedi rivela una profonda conoscenza delle proprietà benefiche delle piante che ci circondano. Le foglie di fico hanno continuato ad evolversi nel panorama medicinale contemporaneo, a testimonianza del fatto che la natura, con i suoi doni preziosi, rimane una fonte inestimabile di guarigione e benessere per l'umanità.

Capitolo 50: Fusione di sapori: il fico nella moderna cucina fusion

La moderna cucina fusion è una sinfonia culinaria che fonde diverse tradizioni, ingredienti e tecniche culinarie per creare nuove e audaci esperienze di gusto. Al centro di questa creatività culinaria c'è il fico, un frutto che ha varcato i confini gastronomici per fondersi armoniosamente in piatti fusion. Combinando i sapori ricchi e le consistenze rigogliose del fico con diverse influenze culinarie, la moderna cucina fusion si arricchisce di nuove dimensioni del gusto. Il fico sta diventando la stella splendente nel mondo culinario fusion.

Una tavolozza di possibilità

Il fico offre una tavolozza infinita di possibilità per gli chef fusion. La sua dolcezza naturale si abbina perfettamente con ingredienti dolci come caramello e miele, contrastando magnificamente con sapori più robusti come formaggi stagionati e carni piccanti. È questo sottile gioco di contrasti che permette al fico di fondersi in piatti fusion, creando armonie sorprendenti per il palato.

Equilibrio di sapori

La moderna cucina fusion si basa spesso sul delicato equilibrio dei sapori. Il fico, con il suo sapore dolce e il carattere leggermente terroso, apporta un elemento unico a questa equazione. Può essere utilizzato per addolcire piatti piccanti o per aggiungere un tocco di raffinatezza a piatti salati. I fichi nella moderna cucina fusion fungono da agente equilibrante, aggiungendo una sfumatura dolce e complessa alle composizioni culinarie.

Creazioni culinarie innovative

I moderni chef fusion spingono costantemente i confini della creatività e il fico è spesso al centro delle loro audaci creazioni. Dalle tartare di pesce ai fichi al sushi di fichi e altro ancora dai fichi caramellati su pizze esotiche, il fico diventa una tela bianca per chef desiderosi di sperimentare nuovi abbinamenti.

Connessione culturale e gastronomica

La moderna cucina fusion trascende i confini, celebrando la diversità culturale e culinaria del mondo. L'uso del fico nella cucina fusion parla della sua capacità di connettersi a una varietà di tradizioni e gusti. Aggiunge un tocco mediterraneo a un piatto asiatico o una nota esotica a una creazione europea, rafforzando i legami tra le culture culinarie e creando un'esperienza multisensoriale.

Il fico, con il suo sapore eccezionale e la sua versatilità, è diventato un pezzo chiave nel puzzle creativo della moderna cucina fusion. Aggiungendo una dimensione dolce e complessa ai piatti fusion, il fico svolge il ruolo di un vero acrobata culinario, capace di apportare un tocco squisito a una varietà di creazioni. Nel panorama culinario in continua evoluzione, il fico rimane una fonte inesauribile di ispirazione per chef audaci e buongustai avventurosi.

Capitolo 51: Feste religiose e il profondo simbolismo del fico

Il fico, con i suoi rami rigogliosi e i suoi frutti deliziosi, occupa un posto speciale nel panorama simbolico delle festività religiose attraverso culture e credenze diverse. La sua presenza in queste celebrazioni va oltre il semplice aspetto botanico per assumere un profondo significato spirituale, evocando temi come la crescita spirituale, la connessione con il divino e la trasformazione interiore. Il fico è diventato un potente simbolo nelle feste religiose e incarna valori spirituali essenziali.

Simbolo di crescita spirituale

Il fico, con la sua crescita lenta ma costante, è diventato un simbolo di crescita spirituale in molte tradizioni religiose. È spesso associato alla pazienza e alla perseveranza necessarie per sviluppare una relazione profonda con il divino. La storia biblica di Gesù che maledice il fico sterile, di esempio, evidenzia l'importanza della produttività spirituale e della fede in continua evoluzione.

La metafora della trasformazione

In alcune credenze il fico è considerato metafora della trasformazione interiore. Le fasi di crescita del fico, dalla fioritura alla maturazione dei frutti, sono interpretate come specchio delle fasi della vita spirituale. Mentre il fico evolve dal seme al raccolto, i credenti sono incoraggiati ad evolvere dall'ignoranza alla conoscenza spirituale.

Riconciliazione e fertilità spirituale

Il fico è legato anche ai temi della riconciliazione e della fertilità spirituale. In alcune tradizioni è considerato simbolo di riconciliazione tra l'uomo e Dio, evocando l'idea di rinnovamento e perdono. I fichi, con la loro dolcezza e abbondanza, vengono talvolta interpretati come simboli di fertilità spirituale, rappresentando la fruttuosa produzione di virtù e buone azioni.

La connessione con la divinità

Il fico è stato spesso associato alla connessione con la divinità. Nell'Induismo, ad esempio, il "Peepal" è venerato come albero sacro, strettamente legato al dio Vishnu. Gli alberi di fico vengono talvolta piantati vicino ai luoghi di culto per simboleggiare la presenza divina e la comunicazione tra cielo e terra.

Il fico, con la sua bellezza naturale e il suo profondo simbolismo, ha trovato il suo posto nel cuore delle feste religiose

à in tutto il mondo. Il suo ruolo trascende quello botanico per diventare una metafora vivente della crescita spirituale, della trasformazione interiore e della connessione con il divino. Evocando la pazienza, la riconciliazione e la fertilità spirituale, il fico aggiunge una dimensione profonda e significativa alle celebrazioni religiose, ricordando ai credenti i valori essenziali della loro fede e incoraggiandoli a continuare il loro cammino spirituale.

Capitolo 52: Scrittura naturale: alberi di fico nell'arte della calligrafia

L'arte della calligrafia, un'espressione artistica profonda ed elegante, trascende i confini linguistici per catturare la bellezza delle parole attraverso la forma e il movimento. In questo universo di linee e curve artistiche, gli alberi di fico trovano il loro posto, portando una profonda connessione con la natura e un ricco simbolismo. Il fico, con le sue forme organiche e il significato spirituale, ha ispirato i calligrafi a incorporare la sua essenza nelle loro opere. Gli alberi di fico arricchiscono l'arte della calligrafia aggiungendo un tocco naturale e spirituale a questa antica arte.

L'equilibrio tra forma e significato

La calligrafia è l'arte di trasformare le parole in opere visivamente accattivanti. Gli alberi di fico, con la loro silhouette distintiva, aggiungono una dimensione organica a quest'arte. Le graziose curve delle foglie e la complessità della struttura dei fichi sono tutte caratteristiche estetiche che i calligrafi integrano nelle loro composizioni. Questa simbiosi tra forme naturali e parole scritte crea un equilibrio armonioso tra significato ed estetica.

Il simbolismo del fico

Gli alberi di fico hanno un profondo significato spirituale in molte culture, il che li rende ancora più preziosi nella calligrafia. Il fico è spesso associato alla crescita spirituale, alla pazienza e alla trasformazione interiore. I calligrafi incorporano questi significati nelle loro opere, creando composizioni che trascendono la semplice scrittura per evocare temi universali.

L'incorporazione della natura

La natura, con la sua bellezza e diversità, è da sempre fonte di ispirazione per gli artisti. Gli alberi di fico, con la loro connessione con la terra e il cielo, aggiungono un tocco di natura all'arte della calligrafia. I dettagli delle foglie, i contorni dei rami e il simbolismo degli alberi di fico forniscono una dimensione organica che riecheggia sia la creatività umana che la creazione naturale.

Un ponte tra lo spirituale e il visivo

Gli alberi di fico nella calligrafia fungono da ponte tra lo spirituale e il visivo. Incarnano valori immateriali e li esprimono attraverso forme tangibili. I calligrafi utilizzano gli alberi di fico per incanalare il significato spirituale delle parole in composizioni visivamente potenti, creando opere che toccano l'anima e i sensi.

Gli alberi di fico nell'arte della calligrafia sono un esempio eloquente di come natura e spiritualità si fondono per creare un'estetica ricca e profonda. Aggiungendo elementi organici e simbolici all'arte della calligrafia, gli alberi di fico arricchiscono questa antica forma di espressione artistica. Ricordano agli osservatori la bellezza della natura, la crescita interiore e il significato spirituale, rendendo ogni composizione calligrafica un'opera d'arte che trascende le parole per raccontare una storia visiva e spirituale.

Capitolo 53: Racconti dolci e dolci: Il fico in Fiabe e leggende per bambini

Racconti e leggende per bambini, pieni di avventure, apprendimento e magia, spesso attingono alla ricchezza del mondo naturale per intrecciare le loro storie. Tra i tesori botanici che impreziosiscono questi racconti, il fico occupa un posto speciale. Con il suo carattere evocativo di dolcezza e mistero, il fico si trasforma in un personaggio a sé stante negli mondi immaginari delle fiabe per bambini. Il fico diventa un simbolo vivente di dolcezza, avventura e lezioni di racconti e leggende destinate a giovani menti curiose.

I frutti dell'incanto

Nelle storie per bambini il fico viene spesso descritto come un frutto dai poteri magici. Mangiare un fico può innescare eventi straordinari o svelare segreti nascosti. Questa capacità di trasformare la realtà aggiunge una dimensione ammaliante alle avventure dei personaggi, trasportando i giovani lettori in un mondo di meraviglia e mistero.

Il fico misterioso

Il fico, con la sua buccia vellutata e i suoi sapori variegati, diventa spesso un elemento misterioso nelle storie dei bambini. Ai personaggi può essere assegnato il compito di trovare un fico raro per risolvere un problema o completare una missione. Questa ricerca per portare alla luce il prezioso frutto aggiunge un tocco di suspense ed eccitazione alla storia, affascinando l'immaginazione dei lettori.

Insegnamenti nascosti

Il fico, con la sua natura dolce e talvolta enigmatica, viene utilizzato nelle storie per insegnare lezioni importanti. Può simboleggiare la ricompensa della pazienza o la scoperta della verità nascosta. I personaggi che imparano a coltivare un albero di fico e a raccoglierne i frutti sviluppano virtù come la perseveranza e l'attenta osservazione.

Avventura nella terra della frutta

In alcuni racconti, gli alberi di fico diventano portali verso mondi magici o terre lontane. I bambini che entrano in un albero di fico possono scoprire regni incantati, incontrare creature fantastiche o vivere avventure straordinarie. Questo tema del viaggio attraverso un albero di fico aggiunge una dimensione di meraviglia e scoperta alla storia.

Il fico, con il suo carattere dolce e misterioso, è una ricca fonte di ispirazione nelle favole e nelle leggende per bambini. Frutto magico, maestro o elemento di viaggio, il fico aggiunge a questi racconti un tocco di fascino e incanto. Insegna ai giovani lettori lezioni di pazienza, coraggio e avventura, stimolando la loro immaginazione e curiosità. Nei mondi immaginari delle fiabe per bambini, il fico diventa un prezioso alleato, portando ad ogni pagina girata un tocco di natura e magia.

Capitolo 54: Fico: tesoro naturale di antiossidanti e sostanze nutritive

Il fico, frutto delizioso e seducente, è molto più di un semplice dolcetto. È un tesoro di benefici per la salute, ricco di antiossidanti e nutrienti essenziali. Oltre al suo sapore dolce, il fico offre una serie di composti naturali che nutrono il corpo e lo proteggono dagli effetti dannosi i radicali liberi. il fico si rivela una preziosa fonte di antiossidanti e sostanze nutritive, contribuendo così al nostro benessere e vitalità.

Antiossidanti: guardiani della salute

Gli antiossidanti sono composti che aiutano a proteggere il corpo dai danni ossidativi causati dai radicali liberi. Questi radicali liberi sono molecole instabili generate da varie fonti, tra cui inquinamento, stress e radiazioni. Gli antiossidanti neutralizzano questi radicali liberi, contribuendo a ridurre il rischio di malattie croniche, invecchiamento precoce e disfunzione cellulare.

Una gamma di antiossidanti naturali

Il fico è un deposito di antiossidanti naturali, inclusi flavonoidi, antociani e carotenoidi. Questi composti vegetali protettivi forniscono una forte difesa contro i danni ossidativi. Gli antociani, ad esempio, sono responsabili del colore vivace di alcuni fichi e sono noti per le loro proprietà antinfiammatorie e antiossidanti.

Nutrienti essenziali

Oltre alle sue proprietà antiossidanti, i fichi sono ricchi di nutrienti essenziali. È un'ottima fonte di fibre alimentari, che contribuiscono alla regolarità intestinale, alla sazietà e alla salute generale dell'apparato digerente. I fichi contengono anche minerali come potassio, magnesio e calcio, fondamentali per la funzione cardiaca, muscolare e ossea.

Vitamine per la vitalità

I fichi sono anche una fonte di vitamine benefiche per la salute. Contengono vitamine del gruppo B, in particolare la vitamina B6, che svolge un ruolo importante nel metabolismo delle proteine e nella regolazione dei neurotrasmettitori. La vitamina K contenuta nei fichi è essenziale per la coagulazione del sangue e la salute delle ossa.

Benefici per la salute complessivi

Il consumo regolare di fichi e dei loro ricchi nutrienti è collegato a una serie di benefici per la salute. Può aiutare a mantenere la salute del cuore regolando la pressione sanguigna e riducendo il rischio di malattie cardiovascolari. La fibra dei fichi supporta il controllo del peso favorendo la sazietà e stabilizzando i livelli di zucchero nel sangue. Gli antiossidanti presenti nei fichi sono anche associati a un ridotto rischio di alcune malattie croniche, tra cui il cancro e i disturbi neurodegenerativi.

Il fico, molto più di un semplice frutto dolce, è una generosa fonte di antiossidanti e sostanze nutritive che supportano la salute e il benessere. La sua combinazione di sapore delizioso e benefici per la salute lo rende una scelta saggia per una dieta equilibrata. Sotto forma di fichi freschi, fichi secchi o come ingrediente culinario, il fico fornisce un prezioso contributo alla nostra ricerca di una vita sana ed energica.

Capitolo 55: Radici di fico: medicina tradizionale con radici profonde

Da secoli le piante sono preziose alleate della medicina tradizionale, fornendo rimedi naturali per curare e alleviare diversi disturbi. Tra queste piante benefiche, le radici di fico hanno avuto un ruolo significativo in varie culture di tutto il mondo. Esploreremo l'uso delle radici di fico nella medicina tradizionale, rivelando un capitolo accattivante nel rapporto tra uomo e natura nella ricerca della guarigione.

Radici di fico: ancorate alla tradizione

Le radici di fico, ricche di sostanze fitochimiche e sostanze nutritive, sono state utilizzate in diverse tradizioni mediche per le loro proprietà curative. Essendo gli elementi fondamentali della pianta, le radici riflettono l'energia della terra e sono spesso associate a qualità di radicamento e stabilità.

Medicina Ayurvedica: Equilibrio e Armonia

Nell'Ayurveda, l'antico sistema medico indiano, le radici di fico vengono utilizzate per bilanciare i dosha (forze vitali) e trattare una serie di condizioni di salute. Le proprietà antinfiammatorie e

Le radici astringenti vengono utilizzate per alleviare disturbi gastrointestinali, infiammazioni e persino infezioni della pelle.

Medicina Tradizionale Cinese: Armonizzazione dell'Energia Vitale

In Cina, le radici di fico sono apprezzate per la loro capacità di calmare il calore interno e rafforzare il sistema digestivo. Nella medicina tradizionale cinese vengono spesso utilizzati per riequilibrare l'energia del fegato e della milza, favorendo una migliore digestione e l'armonia interna.

Tradizioni mediterranee: rimedi naturali

Anche le regioni mediterranee hanno utilizzato le radici di fico per scopi medicinali. Queste radici sono note per le loro proprietà diuretiche e per i loro effetti benefici sulla digestione. Sono stati utilizzati per alleviare i disturbi gastrointestinali, i dolori di stomaco e i disturbi legati alle vie urinarie.

Proprietà fitochimiche: chiavi per la guarigione

Le radici di fico contengono vari composti bioattivi, tra cui tannini, flavonoidi e polisaccaridi. Questi composti conferiscono alle radici le loro proprietà antinfiammatorie, antiossidanti e antimicrobiche. I tannini, ad esempio, possono aiutare a ridurre l'infiammazione e proteggere i tessuti dal danno ossidativo.

Antica saggezza e risorse naturali

L'uso delle radici di fico nella medicina tradizionale è una testimonianza dell'antica saggezza di culture che hanno imparato a sfruttare le risorse naturali per il proprio benessere. Sebbene le moderne pratiche mediche si siano evolute, il valore dei rimedi erboristici continua ad essere riconosciuto e studiato.

Le radici del fico, immerse nelle tradizioni medicinali di tutto il mondo, offrono uno sguardo affascinante su come le piante sono state utilizzate per guarire e lenire per generazioni. Le qualità

Le proprietà curative di queste radici sono state sfruttate in vari sistemi medici, riflettendo una profonda comprensione della connessione tra natura e salute umana. Sebbene la medicina tradizionale sia stata modificata dal tempo, le radici di fico rimangono una vibrante testimonianza del potere delle risorse naturali nel supportare la guarigione e l'equilibrio.

Capitolo 56: Eleganza reale: alberi di fico nei giardini reali e imperiali

I giardini reali e imperiali sono sempre stati il riflesso della grandiosità, dell'estetica e della raffinatezza delle società che li hanno creati. Tra i tanti elementi che adornano questi sontuosi giardini, gli alberi di fico occupano un posto speciale. La loro maestosa presenza, le foglie rigogliose e i frutti deliziosi aggiungono un tocco di naturale eleganza a questi paradisi di bellezza e serenità. Vediamo l'incantevole mondo dei fichi nei giardini reali e imperiali, dove la natura si fonde armoniosamente con la grandezza umana.

Alberi di fico: gioielli vegetali delle corti reali

Gli alberi di fico sono stati a lungo apprezzati per la loro bellezza ornamentale e la generosità dei frutti succulenti. Nei giardini reali e imperiali, questi maestosi alberi venivano coltivati con cura per aggiungere un tocco di rigogliosità all'ambiente reale. Le loro foglie verde intenso e le forme aggraziate creano uno sfondo naturale per palazzi e grandi case.

Il simbolismo della fertilità e dell'abbondanza

Gli alberi di fico, con la loro capacità di produrre frutti in abbondanza, sono stati spesso associati a simboli di fertilità, prosperità e abbondanza. Nei giardini di re e imperatori, gli alberi di fico esprimono la ricchezza e la generosità della natura, rafforzando al contempo l'immagine della regalità come protettrice e nutrice del suo popolo.

L'intimità dei giardini segreti

Anche gli alberi di fico, con le loro foglie fitte e l'ampia apertura alare, sono stati utilizzati per creare spazi intimi e ombreggiati nei giardini reali. I viali fiancheggiati da alberi di fico offrono rifugi pacifici dove i monarchi potevano sfuggire allo sguardo del mondo esterno e meditare in un ambiente sereno.

Varietà rare ed esotiche

Nei giardini reali la ricerca dell'esclusività e dell'esotismo era un tratto distintivo. Così, varietà rare e speciali di fichi provenienti da varie parti del mondo venivano spesso coltivate per il loro fascino unico. Questi alberi di fico esotici aggiungevano una dimensione internazionale ai giardini, riflettendo le influenze culturali e le connessioni internazionali delle corti reali e imperiali.

L'eredità duratura

Molti giardini reali e imperiali rimangono ancora oggi, testimoni silenziosi della storia e della grandezza del passato. I fichi, alcuni dei quali sopravvissuti nei secoli, continuano a incarnare l'essenza stessa di questi prestigiosi giardini. Ricordano ai visitatori moderni l'eleganza senza tempo e il rapporto tra natura e nobiltà.

Gli alberi di fico nei giardini reali e imperiali trascendono il tempo, aggiungendo un tocco di maestosità naturale ai sontuosi cortili di un tempo. Le loro silhouette aggraziate, le foglie rigogliose e i frutti succulenti evocano l'armoniosa alleanza tra regalità e natura. Creando spazi di bellezza e tranquillità, i fichi hanno scolpito un patrimonio vegetale che continua ad affascinare e incantare, testimoniando l'unione tra il regno umano e lo splendore naturale.

Capitolo 57: La dolcezza della natura: il fico nei cosmetici naturali fatti in casa

Nella nostra ricerca della bellezza naturale e autentica, da sempre troviamo rifugio nei tesori che la natura ci offre. Tra questi tesori, il fico si distingue per la sua dolcezza accattivante e i suoi benefici per la pelle. Sempre più persone si rivolgono a cosmetici naturali fatti in casa per prendersi cura della propria pelle, e il fico gioca un ruolo centrale in questo processo. Il fico, questo frutto dolce e prezioso, può trasformarsi in trattamenti di bellezza naturali che nutrono, rivitalizzano e sublimano la pelle.

Il fascino del fico nella cosmesi naturale

Il fico, ricco di antiossidanti, vitamine e sostanze nutritive, ha qualità che lo rendono prezioso per la pelle. Incorporando il fico nei prodotti cosmetici fatti in casa, sfruttiamo le sue proprietà idratanti, emollienti e rigeneranti. Queste qualità lo rendono un ingrediente ideale per maschere, lozioni e scrub.

Idratazione naturale

La polpa di fico, ricca di acqua, è un potente idratante naturale per la pelle. Incorporandolo in maschere e creme idratanti fatte in casa, doni alla tua pelle una dose di idratazione essenziale, aiutandola a mantenere la sua elasticità e luminosità naturale.

Esfoliazione delicata ed efficace

I piccoli semi presenti nel fico sono perfetti per esfoliare delicatamente la pelle, rimuovendo le cellule morte e rivelando un incarnato più luminoso. Utilizzandoli negli scrub fatti in casa, si ottiene un'esfoliazione delicata e non aggressiva, lasciando la pelle morbida e rinnovata.

Rigenerazione della pelle

Gli antiossidanti presenti nel fico aiutano a proteggere la pelle dai danni ossidativi causati dai radicali liberi. Creando maschere o sieri a base di fico, favorisci la rigenerazione cellulare e aiuti a ritardare i segni dell'invecchiamento.

Ricette di bellezza a base di fichi

1. **Maschera idratante al fico**: Mescolare la polpa di fico con yogurt naturale e miele. Applicare questa maschera sul viso e lasciare agire per 15 minuti prima di risciacquare.

2. **Scrub esfoliante al fico**: Mescolare i fichi con l'avena e il miele per creare uno scrub delicato. Massaggiare delicatamente sul viso con movimenti circolari, quindi risciacquare.

3. **Lozione Tonica Rivitalizzante al Fico**: Immergere le foglie di fico in acqua calda, lasciarle raffreddare e utilizzare come tonico rivitalizzante per la pelle.

4. **Siero rigenerante al fico**: Mescolare l'olio di argan con l'olio di fico d'india per creare un siero nutriente da applicare la sera.

Il fico, dolce e delizioso, si inserisce armoniosamente nel mondo della cosmesi naturale fatta in casa. Sfruttando i suoi benefici idratanti, rigeneranti ed esfolianti, puoi creare trattamenti di bellezza che nutrono e migliorano la tua pelle. Optando per cosmetici naturali a base di fico, sperimenterai il potere della natura mentre ti prendi cura della tua naturale bellezza.

Capitolo 58:

Il fico nella cucina asiatica: un viaggio nel gusto squisito

La cucina asiatica è rinomata per la sua ricchezza, diversità e complessità aromatica. Nel cuore di questa gastronomia d'eccezione, il fico ha saputo ritagliarsi un posto unico. In Asia, questo frutto dolce e profumato viene utilizzato con creatività in una varietà di piatti, dai dolci ai secondi piatti, aggiungendo un tocco esotico e delizioso alla cucina regionale. In questo saggio esploreremo come il fico si inserisce perfettamente nella cultura culinaria asiatica, portando i suoi sapori unici e la dolcezza naturale a una tavolozza gastronomica già accattivante.

Un sublime connubio di sapori

Il fico, con la sua combinazione di dolcezza e ricchezza di sostanze nutritive, si fonde armoniosamente nella tavolozza dei sapori asiatici. In molte cucine asiatiche, la nozione di equilibrio dei sapori è fondamentale e il fico, con il suo profilo dolce, aggiunge una nota di sottile dolcezza che completa gli altri sapori complessi della cucina.

Nei piatti principali

In Asia il fico viene utilizzato nei piatti principali per aggiungere un tocco agrodolce. Le salse a base di fichi vengono spesso abbinate alle carni grigliate, creando un contrasto di sapori che stimola le papille gustative.

In insalate e piatti leggeri

Il fico fresco, con la sua consistenza succosa e croccante, è un'ottima aggiunta alle insalate e ai piatti leggeri. Apporta una gradita freschezza e una dimensione dolce alle verdure e alle erbe aromatiche.

Nei dessert squisiti

I dessert asiatici sono spesso capolavori di sapori e consistenze. Il fico trova il suo posto in queste dolci creazioni, siano essi fichi canditi nella pasticceria, fichi freschi nelle macedonie di frutta esotica o fichi secchi nei dolci tradizionali.

Ruolo culturale e simbolico

In Asia il fico è talvolta legato a credenze e simbolismi culturali. In alcune culture, il fico è considerato un simbolo di prosperità, abbondanza e longevità, rendendolo un ingrediente popolare durante celebrazioni e festività speciali.

Innovazione e fusione culinaria

Anche la cucina asiatica contemporanea ha visto audaci esperimenti con i fichi. Chef innovativi stanno integrando questo frutto in piatti fusion, combinando tradizioni culinarie asiatiche con influenze internazionali per creare esperienze di gusto uniche.

Il fico, con il suo sapore dolce e la sua versatilità, trova il suo posto nel cuore della cucina asiatica. Dai secondi piatti ai dessert, dai sapori dolci alle note agrodolci, il fico si inserisce armoniosamente nella tavolozza culinaria asiatica, aggiungendo un tocco di esotismo ed eleganza a piatti già ricchi di sapore.

Celebrando il fico nella loro cucina, i cuochi asiatici rendono omaggio alla diversità e alla ricchezza degli ingredienti che la natura offre, regalando ai buongustai un'esperienza di gusto indimenticabile.

Capitolo 59: Alberi di fico nelle storie di viaggio storiche: tra scoperta e meraviglia

Le storie di viaggi storici forniscono finestre su mondi antichi ed esotici, dove abbondano l'ignoto e la meraviglia. Tra le meraviglie che hanno affascinato l'immaginazione degli esploratori, gli alberi di fico occupano un posto d'onore. Questi maestosi alberi, simboli dell'esotismo e della ricchezza di terre lontane, sono stati immortalati negli scritti di audaci viaggiatori. Qui intraprenderemo un viaggio attraverso resoconti storici per scoprire come gli alberi di fico alimentarono la curiosità, l'ammirazione e l'ispirazione degli esploratori in viaggio.

L'esotismo delle Terre Esterne

Per gli esploratori storici, gli alberi di fico erano spesso sinonimo di esotismo e di scoperte straordinarie. Nei loro racconti, questi maestosi alberi venivano spesso descritti con un fascino misto a mistero, evocando terre lontane che sembravano appartenere ad un altro mondo.

Alberi di fico nelle storie bibliche e mitologiche

Gli alberi di fico hanno un posto di rilievo anche nelle storie bibliche e mitologiche, aggiungendo una dimensione sacra alla loro reputazione. Dall'albero della conoscenza nel Giardino dell'Eden al fico sotto il quale Buddha raggiunse l'illuminazione, gli alberi di fico erano spesso legati a momenti di rivelazione e trascendenza.

Alberi di fico come punti di riferimento

Nelle loro storie, i viaggiatori usavano spesso gli alberi di fico come punti di riferimento per navigare in terre sconosciute. Grandi alberi di fico fungevano da fari naturali, fornendo agli esploratori orientamento e un riferimento visivo per navigare in ambienti stranieri.

Meravigliarsi della generosità della natura

Gli alberi di fico, con la loro capacità di produrre frutti abbondanti, erano motivo di meraviglia per i viaggiatori. Erano affascinati dalla generosità di questi alberi, che offrivano una moltitudine di frutti dolci e nutrienti. Questa generosità era spesso vista come un dono della natura in nuove terre.

Gli alberi di fico negli scritti di famosi esploratori

Esploratori come Marco Polo e Ibn Battuta menzionarono gli alberi di fico nei loro resoconti di viaggio, testimoniando l'impatto di questi alberi sui viaggiatori di epoche e culture diverse. Gli alberi di fico venivano spesso descritti come parti essenziali dell'ambiente e dello stile di vita della popolazione locale.

Gli alberi di fico come catalizzatori di scambio culturale

Gli alberi di fico, presenti in varie regioni del mondo, hanno spesso fungeto da ponti culturali tra gli esploratori e le popolazioni indigene. Servivano come simboli di condivisione e unione, consentendo ai viaggiatori di legarsi con la gente del posto e conoscere i loro usi e costumi.

Gli alberi di fico hanno lasciato il segno nei racconti di viaggio storici, aggiungendo una nota di esotismo, ammirazione e scoperta a questi racconti affascinanti. Le loro foglie rigogliose, i frutti abbondanti e la maestosa presenza catturarono l'immaginazione degli esploratori, ispirando descrizioni ardenti e accattivanti. Nelle pagine dei racconti di viaggio, gli alberi di fico ci ricordano che la curiosità e l'esplorazione umana sono sempre state guidate dalla magia della natura e dallo stupore per i suoi tesori.

Capitolo 60: L'arte del vino di fico: quando l'edonismo si unisce alla natura

Il mondo del vino è un universo ricco di tradizioni, know-how e passione. Oltre all'uva, alcuni vigneti audaci hanno esplorato nuovi orizzonti utilizzando un frutto molto diverso per creare nettari unici: il fico. L'arte del vino di fico è un connubio tra l'artigianato vitivinicolo e la naturale dolcezza di questo frutto. In questo saggio esploreremo l'affascinante mondo del vino di fico, dove la creatività dei viticoltori si unisce alla generosità della natura per produrre bevande squisite che suscitano meraviglia e piacere del gusto.

Quando il fico incontra il vino

Il fico, con il suo sapore dolce e la consistenza carnosa, fornisce uno sfondo ideale per la creazione di vini aromatici e complessi. Le aziende vinicole che si avventurano nella produzione del vino di fichi hanno imparato a giocare con la complessità delle varietà di fichi, combinando diversi tipi di frutta per ottenere profili aromatici unici.

Il processo di vinificazione del fico

La vinificazione del fico richiede un processo specifico che sfrutta le sue qualità uniche. I fichi vengono spesso raccolti al culmine della maturazione, quindi pressati per estrarne il dolce succo. Questo succo viene poi fatto fermentare, talvolta con l'aggiunta di lieviti speciali per ottenere sapori e aromi più complessi.

Profili di sapore sorprendenti

Il vino di fico offre una gamma di profili aromatici dal dolce al secco, dal fruttato al complesso. I fichi aggiungono un tocco di dolcezza naturale e note fruttate alla tavolozza gustativa del vino, creando sottili equilibri e contrasti armoniosi.

Un'esperienza gastronomica

Il vino di fico non si limita solo alla degustazione. Può essere gustato in diverse fasi del pasto, come aperitivo o in accompagnamento alle pietanze. La sua naturale dolcezza lo rende una scelta ideale per l'abbinamento con formaggi, piatti piccanti e persino dessert.

Il vino di fico come patrimonio culturale

In alcune regioni, la vinificazione dei fichi è ricca di storia e cultura. Questi vini possono essere visti come testimonianze viventi del profondo legame tra le comunità e il loro ambiente naturale. Riflettono l'ingegno delle generazioni precedenti che hanno saputo trasformare le risorse locali in tesori gastronomici.

Innovazione e Sperimentazione

L'arte del vino di fico continua ad evolversi mentre i produttori di vino esplorano nuovi metodi, nuove miscele di frutta e nuovi aromi. Sommelier e amanti del vino sono sedotti dall'originalità di queste bevande che sfidano le convenzioni e risvegliano le papille gustative.

Il vino di fico è un omaggio all'unione della creatività umana e della generosità della natura. Le aziende vinicole che si impegnano in questa sottile arte rivelano una profonda comprensione dei sapori e dei processi di trasformazione. I risultati sono vini squisiti che incarnano lo spirito di sperimentazione e di esplorazione del gusto. L'arte del vino di fico ci ricorda che il mondo del vino è una tela bianca dove ogni frutto, compreso il fico, può aggiungere il suo tocco unico per creare esperienze sensoriali indimenticabili.

Capitolo 61: Alberi di fico nelle tradizioni di matrimonio e nascita: simboli di fertilità e Nuovi inizi

Le tradizioni del matrimonio e della nascita sono intrise di simboli e rituali che scandiscono momenti cruciali della vita. Tra questi simboli, gli alberi di fico si distinguono per la loro associazione con la fertilità, la crescita e la rinascita. Gli alberi di fico hanno trovato il loro posto nelle usanze legate ai matrimoni e alle nascite, aggiungendo una dimensione di prosperità e rinnovamento a questi tempi celebrativi.

Il fico: simbolo di fertilità

Fin dall'antichità gli alberi di fico sono stati visti come simboli di fertilità e procreazione. La loro capacità à produrre un'abbondanza di frutti dolci è stato spesso associato alla promessa di prole e crescita. Nelle tradizioni del matrimonio e della nascita, gli alberi di fico incarnano la speranza di nuove vite e nuove generazioni.

Alberi di fico nelle cerimonie nuziali

In alcune culture, gli alberi di fico sono presenti durante le cerimonie nuziali, sia come elementi decorativi che come doni simbolici. I fichi, con la loro forma tondeggiante e carnosa, evocano la promessa di un'unione fruttuosa e dell'espansione della famiglia. In alcune tradizioni, gli sposi consumano fichi o bevono vino di fichi per suggellare il loro impegno e il loro desiderio di fertilità.

Rituali di nascita e crescita

Durante le nascite, gli alberi di fico simboleggiano la crescita e l'inizio di una nuova vita. Gli alberelli di fico possono essere piantati per celebrare la nascita di un bambino, incarnando l'idea che il bambino crescerà proprio come l'albero. Questa tradizione è un modo per augurare al bambino una vita lunga, prospera e appagante.

Alberi di fico e superstizioni positive

In alcune culture, gli alberi di fico sono circondati da superstizioni positive riguardanti matrimoni e nascite. I fichi sono considerati portafortuna, si ritiene portino fortuna, abbondanza e buone vibrazioni agli sposi e ai neonati.

Il fico: testimone della vita in evoluzione

La longevità e la crescita dei fichi li rendono testimoni silenziosi dell'evoluzione della vita e delle generazioni. Gli alberi di fico piantati in occasione di matrimoni e nascite crescono nel tempo, ricordando alle famiglie i momenti di gioia e speranza che hanno segnato le loro storie.

Rinnovamento e speranza

Gli alberi di fico incarnano il ciclo eterno della vita, della crescita e del rinnovamento. Ricordano a chi celebra matrimoni e nascite che la vita cambia continuamente, offrendo nuove opportunità e nuove promesse.

Gli alberi di fico svolgono un ruolo significativo nelle tradizioni del matrimonio e della nascita, portando una dimensione di fertilità, crescita e rinnovamento in questi momenti speciali. La loro presenza ricorda ai partecipanti che la vita è un viaggio pieno di promesse, celebrazioni e speranza per il futuro. Gli alberi di fico simboleggiano l'eterna bellezza della natura e il modo in cui si inserisce armoniosamente nei momenti significativi della vita umana.

Capitolo 62: L'elegante influenza del fico su architettura e design: una fusione naturale e Creativo

L'architettura e il design sono modi per esprimere la creatività umana e modellare l'ambiente costruito che ci circonda. In questa ricerca di bellezza e armonia, la natura gioca un ruolo fondamentale. Tra gli elementi naturali che hanno influenzato l'architettura e il design, il fico si distingue per la sua maestosa presenza e l'intimo legame con l'ambiente. Il fico, con la sua silhouette elegante e la capacità di trasformare lo spazio, ha ispirato e plasmato l'architettura e il design nel corso dei secoli.

Architettura organica e integrata

Il fico, con il suo fogliame rigoglioso e l'ombra rilassante, è spesso servito da modello per l'integrazione organica della natura nell'architettura. Edifici progettati con spazi interni aperti e cortili richiamano l'ombra naturale dei fichi, creando ambienti accoglienti e rinfrescanti.

L'eleganza della silhouette

Le linee sinuose degli alberi di fico, con i loro rami intrecciati e le foglie delicate, hanno ispirato elementi architettonici come volte, portici e disegni decorativi. Queste forme organiche aggiungere un tocco di eleganza e fluidità agli spazi costruiti, creando una sensazione di movimento e morbidezza.

Ombra e luce

Gli alberi di fico, con la loro fitta chioma, influiscono sull'illuminazione naturale degli spazi. Architetti e designer hanno imparato a giocare con gli effetti di luce e ombra prodotti dagli alberi di fico per creare atmosfere uniche e suggestive.

Incorporazione della natura

Gli spazi esterni progettati attorno agli alberi di fico offrono ritiri tranquilli dove le persone possono connettersi con la natura. I giardini, i cortili e gli spazi verdi che circondano i fichi offrono un'oasi di tranquillità in mezzo al trambusto della città.

L'arte dell'arredo e degli elementi di design

Il fico ispira anche il design dei mobili. Le graziose curve dei rami sono state reinterpretate in mobili, sculture ed elementi decorativi, creando una simbiosi tra forma naturale e funzione utilitaristica.

Un ponte tra passato e presente

L'uso del fico nell'architettura e nel design crea un legame tra tradizione e modernità. Gli elementi ispirati agli alberi di fico richiamano la saggezza e l'eleganza della natura, incorporando materiali e tecnologie contemporanee per un approccio decisamente moderno.

L'influenza del fico sull'architettura e sul design illustra come la natura possa servire da infinita ispirazione per la creatività umana. La presenza maestosa e la bellezza organica dei fichi hanno modellato spazi che invitano al relax, alla contemplazione e alla connessione con la natura. L'architettura e il design che incorporano l'essenza del fico sono una celebrazione dell'armonia tra l'uomo e la natura, unendo funzionalità ed estetica in una danza elegante e senza tempo.

Capitolo 63: Fichi secchi: viaggio tra storia, preparazione e utilizzo

I fichi secchi, queste delizie dolci e ricche di sapore, hanno una storia che risale ai tempi antichi. Provenienti dal fico, questi frutti secchi si sono evoluti nel corso dei secoli fino a diventare uno spuntino popolare e un ingrediente versatile in cucina.

Immergiamoci nella storia dei fichi secchi, esploriamo i metodi di preparazione e scopriamo i molteplici usi di queste gemme fruttate. Un patrimonio storico

I fichi secchi non sono solo uno spuntino gustoso, ma sono anche ricchi di storia. Dalle antiche civiltà ai regni del Mediterraneo, i fichi secchi sono stati utilizzati come fonte di nutrimento, dolcezza e conservazione.

Il metodo di essiccazione tradizionale

Il processo di essiccazione dei fichi è relativamente semplice, ma richiede tempo e pazienza. I fichi freschi vengono lavati, tagliati e posti al sole o in un luogo asciutto ad essiccare naturalmente. Questo processo aiuta a trattenere sostanze nutritive e sapori riducendo il contenuto di acqua.

Usi culinari e gastronomici

I fichi secchi sono ingredienti versatili in cucina. Possono essere consumati tal quali come snack energetico, ma si prestano anche ad un'infinità di ricette. Dalla cucina dolce a quella salata, i fichi secchi aggiungono un tocco dolce e aromatico.

Dolci prelibatezze

Nei prodotti da forno e nei dessert, i fichi secchi vengono utilizzati per aggiungere dolcezza naturale e profondità di sapore. Possono essere incorporati in torte, crostate, marmellate e persino cioccolatini, creando sensazioni di gusto ricche e ricche di sfumature.

Combinazioni Salate Geniali

I fichi secchi si sposano meravigliosamente anche con piatti salati. Possono essere utilizzati nelle insalate per aggiungere una nota dolce e croccante, nei piatti di carne per creare un contrasto dolce-salato, oppure nei taglieri di formaggi per equilibrare i sapori.

Benefici nutrizionali e per la salute

Oltre alle loro qualità gustative, i fichi secchi sono ricchi di fibre, minerali e antiossidanti. Sono anche una fonte naturale di zucchero, il che li rende un'alternativa più sana ai dolci industriali.

Patrimonio culturale e simbolo di generosità

In alcune culture, i fichi secchi sono associati alla generosità e alla condivisione. Tradizionalmente venivano donati ai viaggiatori e agli ospiti in segno di calorosa accoglienza e ospitalità.

I fichi secchi sono più di una semplice delizia. Incarnano una storia millenaria di utilizzo e trasformazione delle risorse naturali per soddisfare il gusto e le esigenze nutrizionali dell'umanità. Dall'essiccazione tradizionale all'integrazione nella cucina moderna, i fichi secchi sono un esempio di come la natura può essere domata per offrire piaceri gustativi e benefici nutrizionali duraturi.

Capitolo 64: Il fico e la spiritualità indigena: un antico legame con la Terra Sacra

La spiritualità indigena affonda le sue radici in un rapporto profondo con la natura, gli elementi e i cicli della vita. In questa visione del mondo, ogni elemento naturale porta con sé significato e connessione spirituale. Tra questi elementi un posto speciale occupa il fico in quanto simbolo di armonia tra l'uomo e la terra.

Il fico: un dono della Madre Terra

Per molte culture indigene, il fico è considerato un dono sacro della Madre Terra, espressione della sua abbondanza e generosità. È spesso visto come un simbolo di fertilità e rinnovamento, che rappresenta i cicli di vita, morte e rinascita.

Il fico come luogo di incontro spirituale

Gli alberi di fico sono spesso scelti come luoghi di incontro spirituale e di celebrazione nelle culture indigene. Le loro foglie rigogliose forniscono ombra e riparo, creando uno spazio per la meditazione, storie sacre e rituali.

Il ciclo della vita e della morte

Il fico è spesso interpretato come un ricordo del ciclo eterno della vita e della morte. Gli alberi di fico, che danno frutti e perdono foglie durante tutto l'anno, simboleggiano la dualità delle forze della natura e l'idea di costante trasformazione.

L'interconnessione di tutte le cose

Nelle credenze indigene, ogni elemento della natura è interconnesso, formando una complessa rete di energia spirituale. Il fico è visto come parte integrante di questa rete, che collega gli individui agli spiriti della terra, dell'acqua, del cielo e di tutti gli esseri viventi.

Rituali e cerimonie

Gli alberi di fico svolgono spesso un ruolo centrale nei rituali e nelle cerimonie indigene. Possono essere il luogo per preghiere, offerte e canti, creando uno spazio sacro in cui le comunità si riuniscono per onorare gli antenati, gli spiriti e la natura.

Trasmissione della conoscenza

Il fico è anche associato alla trasmissione della conoscenza ancestrale. Gli alberi di fico, radicati nella terra da generazioni, sono considerati custodi della saggezza e delle tradizioni tramandate di generazione in generazione.

Una spiritualità in armonia con la natura

La spiritualità indigena, intrisa di rispetto per la Terra e i suoi doni, trova un'eco profonda nella fig. Questo frutto simboleggia il modo in cui le popolazioni indigene vivono in armonia con la natura, onorandone i cicli e le risorse.

Il fico incarna la spiritualità indigena celebrando la profonda connessione tra l'uomo e la terra. Come simbolo di abbondanza, del ciclo della vita e della rinascita, il fico parla dell'antica saggezza e della profonda spiritualità delle popolazioni indigene. Ci ricorda che la natura è una fonte inestimabile di riflessione spirituale, guarigione e connessione intima con l'universo che ci circonda.

Capitolo 65: Foglie di fico nel cibo: un tesoro nascosto di sapori e benefici

Quando pensiamo al fico, spesso ci viene in mente il frutto dolce e carnoso. Tuttavia, in molte culture in tutto il mondo, le foglie del fico sono venerate anche per i loro usi culinari e i benefici per la salute. Queste foglie delicate e versatili sono utilizzate da tempo per aggiungere un sapore unico ai piatti e per le loro proprietà benefiche.

Foglie dai sapori delicati

Le foglie di fico hanno un sapore sottile, leggermente erbaceo, che aggiunge una dimensione unica ai piatti. Freschi o essiccati, possono essere utilizzati per infondere aromi delicati in varie preparazioni culinarie.

Infuso e Profumo

Le foglie di fico vengono spesso utilizzate per infondere liquidi come acqua, latte o olio. Questo infuso può essere utilizzato per aromatizzare salse, stufati, tè e dolci, aggiungendo un tocco in più natura fresca e aromatica.

Confezionamento e Cottura

In alcune culture le foglie di fico vengono utilizzate come involucro naturale per la cottura dei cibi. Gli alimenti vengono avvolti nelle foglie prima della cottura, il che conferisce alle pietanze un sapore delicato e un aroma caratteristico.

Una tradizione mediterranea

Anche la cucina mediterranea, rinomata per la sua freschezza e i suoi sapori, fa uso delle foglie di fico. Vengono spesso utilizzati per avvolgere formaggi, verdure ripiene, pesce e anche carni alla griglia.

Benefici alla salute

Le foglie di fico sono ricche di composti antiossidanti, vitamine e minerali. Sono noti anche per le loro proprietà antinfiammatorie e per la loro capacità di aiutare a regolare i livelli di zucchero nel sangue.

Una storia antica e mondiale

L'utilizzo delle foglie di fico nell'alimentazione risale a tempi antichissimi ed è presente in numerose culture. Dai piatti tradizionali mediterranei alle preparazioni asiatiche, le foglie di fico incarnano un patrimonio culinario diversificato e storico.

Know-How e trasmissione culturale

L'uso delle foglie di fico negli alimenti viene spesso tramandato di generazione in generazione. È parte integrante della cultura alimentare di molte comunità, collegando il passato al presente attraverso ricette familiari e tradizionali.

Esplorazione creativa

Chef e cuochi moderni stanno anche esplorando l'uso creativo delle foglie di fico nella cucina contemporanea. Il loro sapore unico può essere incorporato in una varietà di piatti, dall'antipasto al dessert.

Le foglie di fico sono un tesoro poco conosciuto nel mondo culinario, poiché offrono sapori delicati e benefici per la salute. Il loro utilizzo negli alimenti dimostra l'ingegno umano nello sfruttare le risorse naturali per scopi gustosi e nutrizionali. Abbracciando la ricchezza del fico in tutte le sue forme, scopriamo una tavolozza di sapori e possibilità che arricchiscono la nostra esperienza culinaria e rafforzano il nostro legame con la natura.

Capitolo 66: Alberi di fico nei giardini Zen e spazi meditativi: fonte di serenità e

Connessione spirituale

I giardini Zen e gli spazi meditativi sono paradisi di tranquillità e contemplazione, progettati per calmare la mente e nutrire l'anima. Nel cuore di questi ambienti armoniosi, gli alberi di fico svolgono un ruolo vitale come elementi naturali che ispirano la meditazione, la riflessione e la connessione spirituale.

Simbiosi naturale

Gli alberi di fico, con il loro fogliame rigoglioso e le forme organiche, si inseriscono armoniosamente nei giardini Zen e negli spazi meditativi. La loro presenza gentile e calmante rafforza la connessione tra uomo e natura, facilitando uno stato di calma e serenità.

L'ombra benevola

Gli alberi di fico forniscono ombra rinfrescante e protettiva, creando spazi in cui gli individui possono ritirarsi dal trambusto esterno per trovare rifugio nel proprio mondo interiore. Sotto l'ombra premurosa dei fichi, i praticanti della meditazione possono concentrarsi più facilmente sul proprio respiro e sulla propria presenza.

Meditazione contemplativa

Gli alberi di fico sono spesso integrati in spazi che incoraggiano la meditazione contemplativa. Le loro forme organiche e la bellezza semplice invitano all'osservazione e alla riflessione, aiutando i meditatori a connettersi con il momento presente e a trovare l'equilibrio interiore.

Simbolo di rigenerazione

Il fico, con il suo ciclo di crescita, fruttificazione e perdita delle foglie, simboleggia la rigenerazione e il rinnovamento. Nei giardini Zen richiama la natura ciclica della vita e incoraggia ad abbracciare il cambiamento come opportunità di evoluzione spirituale.

Riconnessione alla Terra

Gli alberi di fico ancorano gli spazi meditativi nella realtà terrestre, invitando alla riconnessione con la terra e i suoi elementi. Toccando le foglie o osservando il tronco, i meditatori vengono riportati al momento presente e alla propria esistenza nel cosmo.

Supporto alla creatività

Gli alberi di fico ispirano anche artisti e creatori che frequentano i giardini Zen. La loro forma, consistenza ed energia alimentano l'immaginazione e incoraggiano l'espressione artistica in tutte le sue forme.

L'unificazione del corpo e dello spirito

Gli alberi di fico negli spazi meditativi incarnano l'idea di unità tra corpo e mente. Creando un ambiente favorevole all'esplorazione interiore, incoraggiano l'armonia tra gli aspetti fisici e spirituali dell'individuo. Gli alberi di fico, con la loro presenza gentile e significati profondi, sono elementi fondamentali dei giardini Zen e degli spazi meditativi. Portano un tocco di natura sacra, promuovono la contemplazione e nutrono la connessione spirituale. Creando un ponte tra l'uomo e la terra, il fico guida chi cerca la pace interiore verso una profonda esperienza di serenità, riflessione e risveglio.

Capitolo 67: I fichi nelle pratiche di medicina alternativa: tra tradizione e salute
Olistico

I fichi, da millenni, sono apprezzati per il loro sapore dolce e i benefici nutrizionali. Tuttavia, il loro valore non si limita alla cucina. Nel campo della medicina alternativa, i fichi hanno trovato il loro posto anche come ingredienti chiave in varie pratiche volte a promuovere la salute olistica. I fichi sono utilizzati nelle pratiche di medicina alternativa.

Medicina alternativa e olistica

La medicina alternativa si concentra sull'equilibrio del corpo, della mente e dell'anima per raggiungere una salute ottimale. Piuttosto che trattare semplicemente i sintomi, cerca di trattare la persona nel suo insieme. I fichi, ricchi di nutrienti e proprietà benefiche, si inseriscono naturalmente in questo approccio.

Digestione e disintossicazione

I fichi sono noti per il loro alto contenuto di fibre, che favoriscono una sana digestione regolando il transito intestinale. Nelle pratiche di medicina alternativa, i fichi vengono utilizzati per stimolare il sistema digestivo e aiutare a eliminare le tossine dal corpo.

Potere antiossidante

I fichi, ricchi di antiossidanti come i polifenoli, possono aiutare a ridurre i danni dei radicali liberi. Negli approcci olistici, i fichi vengono integrati per sostenere la salute cellulare e prevenire le malattie legate allo stress ossidativo.

Bilancio energetico

In alcune pratiche ai fichi vengono associate specifiche proprietà energetiche. Il loro sapore delicato è considerato calmante per il sistema nervoso, aiutando a bilanciare l'energia e a promuovere una sensazione di calma.

Controllo del peso

I fichi, essendo uno spuntino naturalmente dolce e ricco di fibre, vengono talvolta utilizzati negli approcci di controllo del peso. Possono aiutare a ridurre l'appetito e a mantenere stabili i livelli di zucchero nel sangue.

Ancorato alla natura

I fichi sono radicati nella terra e vengono raccolti da un albero, collegandoli alla natura. Nelle pratiche di medicina alternativa, questa ancora naturale è apprezzata per promuovere la connessione con la Terra e ripristinare l'equilibrio energetico.

Trasmissione culturale

L'uso dei fichi nella medicina alternativa riflette spesso tradizioni culturali tramandate di generazione in generazione. I rimedi a base di fichi sono parte integrante del patrimonio medico di varie comunità.

Integrazione creativa

I fichi possono essere consumati in diversi modi nelle pratiche di medicina alternativa: freschi, essiccati, in decotto o anche in tintura. La loro versatilità consente ai professionisti di personalizzare gli approcci in base alle esigenze individuali.

I fichi, con i loro nutrienti, antiossidanti e simbolismo naturale, si sono naturalmente inseriti nelle pratiche di medicina alternativa. Incarnano il concetto di salute olistica nutrendo sia il corpo che la mente. Che si tratti di regolare la digestione, rafforzare l'immunità o promuovere l'equilibrio energetico, i fichi sono un esempio di come le risorse naturali possono essere utilizzate per sostenere la salute generale.

Capitolo 68: L'eco poetico e melodico del fico: tra versi e canti popolari

Il fico, questo frutto dolce e carnoso, ha ispirato poeti e musicisti nel corso dei secoli. La sua immagine evocativa, i sapori ricchi e il profondo simbolismo ne fanno un soggetto popolare nella poesia e nelle canzoni popolari. In questo capitolo approfondiremo il mondo poetico e melodico del fico, esplorando come è stato celebrato e immortalato attraverso i versi e le melodie di varie culture.

L'elogio dei sensi

Il fico risveglia i sensi con i suoi aromi e consistenze distintivi. Nella poesia, viene spesso descritta con una serie di metafore che esplorano la sua dolcezza, tenerezza e sensualità. I poeti unirono i sensi del gusto, dell'olfatto e del tatto per catturare la ricchezza dell'esperienza del fico.

Il figurativo simbolico

Il fico va oltre la sua natura letterale per diventare un potente simbolo nella poesia. Può rappresentare la fertilità, la nostalgia, la trasformazione o anche l'anima umana. I poeti usano abilmente il fico per esplorare temi profondi della vita e della natura umana.

L'Alleanza per la Natura

Il fico è spesso radicato nel suo ambiente naturale, circondato da altri elementi della natura come gli alberi, i fiumi e le stagioni. Questa integrazione armoniosa nel mondo naturale aggiunge una dimensione di connessione alla poesia, rafforzando il legame tra l'uomo e la terra.

Il fico come metafora della vita

Il fico, che attraversa un ciclo di crescita, maturità e declino, è usato come metafora della vita umana. La sua trasformazione da fiore a frutto è paragonata all'evoluzione dell'essere umano, facendo del fico una fonte di ispirazione per i poeti che meditano sulla condizione umana.

Storie e racconti nascosti

Nei canti popolari il fico è talvolta protagonista di storie e racconti che insegnano lezioni di vita, evocare risate o offrire commenti sociali. Queste storie sono parte integrante del tessuto culturale e riflettono il modo in cui il fico è intessuto nelle storie orali delle varie comunità.

La Musica dei Sapori

I canti popolari spesso mettono in risalto i piaceri della tavola e spesso il fico occupa un posto d'onore. I testi ne descrivono la dolcezza e il sapore unico, invitando l'ascoltatore a immaginarne il gusto mentre lo ascolta.

Trasmissione intergenerazionale

Canzoni e poesie sul fico vengono spesso tramandate di generazione in generazione, formando un legame vivente tra passato e presente. Le famiglie si riuniscono per cantare canzoni e recitare poesie che evocano i ricordi di questo frutto e le esperienze legate alla sua degustazione.

Il fico, con il suo ricco simbolismo e patrimonio culturale, è diventato un tema frequente nella poesia e nelle canzoni popolari. Attraverso versi e melodie, il fico trascende la sua natura semplice per diventare oggetto di profonda riflessione e celebrazione artistica. Il suo posto nell'espressione creativa parla del suo status di parte preziosa della cultura umana, immortalata attraverso i ritmi della parola e le armonie della musica.

Capitolo 69: Gli alberi di fico nelle leggende dei popoli indigeni: radici e storie spirituali
Sacro

I popoli indigeni di tutto il mondo hanno stretto legami profondi con la natura, permeando la loro cultura con storie sacre e leggende che celebrano la connessione tra l'uomo e l'ambiente. Gli alberi di fico, radicati nei loro territori, hanno spesso occupato un posto centrale in queste leggende, simboleggiando la simbiosi tra l'uomo e la terra che nutre.

I fichi custodi della conoscenza

In molte culture indigene gli alberi di fico sono considerati custodi della conoscenza ancestrale. Gli alberi, con le loro radici sepolte profondamente nella terra, sono visti come custodi di insegnamenti e tradizioni tramandate di generazione in generazione.

La nascita dei fichi: miti della creazione

Gli alberi di fico hanno spesso un posto di rilievo nei miti della creazione indigena. A volte sono visti come doni degli dei o come creazioni divine che hanno radicato la vita sulla terra.

L'Albero della Vita e della Rigenerazione

Gli alberi di fico sono spesso associati all'idea dell'albero della vita, simboleggiando la continuità della vita, la rigenerazione e la rinascita. La loro capacità di far nascere nuovi alberi dalle radici ha rafforzato il loro status di simbolo di rinnovamento.

Guarigione e benessere

Nelle leggende, gli alberi di fico sono spesso legati alla guarigione e al benessere. Le loro foglie, frutti e radici sono venerati per le loro proprietà curative. Gli alberi di fico diventano così alleati spirituali nella ricerca della salute fisica e spirituale.

Incontri sacri

Gli alberi di fico vengono talvolta definiti luoghi di incontro tra il mondo spirituale e quello terreno. Sotto i loro rami, gli indigeni tengono cerimonie, preghiere e rituali, creando spazi sacri per comunicare con gli spiriti e gli antenati.

Leggende della trasformazione

Alcune leggende raccontano come gli individui si trasformassero in alberi di fico, diventando così guardiani della terra e protettori dei territori. Queste storie mettono in luce lo stretto legame tra l'uomo e la natura.

Trasmissione intergenerazionale

Le leggende sui fichi si tramandano di generazione in generazione, incarnando la memoria collettiva delle popolazioni indigene. Si raccontano intorno al fuoco, durante le cerimonie e nei momenti in cui la saggezza antica viene condivisa con le generazioni più giovani.

Rivelatori culturali

Queste leggende rivelano prospettive uniche sulla spiritualità, sulla cosmologia e sul rapporto tra gli esseri umani e la terra. Offrono una visione profonda di come gli indigeni vedono il loro posto nell'universo.

Le leggende del fico, centrali nelle culture indigene, sono tesori di saggezza che raccontano storie di creazione, guarigione, rigenerazione e connessione spirituale. Radicate nel rispetto per la terra e gli antenati, queste storie riflettono la profondità spirituale delle popolazioni indigene e testimoniano la ricca connessione tra uomo e natura.

Capitolo 70: L'arte della fusione: il fico nella cucina molecolare contemporanea

La cucina molecolare contemporanea, con la sua audace esplorazione delle proprietà fisiche e chimiche degli ingredienti, ha rivoluzionato il modo in cui sperimentiamo sapori e consistenze. Tra i tanti ingredienti reinventati in questo contesto, il fico si distingue per la sua complessità aromatica e la sua struttura unica.

La Fusione dei Sapori

Il fico, con la sua combinazione di dolce e leggermente aspro, fornisce terreno fertile per la sperimentazione culinaria. Nella cucina molecolare, gli chef utilizzano metodi come la sferificazione, la gelificazione e la schiumazione per catturarne e intensificarne gli aromi, creando esplosioni di gusto uniche.

Texturizzazione creativa

Una delle caratteristiche più interessanti del fico è la sua consistenza, tenera e croccante allo stesso tempo. Le tecniche di cucina molecolare permettono agli chef di esplorare queste texture in modi innovativi, creando contrasti inaspettati e trasformando il fico in un'esperienza tattile e sensoriale.

Sferificazione e Gelificazione

Il fico può trasformarsi in delicate perle attraverso la sferificazione, creando capsule di sapore che scoppiano in bocca. La gelificazione crea texture gelatinose e fondenti, offrendo una nuova dimensione alla degustazione.

Emulsificazione e schiuma

Il fico può essere trasformato in mousse leggere e ariose attraverso la schiumatura, offrendo un'esperienza gustativa e visiva affascinante. Queste mousse ti permettono di giocare con la percezione dei sapori e delle consistenze.

Il fico come opera d'arte commestibile

Nella cucina molecolare la presentazione gioca un ruolo essenziale. Gli chef trasformano il fico in vere e proprie opere d'arte commestibili, combinando elementi visivi, aromatici e gustativi per creare un'esperienza gastronomica coinvolgente.

Nuove prospettive sulla Fig

La cucina molecolare contemporanea offre nuove prospettive sul fico, consentendo agli chef di ripensare il suo utilizzo in piatti dolci e salati. Combinazioni audaci con altri ingredienti inaspettati ampliano la gamma delle possibilità culinarie.

L'emergere di nuovi piatti

Il fico, una volta sottoposto alle tecniche della cucina molecolare, si trasforma in ingrediente per piatti innovativi e sorprendenti. Dai dessert sferici ai piatti salati in cui il fico si integra in modi sorprendenti, la creatività degli chef spinge i limiti dell'immaginazione culinaria.

Un patrimonio gastronomico

Il fico ha una lunga storia nella cucina tradizionale e la sua incorporazione nella cucina molecolare come ingrediente moderno rafforza il suo status di ingrediente versatile e accattivante.

Il fico, con il suo profilo aromatico complesso e la sua consistenza unica, ha trovato nuova vita nella cucina molecolare contemporanea. Le tecniche innovative di questa cucina permettono di decostruire, trasformare e reinventare questo frutto emblematico. Il fico diventa così una tela bianca per gli chef che desiderano creare esperienze gastronomiche uniche, spingendo oltre i confini della creatività culinaria.

Capitolo 71: Artigianato emergente: l'uso delle radici di fico nella creazione

L'artigianato, fondendo creatività e know-how tradizionale, trova spesso ispirazione negli elementi naturali. Le radici del fico, a lungo trascurate, hanno recentemente attirato l'interesse degli artigiani di tutto il mondo. La loro forma tortuosa e la loro solidità offrono potenzialità inesplorate per la creazione di oggetti unici e durevoli.

Risorse naturali recuperate

L'utilizzo delle radici di fico nell'artigianato rientra nella tendenza al recupero e all'uso sostenibile delle risorse naturali. Invece di lasciare queste radici inutilizzate, gli artigiani le trasformano in pezzi originali di artigianato, riducendo al minimo gli sprechi.

Esplorazione delle forme naturali

Le radici del fico sono note per le loro forme intricate e organiche. Gli artigiani sfruttano queste caratteristiche integrandole nella progettazione di mobili, sculture e oggetti decorativi. Ogni radice è unica, conferendo alle opere un tocco di autenticità e carattere.

Oggetti funzionali e artistici

Le radici del fico vengono utilizzate per creare una varietà di oggetti, da tavoli e sedie a lampade e cornici. Il loro utilizzo in oggetti funzionali aggiunge una dimensione artistica alla vita di tutti i giorni, trasformando oggetti utilitari in opere d'arte.

Alleanza Naturale e Culturale

L'utilizzo delle radici di fico crea un ponte tra natura e cultura. Gli artigiani rispettano la forma originale della radice integrandola in contesti culturali ed estetici, dando origine a oggetti che raccontano una storia sia della natura che della creatività umana.

Sostenibilità e Autenticità

L'artigianato basato sulle radici del fico rientra nella ricerca di un consumo più sostenibile e autentico. Gli oggetti creati con materiali naturali spesso riflettono i valori dell'artigiano e del consumatore, sottolineando l'originalità e la sostenibilità.

Un processo creativo complesso

Lavorare con le radici di fico richiede competenze e tecniche specifiche. Gli artigiani devono comprendere la natura del materiale, la sua forza e le sue possibilità, il che aggiunge uno strato di complessità al loro processo creativo.

Eredità culturale

L'uso delle radici di fico nell'artigianato può essere legato anche a specifiche tradizioni culturali. In alcune comunità queste radici hanno un significato simbolico e spirituale, che rafforza la loro presenza nell'artigianato locale.

L'uso delle radici di fico nell'artigianato è una testimonianza di come la creatività umana possa trasformare gli elementi naturali in opere d'arte. L'artigianato basato sulle radici di fico celebra la bellezza della natura incarnando il know-how e la creatività degli artigiani. Questi oggetti unici, al crocevia tra naturale e artistico, testimoniano la possibile armonia tra l'uomo e il suo ambiente.

Capitolo 72: L'impronta mistica: gli alberi di fico nella cultura mediorientale

Il Medio Oriente, ricco di storia e tradizione, ha stretto legami profondi con il fico, un albero che va oltre la sua natura fisica per diventare simbolo di spiritualità, condivisione e patrimonio culturale. Gli alberi di fico affondano le loro radici nella vita quotidiana, nella spiritualità e nelle tradizioni di questa regione.

L'Albero della Vita e della Spiritualità

Il fico è spesso considerato un albero della vita nella cultura mediorientale, incarnando la connessione tra la terra e il divino. Gli antichi alberi di fico che prosperano in questa regione da secoli sono venerati come guardiani della spiritualità e della saggezza.

Simbolo di condivisione e ospitalità

In molte culture mediorientali i fichi sono associati alla generosità e all'ospitalità. Fichi freschi e secchi vengono spesso offerti agli ospiti in segno di calda accoglienza e condivisione, creando momenti di convivialità e connessione.

Il know-how tradizionale

La trasformazione dei fichi freschi in marmellate, gelatine di frutta e altre dolci delizie affonda le sue radici nel patrimonio culinario del Medio Oriente. Queste preparazioni vengono spesso tramandate di generazione in generazione, preservando così il know-how tradizionale e il legame con il passato.

Simbolo di prosperità e sostenibilità

Gli alberi di fico sono anche visti come un simbolo di prosperità e sostenibilità. La loro capacità di prosperare in ambienti aridi è stata spesso interpretata come un messaggio di resilienza e abbondanza.

L'albero degli incontri e delle storie

All'ombra dei fichi si svolgono incontri importanti, si raccontano storie e si condividono tradizioni. Questi alberi diventano punti di ritrovo in cui le generazioni si incontrano per scambiare conoscenze, celebrare e connettersi.

Saggezza e patrimonio

Gli antichi alberi di fico hanno una presenza dominante nei paesaggi del Medio Oriente. Le loro radici profonde simboleggiano il legame con il passato, ricordando le generazioni precedenti e trasmettendo la loro saggezza alle nuove generazioni.

Incorporazione nell'arte e nella letteratura

Gli alberi di fico hanno spesso ispirato poeti, scrittori e artisti in Medio Oriente. La loro immagine si ritrova nella poesia, nei racconti e nelle opere artistiche, dove spesso rappresentano metafore della vita, della spiritualità e della bellezza.

Ritualità e Celebrazioni

Gli alberi di fico sono spesso incorporati in rituali e celebrazioni religiose. Il loro ruolo simbolico in varie tradizioni spirituali rafforza il loro status sacro e li collega a momenti significativi della vita.

Gli alberi di fico hanno profondamente radicato la loro presenza nella cultura mediorientale, diventando simboli di ospitalità, spiritualità e connessione tra uomo e natura. Il loro patrimonio culturale e spirituale, così come il loro ruolo nella vita quotidiana, testimoniano il loro posto profondo nel tessuto sociale e culturale della regione. Gli alberi di fico mediorientali sono custodi della memoria, della tradizione e della riflessione spirituale, riflettendo la ricchezza culturale e la diversità di questa antica terra.

Capitolo 73: Il fico e la sostenibilità alimentare: un'alleanza alimentare responsabile

In un mondo in costante cambiamento, la sostenibilità alimentare è diventata una delle principali preoccupazioni individui, comunità e pianeta. Gli alberi di fico, con il loro patrimonio storico e il loro contributo alla sicurezza alimentare, svolgono un ruolo cruciale in questa ricerca di sostenibilità. Il fico si inserisce nei concetti di sostenibilità alimentare, favorendo la salvaguardia dell'ambiente e il benessere delle comunità.

Un frutto antico dal presente promettente

I fichi, antichi e resistenti, hanno resistito alla prova del tempo. La loro capacità di crescere in ambienti aridi e il loro contributo alla dieta umana da millenni li rendono preziosi alleati nella promozione della sostenibilità alimentare.

Culture locali e resilienza

In molte regioni, i fichi sono parte integrante dei sistemi alimentari locali. La loro coltivazione e consumo locali rafforzano la resilienza della comunità riducendo la dipendenza dai cibi importati e preservando le tradizioni culinarie.

Basso Impatto Ambientale

Gli alberi di fico spesso richiedono meno acqua e input chimici rispetto ad altre colture. La loro adattabilità alle dure condizioni climatiche li rende una scelta sostenibile per le aree soggette a siccità e variazioni climatiche.

Biodiversità e Agroforestazione

Gli alberi di fico possono essere integrati nei sistemi agroforestali, promuovendo la biodiversità e la rigenerazione del suolo. Le loro radici profonde aiutano a prevenire l'erosione, mentre la loro presenza può sostenere altre colture e specie vegetali.

Conservazione delle risorse

Trasformazione dei fichi in prodotti come marmellate, gelatine di frutta e fichi secchi prolunga la loro durata di conservazione. Ciò aiuta a ridurre gli sprechi alimentari e a massimizzare l'utilizzo delle colture.

Economia locale e sostenibilità economica

La coltivazione e la commercializzazione dei fichi possono rilanciare l'economia locale, creando posti di lavoro e promuovendo la sostenibilità economica delle comunità agricole.

Promozione della sovranità alimentare

Concentrandosi sulla coltivazione e sul consumo di fichi locali, le comunità possono rafforzare la propria sovranità alimentare avendo un maggiore controllo sulla propria fornitura alimentare.

Educazione e consapevolezza alimentare

Il fico può fungere da ponte per educare i consumatori sull'importanza di scegliere cibi sostenibili e locali. Condividendo storie sugli alberi di fico, possiamo ispirare un cambiamento positivo nel comportamento alimentare.

Gli alberi di fico illustrano come una risorsa naturale, con la sua storia e la capacità di prosperare in condizioni difficili, possa essere una componente essenziale della sostenibilità alimentare. Incoraggiando la coltivazione e il consumo di fichi locali, esplorando metodi di lavorazione e integrando gli alberi di fico nei sistemi agroforestali, possiamo creare un futuro in cui il cibo è abbondante, diversificato e rispettoso dell'ambiente. Il fico, come simbolo della sostenibilità alimentare, ci ricorda che le scelte che facciamo oggi hanno un impatto sulle generazioni future e sulla salute del pianeta.

Capitolo 74: Equilibrio naturale: alberi di fico e pratiche di guarigione cinesi

Per millenni la medicina tradizionale cinese si è basata su una visione olistica della salute, sottolineando l'armonia tra corpo, mente e natura. Gli alberi di fico, con le loro proprietà nutrizionali e medicinali, hanno un posto significativo in queste pratiche. Gli alberi di fico sono integrati nelle pratiche curative cinesi, contribuendo alla ricerca dell'equilibrio e del benessere.

I Fondamenti della Medicina Tradizionale Cinese

La medicina tradizionale cinese si basa sul concetto di Qi (energia vitale) e sull'equilibrio tra Yin e Yang. Gli alberi di fico, con la loro natura equilibrata e i loro effetti sulla salute, si inseriscono armoniosamente in questa filosofia.

Alberi di fico nella dietetica cinese

Nella dietetica cinese gli alimenti vengono classificati in base alle loro proprietà termiche e ai loro effetti sull'organismo. I fichi, spesso considerati freschi e leggermente rinfrescanti, vengono utilizzati per bilanciare il calore interno e trattare gli squilibri.

Nutre lo Yin e il Sangue

I fichi sono considerati benefici per lo Yin (l'aspetto nutriente e femminile dell'energia) e per il Sangue (che racchiude vitalità e rigenerazione). Sono spesso consigliati per trattare la secchezza, la tosse secca, i disturbi mestruali e altri sintomi associati alla carenza di Yin.

Rafforzare la Milza e lo Stomaco

Nella medicina tradizionale cinese, la Milza e lo Stomaco sono responsabili della digestione e dell'assimilazione dei nutrienti. I fichi, con il loro sapore delicato e la loro natura nutriente, sono spesso consigliati per rafforzare questi organi.

Proprietà antiossidanti e nutritive

I fichi sono ricchi di antiossidanti, fibre e minerali, che li rendono preziosi per sostenere la salute dell'apparato digerente, ridurre l'infiammazione e rafforzare il sistema immunitario, elementi importanti nella medicina tradizionale cinese.

Integrazione in formule erboristiche

I fichi possono essere usati da soli o combinati con altre erbe per creare formule erboristiche nella medicina cinese. Queste combinazioni mirano a trattare condizioni specifiche tenendo conto delle complesse interazioni tra gli ingredienti.

Pratiche energetiche e meditazione

Gli alberi di fico sono talvolta integrati in giardini e ambienti favorevoli alla meditazione, favorendo la calma e il relax. Gli spazi in cui prosperano gli alberi di fico sono considerati favorevoli alla coltivazione dell'energia interna.

Rispetto dell'equilibrio

L'integrazione degli alberi di fico nelle pratiche di guarigione cinesi evidenzia l'importanza di rispettare l'equilibrio tra l'individuo, la natura e le forze cosmiche. Gli alberi di fico, con le loro qualità naturali, sono considerati un'estensione di questa armonia.

Gli alberi di fico svolgono un ruolo essenziale nelle pratiche di guarigione cinesi contribuendo all'armonia del corpo e della mente. La loro natura riequilibrante, le loro proprietà nutrizionali e i loro effetti sulla salute li rendono preziosi alleati nella ricerca del benessere olistico. Gli alberi di fico, radicati nella filosofia e nelle pratiche di guarigione cinesi, servono a ricordare l'importanza dell'armonia e della connessione con la natura nel coltivare una vita sana ed equilibrata.

Capitolo 75: Il dolce mestiere: l'arte di fare la marmellata di fichi

Fare la marmellata di fichi è un mestiere che risale a secoli fa, una pratica che sposa la dolcezza dei fichi con l'arte della lavorazione culinaria. Questo processo meticoloso e creativo cattura il sapore e la ricchezza dei fichi prolungandone la durata di conservazione.

Selezione degli ingredienti

Il primo passo fondamentale nella preparazione della marmellata di fichi è la scelta degli ingredienti. Dai fichi freschi, maturi alla perfezione, ai dolcificanti naturali come lo zucchero di canna o il miele, ogni ingrediente contribuisce al sapore e alla consistenza finali della marmellata.

Preparazione dei fichi

I fichi vengono lavati, sbucciati e snocciolati. Alcune ricette possono mantenere la buccia per una consistenza più rustica, mentre altre preferiscono una consistenza più liscia. I fichi vengono poi tagliati a pezzi per facilitarne la cottura e la lavorazione.

Cottura e lavorazione

I fichi tagliati vengono uniti al dolcificante scelto e cotti a fuoco lento. Durante la cottura i fichi si disgregano gradualmente, sprigionando i loro sapori dolci e il loro carattere unico. Alcune ricette possono includere anche spezie come cannella, vaniglia o zenzero per aggiungere complessità aromatica.

Riduzione e ispessimento

Man mano che la marmellata di fichi cuoce, si riduce di volume e si addensa. La cottura prolungata permette agli ingredienti di amalgamarsi armoniosamente e raggiungere la consistenza desiderata. L'arte della preparazione della marmellata risiede nella capacità di regolare la cottura per ottenere la consistenza perfetta.

Controllo di coerenza

Per verificare se la marmellata è pronta si può utilizzare la tecnica della "goccia": posizionando una piccola quantità di marmellata su un piatto freddo, osservarne la consistenza spingendola leggermente con un cucchiaio. Se la marmellata gelifica e non cola subito, è pronta.

Invasatura e conservazione

Una volta che la marmellata raggiunge la consistenza desiderata, viene versata con cura in barattoli sterilizzati.

Il processo di invasatura richiede un'attenta igiene per garantire la conservazione a lungo termine. I vasetti sono chiusi ermeticamente per preservare la freschezza e il sapore della marmellata.

Degustazione e apprezzamento

La marmellata artigianale di fichi è pronta da gustare una volta raffreddata e solidificata. Può essere gustato sul pane, sulle fette biscottate, sui biscotti o anche utilizzato come ingrediente di dolci e piatti salati. Ogni boccone è un omaggio alla trasformazione artistica dei fichi in una deliziosa delizia.

Un'arte in perpetua evoluzione

L'arte di fare la marmellata di fichi si evolve nel tempo, incorporando tecniche moderne e idee innovative. Gli artigiani delle marmellate continuano a spingere i confini della creatività sperimentando combinazioni di sapori e vari processi di cottura.

La preparazione della marmellata di fichi è un'arte che celebra la bellezza e la diversità dei fichi catturandone l'essenza in un barattolo. Questo mestiere meticoloso e creativo testimonia il rapporto tra natura e cucina, dove i fichi diventano una tela su cui i produttori di marmellate tracciano gusti e profumi unici. Un cucchiaio di marmellata di fichi è molto più di un dolcetto: racchiude in sé fatica, tradizione e amore per i sapori della natura.

Capitolo 76: Tra misticismo e simbolismo: il fico nelle credenze esoteriche

Gli alberi di fico, con la loro maestosa presenza e i loro frutti affascinanti, hanno sempre affascinato l'immaginazione umana. Al di là del loro aspetto fisico, gli alberi di fico hanno trovato il loro posto anche nelle credenze esoteriche, dove incarnano significati più profondi e mistici.

Ancoraggio spirituale e connettività

In molte credenze esoteriche, gli alberi di fico sono visti come ponti tra il mondo materiale e il mondo spirituale. Le loro radici sepolte in profondità nel terreno sono interpretate come simbolo di ancoraggio e connessione con le energie della terra.

Albero della Conoscenza e della Rivelazione

Il fico è spesso associato anche all'albero della conoscenza in varie tradizioni esoteriche. Il suo simbolismo risale alla mitologia biblica dove il fico rappresenta la ricerca della conoscenza e della saggezza.

Saggezza nascosta e misteri

Gli alberi di fico, che portano frutti dolci nascosti sotto le foglie, sono stati visti come guardiani di misteri e saggezza nascosta. I fichi, nascosti alla vista, sono visti come un promemoria che la conoscenza profonda può essere scoperta da coloro che cercano con determinazione.

Cicli di vita e morte

Il fico, che attraversa cicli di crescita e dormienza, riflette i cicli naturali della vita e della morte. Nelle credenze esoteriche, questo può essere interpretato come un promemoria dell'importanza di accettare i cicli della vita e di apprezzare ogni fase.

Armonia Yin-Yang

I fichi, con il loro interno carnoso e la buccia morbida, spesso incarnano l'armonia di Yin e Yang. Questa dualità è vista come un promemoria del necessario equilibrio tra le forze opposte nell'universo.

Strumento di divinazione

In alcune pratiche esoteriche i fichi venivano usati per la divinazione. I motivi dei semi in un fico tagliato a metà possono essere interpretati come simboli o messaggi dal cosmo.

Protezione ed energia spirituale

Gli alberi di fico sono stati usati come amuleti protettivi in alcune tradizioni esoteriche, si ritiene che proteggano dalle energie negative e attraggano energie positive.

Rinnovamento spirituale

La capacità degli alberi di fico di ricrescere dopo periodi di dormienza è stata interpretata come un simbolo di rinnovamento spirituale e resilienza nelle credenze esoteriche.

Gli alberi di fico nelle credenze esoteriche illustrano come la natura possa essere interpretata come uno specchio dei misteri dell'universo e delle dimensioni nascoste della realtà. Gli alberi di fico non sono solo alberi fisici, ma anche portali verso pensieri più profondi di saggezza, conoscenza e connessione. Nel mondo esoterico, gli alberi di fico servono come chiavi per aprire le porte alla comprensione spirituale e ai misteri della vita.

Capitolo 77: Radici profonde: alberi di fico nella cultura tradizionale africana

Gli alberi di fico, con la loro maestosa presenza e i dolci frutti, occupano un posto speciale nella cultura tradizionale africana. Radicati nelle credenze, nei costumi e nelle pratiche delle comunità di tutto il continente, gli alberi di fico sono molto più di una semplice fonte di cibo.

Simboli di protezione e spiritualità

Gli alberi di fico sono spesso visti come simboli di protezione e spiritualità in molte culture africane. Alberi imponenti e maestosi sono spesso considerati habitat per spiriti e antenati, fungendo da collegamenti tra il mondo degli spiriti e il mondo terreno.

Riunione comunitaria e spazi sacri

Gli alberi di fico sono spesso luoghi di ritrovo della comunità, fungendo da punti di incontro in cui si condividono storie, si danno consigli e si svolgono cerimonie. Questi maestosi alberi possono anche essere associati a spazi sacri dove si osservano riti religiosi e culturali.

Collegamenti con il patrimonio ancestrale

In molte culture africane i fichi sono considerati custodi degli antenati e della memoria collettiva. Gli antichi alberi di fico sono venerati come custodi di storie, tradizioni e conoscenze tramandate di generazione in generazione.

Simbolismo di crescita e rinnovamento

La crescita del fico da piccolo seme ad albero maestoso è spesso interpretata come simbolo di rinnovamento e sviluppo personale. Gli alberi di fico riflettono i cicli naturali della vita e del rinnovamento, ispirando gli individui ad abbracciare il cambiamento e la crescita.

Pratiche medicinali e magiche

Gli alberi di fico sono talvolta utilizzati nella medicina tradizionale africana per le loro proprietà medicinali. Le foglie, i frutti e la corteccia vengono utilizzati nella preparazione di rimedi per vari disturbi. Gli alberi di fico possono anche svolgere un ruolo nelle pratiche magiche, promuovendo la guarigione, la protezione e la comunicazione con gli spiriti.

Alberi di fico e proverbi

Gli alberi di fico sono spesso menzionati nei proverbi e nelle espressioni africane, poiché portano insegnamenti sulla pazienza, la crescita e la saggezza. Questi proverbi riflettono l'importanza culturale e spirituale dei fichi nella vita quotidiana.

Arti e mestieri

Gli alberi di fico hanno anche ispirato l'arte e l'artigianato africano, con sculture, tessuti e oggetti d'arte spesso decorati con disegni di alberi di fico. Queste opere d'arte dimostrano l'integrazione degli alberi di fico nella creatività e nell'espressione culturale.

Gli alberi di fico sono molto più che una semplice parte del paesaggio africano. Sono i custodi della tradizione, i santuari spirituali e simboli di connessione con la terra e gli antenati. Profondamente radicati nella cultura tradizionale africana, gli alberi di fico continuano a fungere da collegamento tra passato e presente, fornendo un promemoria vivente dell'importanza del patrimonio culturale e spirituale.

Capitolo 78: Purificazione e trascendenza: il fico nei rituali di purificazione

Fin dagli albori dell'umanità, gli alberi di fico sono stati venerati per le loro proprietà nutritive e medicinali, ma anche per il loro potenziale spirituale. In molte culture in tutto il mondo, gli alberi di fico sono stati incorporati nei rituali di purificazione, a simboleggiare la ricerca di purificazione fisica, mentale e spirituale. Approfondiremo i rituali di purificazione legati agli alberi di fico, esplorandone il simbolismo e il potere trasformativo.

Il simbolismo della purificazione

Gli alberi di fico, con il loro ciclo naturale di crescita e rinnovamento, sono stati spesso visti come simboli di trasformazione e rigenerazione. Questo simbolismo intrinseco si armonizza perfettamente con l'idea di purificazione, che mira a liberarsi delle impurità per consentire una nuova crescita spirituale.

Purificazione del corpo e dello spirito

In molte culture, gli alberi di fico vengono utilizzati per favorire la purificazione del corpo e della mente. I fichi, ricchi di fibre e antiossidanti, sono considerati alimenti depurativi, aiutando ad eliminare le tossine dall'organismo. Inoltre, gli alberi di fico servono spesso come luoghi di meditazione e contemplazione, consentendo alle persone di purificare i propri pensieri ed emozioni.

Purificazione dei Luoghi Sacri

Gli alberi di fico sono anche associati alla purificazione dei luoghi sacri. Si ritiene che la loro presenza maestosa e calmante equilibri le energie e purifichi l'ambiente spirituale. Alcuni rituali includono la pratica della meditazione o della preghiera sotto un albero di fico per riconnettersi con le energie divine e liberarsi dalle energie negativo.

Purificazione delle energie negative

Gli alberi di fico vengono talvolta utilizzati nei rituali volti a allontanare le energie negative o a proteggere dalle influenze dannose. Gli alberi di fico sono considerati guardiani protettivi, aiutano a respingere le forze dannose e creano uno spazio di purificazione e sicurezza.

Rituali di trascendenza

Gli alberi di fico, con la loro capacità di crescere e prosperare in condizioni diverse, sono spesso venerati per la loro resilienza. In alcuni rituali di purificazione, gli alberi di fico vengono utilizzati per simboleggiare la capacità dell'individuo di trascendere le sfide e liberarsi dalle catene del passato.

Meditazione e purificazione interiore

Gli alberi di fico sono anche associati alla meditazione e alla ricerca della purificazione interiore. Si ritiene che meditare sotto un albero di fico faciliti la concentrazione e la pace interiore, consentendo così all'individuo di liberarsi dai pensieri negativi e di connettersi con il proprio sé più profondo.

Nei rituali di purificazione, gli alberi di fico fungono da guide verso la trascendenza e la rigenerazione. La loro presenza calma e protettiva ispira le persone a liberarsi dei fardelli emotivi, a liberarsi dalle tossine nel corpo e nella mente e a cercare la purezza e l'elevazione spirituale. Gli alberi di fico diventano santuari di trasformazione, fornendo un costante promemoria del potere dell'introspezione e della purificazione per raggiungere una crescita olistica.

Capitolo 79: Tra terra e cielo: alberi di fico nell'architettura sacra

L'architettura sacra, un'arte che sposa la creazione umana e il divino, ha spesso integrato elementi naturali per esprimere la connessione tra il terreno e lo spirituale. Tra questi elementi, si ergono maestosi gli alberi di fico, che apportano un profondo simbolismo a questi luoghi di devozione.

L'Alleanza tra Natura e Spiritualità

Gli alberi di fico, con la loro capacità di connettere cielo e terra attraverso i loro rami e radici, incarnano l'intima alleanza tra natura e spiritualità. Nell'architettura sacra, gli alberi di fico sono spesso integrati per simboleggiare questa connessione, creando spazi in cui i fedeli possono sentire la presenza divina attraverso la natura.

Alberi di fico come simboli di rifugio

L'ampia apertura alare dei fichi, le loro foglie cespugliose e i loro rami tesi hanno spesso ispirato l'idea di rifugio e protezione. Nei luoghi di culto, a volte vengono piantati alberi di fico per creare spazi ombreggiati dove i fedeli possono trovare rifugio spirituale e sentirsi in comunione con le energie divine.

Simboli di crescita spirituale

La crescita dei fichi da piccolo seme ad albero maestoso può essere interpretata come un simbolo di crescita spirituale. I luoghi di culto decorati con alberi di fico ricordano ai fedeli la necessità di coltivare la propria spiritualità e di progredire nel proprio cammino interiore.

Riti e Festeggiamenti sotto i Fichi

Gli alberi di fico sono stati spesso testimoni silenziosi di riti e cerimonie religiose. Gli spazi sacri circondati da alberi di fico forniscono un ambiente naturale per le pratiche di meditazione, preghiera e celebrazione. I fichi diventano allora testimoni e partecipanti invisibili della ricerca spirituale degli individui.

Incontri divini sotto i fichi

In molte tradizioni religiose gli alberi di fico sono menzionati come luoghi di incontri divini. Dalle storie bibliche ai miti antichi, gli alberi di fico sono stati testimoni di momenti di rivelazione e di scambio tra gli esseri umani e il divino.

L'energia dell'albero sacro

Si ritiene che gli alberi di fico, spesso considerati alberi sacri in alcune culture, siano intrisi di un'energia speciale. Si ritiene che la loro presenza favorisca la connessione tra i fedeli e il divino, nonché tra gli esseri umani e la natura.

Equilibrio e Armonia Architettonica

Gli alberi di fico, con la loro forma armoniosa e la presenza calmante, aggiungono una dimensione di equilibrio e armonia all'architettura sacra. Creano un contrasto armonioso tra duro e morbido, solido e vivo.

Gli alberi di fico, con il loro potente simbolismo e la loro presenza imponente, hanno trovato un posto speciale nell'architettura sacra attraverso le epoche e le culture. Non sono semplicemente elementi decorativi, ma portali della spiritualità, custodi della connessione tra l'uomo e il divino ed eterni testimoni delle ricerche spirituali dell'umanità. Nell'architettura sacra, gli alberi di fico diventano emissari della natura, facilitando la comunione tra il terreno e il celeste.

Capitolo 80: Quando i sapori si fondono: il fico nella gastronomia fusion asiatica

La gastronomia fusion è una forma d'arte culinaria che trascende i confini culturali per creare esperienze di gusto uniche. Nel contesto asiatico, dove la diversità culinaria è ricca e variegata, l'integrazione del fico nei piatti fusion crea abbinamenti inaspettati e deliziosi.

Incontro di Sapori Dolci e Piccanti

Il fico, con la sua dolcezza e le note mielate, si abbina perfettamente ai sapori speziati e umami della cucina asiatica. Nella gastronomia fusion, i fichi possono essere utilizzati per bilanciare piatti piccanti, aggiungendo un tocco di dolcezza che ammorbidisce i profili gustativi.

Fichi in piatti salati

Nella gastronomia fusion asiatica, i fichi possono essere incorporati in una varietà di piatti salati. Di ad esempio, possono essere aggiunti a piatti di riso, insalate di verdure o piatti di pesce per apportare una dimensione dolce e succosa che sorprende piacevolmente le papille gustative.

Salse e marinate di fichi

I fichi possono essere trasformati in deliziose salse e marinate per esaltare i piatti asiatici. I loro sapori ricchi aggiungono profondità complessa alle salse agrodolci, alle marinate teriyaki e alle glasse di carne.

Dessert creativi

Nella gastronomia fusion asiatica, i fichi si prestano alla creazione di dessert innovativi. Possono essere utilizzati per guarnire torte al matcha, pancake mochi o polpette di riso appiccicoso, aggiungendo un tocco dolce e fruttato ai classici asiatici.

Creazione di Piatti Unici

L'aggiunta di fichi ai piatti tradizionali asiatici può creare piatti fusion unici. Ad esempio, piatti come l'anatra alla pechinese possono essere reinventati utilizzando i fichi per conferire una nuova dimensione di sapore e consistenza.

Fichi e tè

Il connubio tra fichi e tè è una caratteristica interessante della gastronomia fusion asiatica. I fichi possono essere infusi in tè caldi o freddi per creare bevande rinfrescanti e profumate che uniscono le note dolci del fico ai sapori aromatici del tè.

Esplorazione della creatività

La gastronomia fusion asiatica è una tela bianca per la creatività culinaria. Incorporare il fico in questa fusione consente agli chef di giocare con combinazioni di sapori audaci, nel rispetto della ricca tradizione culinaria asiatica.

Il fico nella gastronomia fusion asiatica incarna l'incontro tra vecchio e nuovo, dolce e salato, familiare e inaspettato. Aggiunge un tocco di raffinatezza e originalità agli amati piatti asiatici, celebrando la diversità e la creatività culinaria. I fichi, con il loro fascino naturale e la tavolozza di sapori, si armonizzano perfettamente con le delizie culinarie dell'Asia, offrendo un'esperienza gastronomica indimenticabile per gli amanti della fusione e delle scoperte del gusto.

Capitolo 81: Foglie della vita: artigianato tradizionale e foglie di fico

Nelle culture di tutto il mondo, l'artigianato tradizionale dimostra la creatività e il profondo legame tra uomo e natura. Tra le risorse naturali utilizzate per creare opere d'arte uniche, le foglie di fico occupano un posto speciale. Queste foglie versatili, con le loro delicate trame e sfumature di verde, sono state trasformate in affascinanti opere d'arte attraverso generazioni.

L'origine della creatività

Le foglie di fico sono state utilizzate nell'artigianato tradizionale fin dai tempi antichi. Gli artigiani scoprirono che queste foglie, con la loro forma unica e la loro durabilità naturale, erano ideali per creare oggetti funzionali ed estetici.

Tessitura e intrecciatura

Le foglie di fico vengono spesso utilizzate per intrecciare o intrecciare cestini, stuoie e tappeti. Le loro fibre flessibili sono intrecciate insieme per formare modelli intricati, creando opere d'arte utilitaristiche che riflettono la cultura e l'estetica locale.

Arte del vimini

Il vimini è una delle aree più popolari di artigianato con foglie di fico. Dalle borse ai cappelli ai cestini, gli artigiani trasformano abilmente le foglie in oggetti funzionali ed eleganti.

Pittura naturale

Alcune culture usano le foglie di fico come tela per dipingere. Gli artigiani dipingono motivi e scene di vita quotidiana sulle foglie essiccate, creando opere d'arte uniche ed effimere.

Sculture e ornamenti

Le foglie di fico vengono utilizzate anche per creare sculture e ornamenti. Gli artigiani modellano le foglie in varie forme, le combinano con altri materiali naturali o le dipingono per creare decorazioni ispirate alla natura.

Artigianato religioso e spirituale

In alcune culture, le foglie di fico vengono utilizzate per creare oggetti religiosi e spirituali, come offerte, icone o oggetti devozionali. Queste creazioni catturano la spiritualità e l'estetica della cultura.

Sostenibilità e patrimonio culturale

L'uso delle foglie di fico nell'artigianato tradizionale non è solo esteticamente accattivante, ma contribuisce anche alla sostenibilità. Utilizzando materiali naturali e rinnovabili, gli artigiani preservano l'ambiente perpetuando antiche pratiche artigianali.

Trasmissione della Conoscenza

L'artigianato tradizionale spesso comporta la trasmissione della conoscenza da una generazione a quella successiva. Le tecniche di tessitura, intreccio e intaglio delle foglie di fico vengono tramandate di padre in figlio, preservando un ricco patrimonio culturale.

L'uso delle foglie di fico nell'artigianato tradizionale è un inno alla creatività umana e alla bellezza naturale. Questi fogli, spesso trascurati nel tumulto moderno, offrono agli artigiani la possibilità per creare opere d'arte uniche e senza tempo. Continuando queste tradizioni, gli artigiani onorano la natura e preservano la loro cultura creando oggetti che trascendono il tempo e lo spazio.

Capitolo 82: Evoluzione elegante: alberi di fico nei giardini botanici contemporanei

Gli orti botanici contemporanei sono santuari viventi dove natura e arte si uniscono per creare ecosistemi diversificati e paesaggi incantevoli. Tra i tesori vegetali che adornano questi paradisi verdi, i fichi si distinguono per la loro bellezza, il loro simbolismo storico e il loro contributo all'educazione ambientale. Esploriamo l'importanza degli alberi di fico nei giardini botanici contemporanei e come arricchiscono l'esperienza del visitatore promuovendo al contempo la conservazione e la connessione con la natura.

Ecologia e diversità

Gli alberi di fico, con le loro molteplici specie e varietà, contribuiscono alla diversità biologica degli orti botanici contemporanei. Dai fichi tropicali alle varietà resistenti al freddo, questi alberi versatili si adattano a diversi climi e regioni, creando un ambiente ricco ed ecologicamente equilibrato.

Attrazioni estetiche

La maestosa sagoma dei fichi, con le loro foglie larghe e i rami eleganti, conferisce ai giardini botanici un'estetica che attira lo sguardo e calma la mente. Spesso fungono da punti focali nel paesaggio, aggiungendo una dimensione visiva che affascina i visitatori.

Educazione ambientale

Gli alberi di fico offrono preziose opportunità per l'educazione ambientale. Gli orti botanici utilizzano spesso gli alberi di fico per illustrare concetti come simbiosi, impollinazione, diversità vegetale e adattamenti ecologici. Educano i visitatori sulle complesse interazioni tra le piante e il loro ambiente.

Storia e Cultura

Gli alberi di fico hanno un profondo significato storico e culturale in molte società. Gli orti botanici contemporanei possono utilizzare questi alberi per raccontare storie culturali, spiegare il loro uso nella medicina tradizionale e celebrare il loro posto nell'immaginario collettivo.

Conservazione e Preservazione

Gli orti botanici contemporanei svolgono un ruolo cruciale nella conservazione delle specie vegetali in via di estinzione. Gli alberi di fico, alcuni vulnerabili a causa dei cambiamenti climatici e della perdita di habitat, trovano rifugio in questi giardini. Gli sforzi di conservazione aiutano a preservare queste specie per le generazioni future.

Interazione e meditazione

Gli alberi di fico, con la loro ombra rilassante, forniscono luoghi ideali per l'interazione umana con la natura. I visitatori possono riposarsi sotto i loro rami, meditare o semplicemente godersi l'atmosfera serena che creano.

Ricerca scientifica

Gli orti botanici contemporanei fungono anche da centri di ricerca. Gli alberi di fico sono oggetto di studio per comprenderne la crescita, la riproduzione, la resistenza alle malattie e il loro ruolo negli ecosistemi.

Innovazione nel design

Gli alberi di fico ispirano anche approcci innovativi nella progettazione dei giardini botanici contemporanei. La loro incorporazione in strutture verticali, giardini pensili o concetti paesaggistici sperimentali aggiunge un tocco di originalità a questi spazi.

Gli alberi di fico, con il loro fascino senza tempo e la loro ricchezza ecologica, sono protagonisti dei giardini botaniche contemporanee. Unendo estetica, educazione, conservazione e connessione con la natura, arricchiscono le esperienze dei visitatori e ispirano un rinnovato impegno nella protezione del nostro mondo naturale. In questi paradisi di bellezza e conoscenza, i fichi testimoniano l'elegante evoluzione e l'armoniosa continuità tra uomo e natura.

Capitolo 83: La bellezza della natura: cosmetici a base di fichi e erbe

Nella nostra ricerca di prodotti efficaci per la cura della pelle e la bellezza, i cosmetici a base di erbe hanno guadagnato popolarità per le loro proprietà naturali e benefiche. Tra le gemme botaniche utilizzate in queste formulazioni, il fico si distingue per i suoi benefici nutrienti e rigeneranti per la pelle. Osserviamo l'armonioso connubio tra il fico e i cosmetici a base di erbe, rivelando come questa collaborazione naturale offra un'esperienza di bellezza olistica e rispettosa della natura.

Ricchezza di nutrienti naturali

Il fico, ricco di vitamine, antiossidanti e minerali, è una preziosa fonte di nutrienti per la pelle. I cosmetici a base di fico catturano questa ricchezza naturale, fornendo nutrimento essenziale per una pelle radiosa e luminosa.

Idratazione profonda

Il fico è noto anche per il suo alto contenuto di acqua. I cosmetici a base di fichi forniscono un'idratazione profonda alla pelle, aiutando a mantenere l'equilibrio idrico e prevenendo la disidratazione.

Antiossidanti per la protezione

Gli antiossidanti contenuti nel fico, come i polifenoli, aiutano a proteggere la pelle dai danni causati dai radicali liberi e dall'esposizione ambientale. I cosmetici a base di fico agiscono come una barriera naturale per preservare la salute e la giovinezza della pelle.

Rigenerazione cellulare

Gli enzimi naturali del fico favoriscono la rigenerazione cellulare, rendendolo un prezioso alleato nei prodotti antietà. I cosmetici a base di fico aiutano a ridurre la comparsa delle rughe e favoriscono il rinnovamento della pelle.

Lenitivo per la pelle

Le proprietà antinfiammatorie del fico leniscono la pelle sensibile o irritata. I prodotti al fico aiutano a calmare gli arrossamenti e a ripristinare il naturale equilibrio della pelle.

Armonia con la Natura

I cosmetici a base di fico incarnano un approccio rispettoso della natura. Sfruttando i benefici di questa pianta, i produttori di cosmetici spesso eliminano la necessità di sostanze chimiche aggressive, promuovendo una bellezza sostenibile e rispettosa dell'ambiente.

Esperienza sensoriale

I cosmetici a base di fico offrono un'esperienza sensoriale unica. Texture cremose, aromi delicati e benefici lenitivi creano un'esperienza di cura della pelle ricca e appagante.

Impegno Etico

Scegliendo cosmetici a base di fichi, i consumatori spesso sostengono pratiche di produzione e approvvigionamento etiche. Ciò rafforza la catena di fornitura sostenibile e contribuisce alla preservazione dell'ambiente.

Il fico, con la sua gamma di benefici naturali per la pelle, è diventato un ingrediente prezioso nel settore dei cosmetici a base di erbe. Catturando il potere della natura in formulazioni ecologiche, i cosmetici a base di fico offrono un percorso verso una bellezza radiosa e nutrita dall'interno. Sottolineano la crescente importanza di ritornare alle radici della natura per una bellezza appagante e olistica.

Capitolo 84: Armonia mediterranea: i fichi nella cucina moderna

La moderna cucina mediterranea è una celebrazione della freschezza, della semplicità e dei sapori autentici. Al centro di questa tradizione culinaria c'è l'uso giudizioso di ingredienti locali e stagionali. Tra questi ingredienti, i fichi brillano come un gioiello culinario, apportando un tocco dolce e lussureggiante ai piatti mediterranei. Mostriamo come i fichi si integrano nella moderna cucina mediterranea, aggiungendo una dimensione deliziosa e inaspettata a questa amata tradizione culinaria.

Stagione e Genuinità

La moderna cucina mediterranea celebra la freschezza degli ingredienti di stagione. I fichi, quando sono di stagione, apportano una nota dolce e succosa ai piatti, creando un'autentica esperienza culinaria fedele ai cicli naturali.

Antipasti eleganti

I fichi vengono spesso utilizzati per creare antipasti eleganti e sofisticati. Ad esempio, possono essere abbinati a formaggi locali, prosciutto o noci per creare piatti appetitosi che stuzzicano il palato.

Insalate fresche

I fichi aggiungono un tocco di dolcezza alle insalate, bilanciando i sapori freschi delle verdure. Si possono abbinare ad ingredienti come spinaci, agrumi, noci e formaggi caprini per creare insalate colorate e gustose.

Piatti principali fantasiosi

Nella moderna cucina mediterranea i fichi possono essere utilizzati per creare primi piatti fantasiosi. Ad esempio, possono essere aggiunti a sughi di carne, piatti di pesce o tagine per aggiungere un tocco di dolcezza complessa.

Pizze e Pani

I fichi conferiscono una dimensione unica alle pizze e alle focacce mediterranee. Possono essere utilizzati come guarnizione con formaggi, verdure grigliate ed erbe aromatiche, creando accostamenti di sapori sorprendenti e deliziosi.

Dessert Golosi

I fichi trovano il loro apice nei moderni dolci mediterranei. Possono essere trasformati in marmellate, torte, crostate e pasticcini per aggiungere una dolcezza naturale e un profumo incantevole.

Arte della presentazione

Nella moderna cucina mediterranea, la presentazione è importante quanto i sapori stessi. I fichi, con la loro estetica accattivante, aggiungono un tocco artistico ai piatti, elevando l'esperienza culinaria.

Reinvenzione creativa

Gli chef moderni non si limitano alle ricette tradizionali. Spesso reinventano i classici incorporando ingredienti contemporanei, come i fichi, per creare piatti che onorano la tradizione catturando allo stesso tempo lo spirito di innovazione.

Risonanza culturale

La storia dei fichi nella cultura mediterranea aggiunge una profonda risonanza a questi piatti moderni. I fichi, strettamente legati all'identità culturale della regione, aggiungono una dimensione culturale ed emotiva ai pasti.

I fichi, simboli del Mediterraneo, si inseriscono armoniosamente nella moderna cucina della regione.

Fornendo dolcezza naturale e sapori ricchi, ampliano la tavolozza culinaria celebrando le tradizioni gastronomiche del passato. Nella moderna cucina mediterranea, i fichi incarnano la continuità della storia culinaria apportando allo stesso tempo un tocco di deliziosa modernità.

Capitolo 85: Dolce Saggezza: Il Fico negli Antichi Insegnamenti Spirituali

Per millenni, gli antichi insegnamenti spirituali hanno trovato nella natura simboli e metafore profondi per trasmettere lezioni senza tempo. Tra gli elementi naturali che hanno catturato l'attenzione di pensatori e maestri spirituali, il fico si distingue per il suo ricco simbolismo e il suo ruolo nell'esprimere insegnamenti spirituali. In questo capitolo esploreremo come il fico è stato integrato negli antichi insegnamenti spirituali, offrendo lezioni di crescita, saggezza e connessione spirituale.

Il fico come metafora della crescita spirituale

Il fico, con il suo processo di crescita graduale, è stato utilizzato come metafora dell'evoluzione spirituale. Gli insegnamenti antichi spesso paragonano la crescita dei fichi alla maturazione dell'anima umana, sottolineando che la comprensione spirituale si sviluppa lentamente e fiorisce nel tempo.

Le foglie del fico: simbolo di protezione e conoscenza

In alcune tradizioni le foglie del fico sono considerate simbolo di protezione e conoscenza. La storia biblica di Adamo ed Eva, che si coprirono con foglie di fico dopo aver realizzato la loro nudità, è interpretata come una ricerca di saggezza e discernimento spirituale.

La somiglianza tra il fico e l'essere umano

Gli antichi insegnamenti spirituali hanno spesso sottolineato la somiglianza tra il fico e l'essere umano. Poiché il fico produce frutti dolci, gli individui sono incoraggiati a coltivare qualità interiori gentili, come la gentilezza, la compassione e l'amore.

La resilienza del fico di fronte alle avversità

Il fico, noto per la sua resilienza in ambienti difficili, ha ispirato insegnamenti sulla perseveranza di fronte alle sfide spirituali. Gli insegnanti spirituali hanno utilizzato l'albero di fico per ricordare ai discepoli l'importanza di rimanere forti e impegnati nonostante gli ostacoli.

La metafora del raccolto spirituale

La raccolta dei fichi, stagione dopo stagione, è spesso usata come metafora del raccolto spirituale. Gli antichi insegnamenti paragonano la raccolta dei frutti alla raccolta delle qualità virtuose e della conoscenza spirituale accumulate nel tempo.

Il fico come simbolo di connessione cosmica

In alcune tradizioni spirituali il fico è considerato simbolo della connessione tra il cosmo e l'anima individuale. I rami del fico, che si estendono ampiamente, sono interpretati come un promemoria che l'anima è interconnessa con l'universo.

L'importanza di adesso

I fichi, maturando rapidamente, spesso simboleggiano l'importanza del momento presente. Gli antichi insegnamenti spirituali ci ricordano che la saggezza e la comprensione derivano dall'immergersi completamente nel momento attuale, proprio come assaggiare un dolce fico è un'esperienza da assaporare pienamente.

Il fico, con il suo simbolismo complesso e gli attributi naturali, ha trovato il suo posto negli antichi insegnamenti spirituali come fonte di ispirazione e riflessione. Attraverso metafore visive e lezioni pratiche, il fico è stato un potente mezzo per trasmettere profonde verità spirituali. Collegandosi alla crescita, alla resilienza e alla dolcezza del fico, gli antichi insegnamenti spirituali ci invitano a meditare sul nostro percorso spirituale e a trovare saggezza nella bellezza della natura che ci circonda.

Capitolo 86: Guardiani della Terra: alberi di fico e conservazione del suolo

Nel complesso tessuto dell'ecosistema terrestre, i suoli svolgono un ruolo vitale nel fornire supporto nutritivo alla vegetazione e ospitare una biodiversità essenziale. Tra gli attori che contribuiscono alla preservazione di questi preziosi suoli, i fichi si distinguono per le loro interazioni simbiotiche e la loro capacità di mantenere la salute del suolo. Esaminiamo come gli alberi di fico diventano veri guardiani della terra preservando il suolo e sostenendo l'equilibrio ecologico.

Fichi ed erosione del suolo

Uno dei maggiori contributi dei fichi alla conservazione del suolo è la loro capacità di ridurre l'erosione. I sistemi radicali dei fichi sono noti per la loro profondità e ampiezza, che aggiungono stabilità al suolo e prevengono l'erosione causata da forti venti e piogge torrenziali.

La formazione di un microclima benefico

Gli alberi di fico hanno la capacità di creare attorno a sé un microclima favorevole. Le loro foglie forniscono ombra e lenta evaporazione, creando condizioni più umide nel terreno. Ciò aiuta a mantenere l'umidità del suolo, essenziale per la sua fertilità e la capacità di sostenere la crescita delle piante.

Arricchimento del suolo

Gli alberi di fico hanno la capacità di fissare l'azoto atmosferico nel terreno attraverso associazioni simbiotiche con batteri che fissano l'azoto. Questa fissazione dell'azoto arricchisce il terreno con nutrienti essenziali, promuovendo la crescita sana delle piante vicine.

Creazione di un habitat favorevole

Gli alberi di fico, con il loro complesso apparato radicale e il fogliame rigoglioso, creano ambienti favorevoli alla vita sotterranea. Microrganismi, insetti e piccoli animali trovano rifugio nel terreno fertile sotto i fichi, contribuendo alla salute generale dell'ecosistema.

Miglioramento della qualità del suolo

Le foglie che cadono dagli alberi di fico e i frutti in decomposizione contribuiscono alla formazione di ricchi rifiuti organici. Questa materia organica si decompone nel tempo, migliorando la struttura del suolo, la capacità di trattenere l'acqua e le sue proprietà nutritive.

Interazioni ecologiche benefiche

Gli alberi di fico stabiliscono spesso relazioni simbiotiche con altre piante e alberi. Queste associazioni promuovono la biodiversità creando habitat diversificati e stimolando interazioni ecologiche a beneficio dell'intero ecosistema.

L'ispirazione di una convivenza armoniosa

Gli alberi di fico, con la loro capacità di migliorare il suolo e promuovere l'equilibrio ecologico, offrono ispirazione per una convivenza armoniosa tra uomo e natura. Ci ricordano che la preservazione del suolo è un compito collettivo ed essenziale per garantire la salute del pianeta.

Gli alberi di fico, con il loro contributo significativo alla preservazione del suolo, incarnano il ruolo vitale che gli alberi svolgono nel mantenimento dell'equilibrio ecologico. Riducendo l'erosione, arricchendo il suolo e creando microclimi benefici, gli alberi di fico diventano guardiani della terra, contribuendo alla sostenibilità degli ecosistemi e alla salute del nostro ambiente. Ci ricordano che ogni essere vivente ha un ruolo cruciale da svolgere nel preservare la terra che ci ospita e nel proteggere il suolo che sostiene la vita.

Capitolo 87: Gustosa eredità: il fico nelle tradizioni culinarie dell'America Latina

L'America Latina è un vibrante mosaico di culture, tradizioni e sapori. Al centro delle sue cucine ricche e diversificate, il fico si presenta come un ingrediente iconico che collega il passato e il presente attraverso i suoi vari usi culinari. Immergiamoci nelle tradizioni culinarie dell'America Latina e

Scopriremo come il fico si è inserito con grazia e delizia nelle ricette tradizionali e contemporanee della regione.

Radici storiche

Gli alberi di fico erano già presenti in America Latina molto prima dell'arrivo degli europei, portando questo frutto alla perfetta integrazione nelle cucine indigene. Le culture precolombiane consideravano i fichi una preziosa fonte di nutrimento ed esploravano modi innovativi per incorporarli nella loro dieta.

Piatto principale e contorno

In alcune regioni i fichi sono stati utilizzati come ingrediente principale di piatti salati. Ad esempio, i fichi ripieni di carne macinata, verdure e spezie sono una prelibatezza in alcune cucine dell'America Latina, offrendo un equilibrio unico tra dolcezza e sapore salato.

Salse e Marinate

I fichi hanno trovato la loro strada anche nella creazione di salse e marinate. Il loro sapore dolce e piccante conferisce complessità a queste preparazioni, trasformando piatti di carne e pesce in sensazionali esperienze di gusto.

Dolci Tradizionali

In molti paesi dell'America Latina i fichi vengono trasformati in marmellate, gelatine di frutta e dolci tradizionali. Questi dolci vengono spesso preparati in occasioni particolari e celebrano l'abbondanza del raccolto.

Influenza europea

Anche l'influenza spagnola e portoghese in America Latina ha introdotto l'uso dei fichi nella pasticceria e nei dessert. I fichi secchi vengono spesso utilizzati per aggiungere dolcezza naturale torte, biscotti e crostate.

Modernità e Innovazione

Il fico continua a svolgere un ruolo centrale nelle moderne cucine latinoamericane. Gli chef contemporanei stanno esplorando nuove combinazioni di sapori integrando i fichi in piatti fusion e creativi che combinano tradizioni ancestrali e influenze contemporanee.

Un simbolo di convivialità

In America Latina cucinare è molto più di una semplice necessità, è espressione di convivialità e condivisione. I fichi, con la loro natura gourmet e il loro gusto delizioso, sono spesso associati a questi momenti di condivisione attorno alla tavola.

L'evoluzione della cucina

La presenza dei fichi nelle tradizioni culinarie dell'America Latina testimonia l'evoluzione della cucina nel corso dei secoli. Questo frutto versatile è stato testimone di cambiamenti culinari preservando le radici e la ricchezza dei sapori tradizionali.

Nelle tradizioni culinarie dell'America Latina, il fico risplende come un gioiello gastronomico, portatore di storia e di sapori squisiti. Il suo ruolo in piatti salati, pasticcini, marmellate e dessert testimonia la sua versatilità e adattabilità. Il fico continua a collegare il passato con il presente, collegando culture e generazioni attorno all'amore condiviso per la cucina e la convivialità.

Capitolo 88: Equilibrio olistico: il fico nelle pratiche della medicina ayurvedica

L'Ayurveda, antica scienza della salute originaria dell'India, considera l'alimentazione un pilastro fondamentale del benessere. Tra i tanti ingredienti che arricchiscono le pratiche ayurvediche, il fico si distingue per le sue proprietà medicinali e per il suo contributo all'equilibrio olistico di corpo e mente. Esaminiamo come il fico ha trovato il suo posto prezioso nell'arsenale della medicina ayurvedica, fornendo una prospettiva unica sulla salute e il benessere.

Ruolo nei Dosha

L'Ayurveda identifica tre dosha, o forze biologiche, che influenzano la salute e il temperamento di una persona: Vata, Pitta e Kapha. Il fico, con la sua natura dolce e rinfrescante, è spesso consigliato per bilanciare i dosha Pitta e Vata calmando il fuoco interiore e favorendo il rilassamento.

Digestione e assorbimento

I fichi sono considerati alimenti che favoriscono la digestione. La loro combinazione di fibre solubili e insolubili favorisce il regolare transito intestinale, aiutando ad eliminare le tossine e a mantenere l'equilibrio digestivo.

Proprietà antiossidanti

I fichi sono ricchi di antiossidanti, come polifenoli e flavonoidi, che neutralizzano i radicali liberi nel corpo. Queste proprietà antiossidanti aiutano a rafforzare il sistema immunitario e a prevenire danni cellulari.

Rafforzare il sistema immunitario

Il fico è una fonte di vitamine e minerali essenziali, tra cui vitamina C, potassio e calcio, che rafforzano il sistema immunitario e supportano la salute delle ossa.

Equilibrio dei fluidi

I fichi freschi e secchi sono ricchi di fibre e potassio, che aiutano a mantenere l'equilibrio dei liquidi corporei. Questo bilanciamento dei liquidi aiuta a prevenire il gonfiore e a mantenere un'adeguata idratazione.

Utilizzo in tisane e infusi

I fichi possono essere utilizzati per preparare tisane e infusi dalle proprietà lenitive. Sono spesso combinati con altri ingredienti ayurvedici come le spezie per creare bevande che nutrono e confortano.

Armonizzazione dello Spirito

L'Ayurveda riconosce l'interconnessione tra corpo, mente e anima. I fichi, fornendo supporto nutrizionale ed energetico, svolgono un ruolo nell'armonizzare questi aspetti dell'essere, promuovendo una sensazione di benessere generale.

Rispetto della stagione e dell'individuo

Una caratteristica fondamentale dell'Ayurveda è il rispetto delle stagioni e dei bisogni individuali. I fichi, essendo stagionali e adattati alle temperature calde, vengono integrati nelle diete ayurvediche a seconda delle condizioni climatiche e delle predisposizioni individuali.

Il fico, radicato nel fertile terreno della medicina ayurvedica, incarna i principi olistici di questa antica tradizione. Come ingrediente che supporta la digestione, rafforza il sistema immunitario e riequilibra i dosha, il fico parla della profondità della saggezza ayurvedica. La sua integrazione nelle diete e nelle pratiche di benessere riflette l'approccio globale dell'Ayurveda alla salute, mirando a bilanciare corpo, mente e anima per vitalità e armonia duratura.

Capitolo 89: Tra i mondi: alberi di fico nei miti nordici e celtici

I miti e le leggende dei popoli nordici e celtici sono intrecciati con profonde connessioni tra la natura e il divino. Tra gli elementi naturali che giocano un ruolo significativo in queste storie, i fichi si distinguono come alberi di simbolismo e mistero. In questo capitolo approfondiremo i miti norreni e celtici per scoprire come gli alberi di fico furono incorporati in questi racconti epici e come incarnano concetti come spiritualità, protezione e passaggio tra i mondi.

L'albero del mondo Yggdrasil nella mitologia norrena

Nella mitologia norrena, l'albero del mondo Yggdrasil è una quercia monumentale che collega i nove mondi dell'universo. Sebbene l'albero di fico non appaia direttamente in questa mitologia, il suo simbolismo di albero sacro e di collegamento tra i mondi riecheggia nella rappresentazione di Yggdrasil, sottolineando l'importanza degli alberi nella cosmologia nordica.

Il fico di Fal nella mitologia celtica

La mitologia celtica è ricca di storie in cui gli alberi di fico svolgono un ruolo di primo piano. Il "Fico Fal" è un esempio notevole. Secondo la leggenda il fico si trova a Tara, luogo sacro in Irlanda. Quando un pretendente al trono si trovava su una pietra chiamata Lia Fáil, il fico sarebbe cresciuto o fiorito per confermare la sua legittimità come re. Questa interazione tra il fico e il luogo del potere sottolinea il ruolo dell'albero come testimone e giudice divino.

Il fico come portale tra i mondi

Nei miti celtici gli alberi di fico sono talvolta considerati portali tra il mondo dei vivi e quello degli spiriti. Sono associati ai "sídhes", colline mistiche dove risiedono fate e spiriti. Questi alberi di fico sacri fungono da punti di contatto tra le realtà terrene e quelle spirituali, simboleggiando la connessione tra i mondi.

Il simbolismo della protezione

Gli alberi di fico, con le loro radici profonde e la loro statura imponente, sono spesso visti come simboli di protezione nei miti. Gli alberi di fico offrono la loro ombra, riparo ed energia a chi cerca rifugio, rafforzando l'idea dell'albero come custode delle anime.

L'Alleanza tra Uomo e Natura

I miti nordici e celtici evidenziano la sacra alleanza tra uomo e natura. Gli alberi di fico, in quanto elementi naturali sacri, incarnano questa relazione, ricordando che gli esseri umani sono profondamente legati al mondo naturale e ai suoi misteri.

Il ruolo del fico nelle storie eroiche

Gli alberi di fico compaiono anche nelle storie eroiche di queste culture, spesso come elementi magici o simbolici. Possono rappresentare sfide da superare, consigli divini o punti di riferimento nella ricerca dell'eroe.

Gli alberi di fico, carichi di simbolismo e potere mistico, si inseriscono con grazia nei miti norreni e celtici. Come custodi, protettori e testimoni di eventi straordinari, incarnano l'intimo legame tra uomo e natura in queste antiche tradizioni. Gli alberi di fico ricordano vivente l'importanza di rispettare e preservare l'equilibrio tra il mondo fisico e quello spirituale, in cui l'albero diventa una guida tra i misteri nascosti dell'universo.

Capitolo 90: Gourmandise brillante: il fico nella gastronomia vegetariana

La gastronomia vegetariana è una celebrazione della ricchezza dei sapori naturali, dove verdure, frutta e piante costituiscono la tavolozza del gusto. Tra le perle della cucina vegetariana, il fico brilla come ingrediente versatile e delizioso. Il fico ha conquistato il cuore degli amanti della cucina vegetariana apportando un tocco di eleganza e sapore a una varietà di piatti.

Una festa visiva e di gusto

Il fico, con la sua buccia vellutata e la polpa carnosa, apporta una dimensione visiva alla gastronomia vegetariana. Il suo aspetto attraente crea un effetto visivo che cattura lo sguardo e stimola l'appetito, migliorando l'esperienza culinaria.

Amalgama di sapori

Il fico offre una combinazione unica di dolcezza naturale e note leggermente aspre. Questa giustapposizione di sapori consente ai fichi di abbinarsi armoniosamente con una varietà di ingredienti, dai formaggi alle noci alle verdure verdi.

In Piatti Salati

I fichi aggiungono un tocco dolce e decadente ai piatti salati. Possono essere arrostiti per concentrare i loro sapori o serviti freddi per un contrasto rinfrescante. I fichi si sposano perfettamente con insalate, pizze vegetariane e piatti a base di cereali.

Celebrazione dei formaggi vegani

Fichi e formaggi vegani sono una coppia da sogno. I fichi forniscono una dolcezza naturale che bilancia la ricchezza dei formaggi vegani, creando una sinfonia di consistenze e sapori in ogni boccone.

Nella Pasta e nei Risotti

I fichi diventano ingredienti protagonisti di paste e risotti vegetariani. Aggiungono una dimensione dolce e delicata che completa la ricchezza delle salse e delle preparazioni di riso.

Radianza nei dessert

I fichi sono protagonisti indiscussi dei dolci vegetariani. Possono essere utilizzati per creare squisite crostate, torte, marmellate e composte che deliziano il palato e donano un tocco dolce alla fine del pasto.

Incorporazione nelle bevande

I fichi possono essere inclusi anche nelle bevande vegetariane. Frullati, succhi e tè a base di fichi forniscono una dolcezza naturale e una profondità di sapore uniche.

Una fonte di nutrizione

Oltre al loro gusto divino, i fichi sono anche ricchi di sostanze nutritive. Sono un'ottima fonte di fibre, vitamine e minerali essenziali, contribuendo a una dieta vegetariana equilibrata.

Il fico, con il suo gusto accattivante e la sua capacità di trasformare i piatti vegetariani in squisite delizie, trova un posto speciale nella gastronomia vegetariana. Aggiunge un tocco di eleganza e originalità alle ricette fornendo nutrienti essenziali. I fichi, veri gioielli della natura, celebrano la creatività culinaria e arricchiscono i pasti vegetariani con un'esperienza di gusto ineguagliabile.

Capitolo 91: Il Rinascimento ecologico: alberi di fico e ripristino dell'ecosistema

In un mondo in continua evoluzione, il ripristino degli ecosistemi è diventato una priorità cruciale per mantenere l'equilibrio ambientale. Gli alberi di fico, con le loro proprietà uniche e il loro ruolo ecologico, stanno emergendo come attori chiave nella conservazione e nel ripristino degli ecosistemi. Chiediamoci in che modo il fico è stato coinvolto nel ripristino ecologico, contribuendo alla rigenerazione dei terreni degradati e alla ricostituzione della biodiversità.

Pionieri del Restauro

Gli alberi di fico sono spesso chiamati "alberi pionieri"; grazie alla loro capacità di colonizzare rapidamente i terreni degradati. Le loro radici profonde aiutano a prevenire l'erosione e a stabilizzare il suolo, creando le condizioni affinché altre piante possano ricrescere e rivitalizzare gli ecosistemi.

Partner della micorriza

Gli alberi di fico stabiliscono relazioni simbiotiche con i funghi micorrizici. Questi funghi aiutano a migliorare la struttura del suolo, facilitano il flusso dei nutrienti e promuovono la crescita delle piante circostanti. Pertanto, gli alberi di fico agiscono come "ingegneri dell'ecosistema"; creando un ambiente favorevole al ripristino della biodiversità.

Attrattori della fauna selvatica

Anche gli alberi di fico svolgono un ruolo vitale nell'attrarre la fauna selvatica. I loro frutti dolci forniscono una fonte di cibo per una varietà di animali, come uccelli, pipistrelli e piccoli mammiferi. Attirando queste creature, i fichi partecipano alla dispersione dei semi e rinnovamento degli ecosistemi.

Protezione contro la desertificazione

Nelle regioni soggette alla desertificazione, gli alberi di fico possono svolgere un ruolo cruciale nel prevenire questa minaccia. Il loro ampio apparato radicale aiuta a mantenere l'umidità del suolo e previene la diffusione della terraferma, contribuendo a preservare le aree colpite dal degrado.

Riabilitazione delle aree urbane

Gli alberi di fico vengono utilizzati anche nel recupero delle aree urbane degradate. La loro capacità di prosperare in ambienti difficili li rende candidati ideali per rinverdire gli spazi urbani, migliorare la qualità dell'aria, fornire ombra e creare habitat per la fauna selvatica.

Ripristino della biodiversità

Gli alberi di fico fungono da "fari di biodiversità", attirando una moltitudine di specie vegetali e animali. Fornendo risorse e habitat, i fichi aiutano a ripristinare l'equilibrio ecologico e a promuovere la convivenza armoniosa degli esseri viventi.

Gli alberi di fico, con il loro ruolo multifunzionale nel ripristino dell'ecosistema, sono veri alleati nella ricerca della preservazione dell'ambiente. La loro capacità di rivitalizzare i suoli, attrarre la fauna selvatica e creare nicchie ecologiche li rende elementi cruciali nella ricostituzione di ecosistemi fragili. Gli alberi di fico illustrano in modo eloquente il potenziale della natura di autorigenerarsi, offrendo un barlume di speranza negli sforzi globali volti a ripristinare e preservare la bellezza e la diversità del nostro pianeta.

Capitolo 92: L'essenza scolpita: l'arte di intagliare il legno di fico

L'arte dell'intaglio del legno ha una lunga storia, che trascende culture ed epoche per dare vita a opere dalla bellezza senza tempo. Tra i legni pregiati utilizzati per questa forma di espressione artistica, il fico si distingue per la sua consistenza distintiva e il carattere unico. In questo capitolo, noi

Approfondiremo l'arte dell'intaglio del legno di fico, esplorando come questo materiale fornisca una tela unica per la creatività e l'espressione artistica.

L'eleganza della materia

Il legno di fico, con i suoi motivi vorticosi, le venature organiche e le aree contrastanti di chiaro e scuro, offre una tavolozza visiva stimolante per gli intagliatori. Ogni pezzo di legno di fico è di per sé un'opera d'arte, portando le tracce della crescita e del tempo dell'albero.

La danza della natura

I motivi naturali del legno di fico evocano l'aspetto organico e mutevole della natura stessa. Le sculture in legno di fico spesso catturano forme biomorfiche, riflettendo il modo in cui la vita assume forme fluide e mutevoli in natura.

Lavoro artistico meticoloso

La scultura in legno di fico richiede una miscela di competenza tecnica e creatività artistica. Gli intagliatori devono tenere conto delle variazioni delle venature, della diversa durezza e delle proprietà specifiche del legno per creare opere che trascendono i limiti del materiale.

Una connessione intima con la materia

Gli intagliatori del legno di fico spesso sviluppano un rapporto intimo con il materiale. Ascoltano le storie che il legno racconta loro attraverso i suoi disegni, si adattano ai capricci delle venature e danno vita a creazioni che sono un omaggio all'essenza dell'albero.

Un dialogo tra lo scultore e il legno

La scultura in legno di fico è un dialogo tra l'artista e la materia. Lo scultore lavora in armonia con il legno, trovando forme che si fondono con le sue caratteristiche naturali creando qualcosa di nuovo e bello.

La valorizzazione dell'imperfezione

Le sculture in legno di fico spesso celebrano le imperfezioni e le irregolarità del materiale. Nodi, crepe e motivi insoliti diventano elementi di design unici, aggiungendo carattere e profondità al lavoro finito.

Un patrimonio culturale e artistico

La scultura in legno di fico è spesso radicata nelle tradizioni culturali e artistiche. In alcune culture, il fico è considerato sacro e le sculture in legno di fico possono portare significati culturali profondi, trasmettendo storie, credenze e valori.

L'arte dell'intaglio del legno di fico trascende i confini tra arte e natura, artista e materiale. Ogni opera nasce da una collaborazione tra lo scultore e il legno, catturando l'essenza stessa dell'albero e la creatività umana. Le sculture in legno di fico testimoniano la bellezza naturale, la maestria artistica e il profondo legame tra uomo e natura, creando opere che continueranno a ispirare e stupire le persone e le generazioni future.

Capitolo 93: Tra mondi: il fico nella letteratura fantasy contemporanea

La letteratura fantasy contemporanea esplora i recessi inesplorati dell'immaginazione umana, intrecciando racconti che sfidano i limiti della realtà. Tra gli elementi evocati in questi mondi straordinari, il fico emerge come simbolo ricco di mistero e simbolismo. Esaminiamo come il fico trova il suo posto nella letteratura fantasy contemporanea, come elemento che trascende i confini della realtà e apre le porte ad universi incantevoli.

Portale magico verso l'ignoto

Nella letteratura fantasy, il fico è spesso usato come portale mistico verso altri mondi. I protagonisti possono entrare in un universo parallelo attraversando un albero di fico, creando così un collegamento tra il mondo tangibile e quello fantastico. Il fico diventa il simbolo del ponte tra la realtà e lo straordinario.

Il fico incantato

In alcuni racconti fantastici, il fico viene presentato come un frutto incantato, dotato di poteri magici. I personaggi possono essere trasformati, curati o dotati di conoscenze eccezionali consumando fichi speciali. Questa rappresentazione evidenzia la natura mistica del frutto e il suo potenziale di cambiare il corso del destino.

Il magico giardino dei fichi

I giardini di fichi nella letteratura fantasy spesso diventano paradisi di magia e segreti. Questi giardini sono luoghi dove il tempo si piega, dove risiedono creature straordinarie e dove la realtà è plasmata dai desideri e dai sogni dei personaggi. Gli alberi di fico, con le loro caratteristiche uniche, diventano i guardiani di questi giardini incantati.

Il fico protettivo

In alcune storie fantasy, gli alberi di fico sono presentati come guardiani e protettori di segreti nascosti. I loro rami intrecciati e la fitta ombra creano un rifugio sicuro per i personaggi, aiutandoli a sfuggire alle forze oscure o a trovare rifugio in mondi incerti.

Il simbolismo della trasformazione

Gli alberi di fico nella letteratura fantasy possono simboleggiare la trasformazione e l'evoluzione dei personaggi. Mentre l'albero stesso attraversa cicli di crescita e cambiamento, i personaggi possono trovare gli specchi del proprio viaggio attraverso gli alberi di fico, ispirando la propria ricerca di scoperta personale.

La dualità della realtà

Il fico nella letteratura fantasy spesso incarna la dualità tra realtà e immaginazione. IL

I personaggi possono perdersi tra le foglie di un albero di fico, viaggiare tra mondi e interrogarsi su cosa è reale e cosa non lo è, invitando i lettori a esplorare i confini della percezione.

Il fico nella letteratura fantasy contemporanea è molto più di un semplice frutto. Diventa un simbolo dell'ignoto, della magia e della trasformazione, aggiungendo profondità e complessità ai mondi fantastici. Gli alberi di fico fungono da portali, guardiani e catalizzatori del meraviglioso, invitando i lettori a varcare i confini della realtà per esplorare gli affascinanti recessi dell'immaginazione.

Capitolo 94: Sviluppo urbano: alberi di fico nei giardini urbani

Nel cuore delle città frenetiche, dove cemento e acciaio dominano il paesaggio, i giardini urbani sorgono come oasi verdi, offrendo un rifugio alla natura nel mezzo della frenetica urbanità. Tra gli elementi che si fanno strada in questi spazi verdi, emergono gli alberi di fico come simboli di connessione con la natura e di collegamento tra passato e presente. Gli alberi di fico si inseriscono armoniosamente nei giardini urbani, apportando un tocco di rusticità e serenità all'ambiente cittadino.

Il ritorno alla natura in un ambiente urbano

Gli alberi di fico, con le loro foglie rigogliose e l'aspetto organico, incarnano il ritorno alla natura nel cuore della giungla urbana. La loro presenza negli orti urbani offre ai residenti l'opportunità di disconnettersi temporaneamente dal ritmo frenetico della vita urbana e riconnettersi con la tranquillità che solo la natura può offrire.

Creatori dell'equilibrio ecologico

Gli alberi di fico nei giardini urbani non sono solo elementi decorativi, ma svolgono anche un ruolo essenziale nell'equilibrio ecologico. Le loro foglie forniscono ombra, contribuendo a ridurre l'effetto isola di calore urbana, mentre le loro radici aiutano a prevenire l'erosione del suolo e a mantenerne la qualità.

Collegamento con il passato storico

Gli alberi di fico hanno una lunga storia e un profondo significato culturale, in particolare nelle regioni mediterranee. Integrando gli alberi di fico nei giardini urbani, designer e urbanisti stanno creando una sottile connessione con il passato, richiamando antiche tradizioni e costruendo al contempo un futuro sostenibile.

Celebrazione della biodiversità

Gli alberi di fico, attirando una varietà di uccelli, insetti e altre creature, contribuiscono alla biodiversità dei giardini urbani. Forniscono habitat per la fauna selvatica e creano un ecosistema in miniatura, ricordando ai residenti delle città la ricchezza della vita naturale.

Cibo per l'anima e il corpo

La presenza dei fichi negli orti urbani può avere benefici tangibili anche per i residenti. I fichi maturi sono una deliziosa ricompensa, che invita i passanti a raccogliere un frutto fresco dal giardino e goderne i benefici nutrizionali.

Mediazione tra gli opposti

Gli alberi di fico, con la loro enigmatica bellezza, creano armonia tra gli elementi contrastanti della natura e della città. Collegano la verticalità dei grattacieli all'orizzontalità della terra, formando un ponte visivo tra artificio urbano e realtà naturale.

Gli alberi di fico nei giardini urbani sono molto più che semplici alberi decorativi. Fungono da ambasciatori della natura, offrendo uno spazio di pace e riflessione in mezzo al tumulto urbano. La loro presenza riflette il nostro innato desiderio di connessione con il mondo naturale, fornendo allo stesso tempo benefici ecologici ed estetici agli spazi urbani. Incorporando gli alberi di fico negli orti urbani, tessiamo una connessione vivente tra passato, presente e futuro, creando paradisi verdi che arricchiscono le nostre vite e rendono le città più sostenibili ed equilibrate.

Capitolo 95: La dolcezza della natura: fichi e cura naturale della pelle

Nel corso dei secoli, l'uomo ha cercato di attingere alla natura per trovare soluzioni di bellezza e benessere. Tra i tesori naturali che hanno catturato l'attenzione degli appassionati di skincare, il fico emerge come un ingrediente prezioso, in grado di offrire molteplici benefici alla pelle. Il fico è diventato un componente chiave della cura naturale della pelle, fornendo morbidezza e cura al nostro guscio più esterno.

Una fonte di antiossidanti

I fichi sono ricchi di antiossidanti, queste potenti molecole che combattono i radicali liberi responsabili dell'invecchiamento precoce della pelle. Gli estratti di fico presenti nei prodotti per la cura della pelle possono aiutare a ridurre i segni dell'invecchiamento e a mantenere la pelle luminosa e giovane.

Idratazione profonda

Il fico è naturalmente ricco di acqua, il che lo rende un idratante naturalmente efficace per la pelle. I prodotti per la cura della pelle al fico aiutano a idratare in profondità, lenire la pelle secca e prevenire la perdita di umidità, lasciando la pelle morbida ed elastica.

Esfoliazione delicata

Gli enzimi naturali presenti nei fichi possono esfoliare delicatamente la pelle, rimuovendo le cellule morte e rivelando una carnagione più luminosa. I prodotti esfolianti a base di fico possono aiutare ad affinare la grana della pelle, ridurre le imperfezioni e favorire il ricambio cellulare.

Trattamento delle condizioni della pelle

Il fico è noto anche per le sue proprietà antinfiammatorie e lenitive. Può essere utilizzato per calmare le irritazioni, alleviare il rossore e lenire la pelle sensibile. I prodotti a base di fichi possono aiutare a trattare condizioni della pelle come eczema e dermatiti.

Luminosità naturale

Il fico è ricco di vitamine e minerali essenziali per la salute della pelle. I nutrienti come la vitamina C aiutano a schiarire il tono della pelle, a ridurre le macchie scure e a donare alla pelle una luminosità naturale e radiosa.

Una fusione di natura e bellezza

L'uso del fico nella cura della pelle rientra nella tendenza crescente tra i consumatori a cercare prodotti più naturali e rispettosi dell'ambiente. I prodotti a base di fico offrono una piacevole esperienza sensoriale stabilendo una connessione con la natura e i suoi benefici.

Sostenibilità etica

I fichi, in quanto ingredienti naturali, contribuiscono anche alla sostenibilità e alla responsabilità ambientale. Le aziende di cura della pelle che includono estratti di fico nei loro prodotti evidenziano pratiche ecocompatibili e incoraggiano un consumo responsabile.

Il fico, questo frutto ricco di dolcezza e benefici, ha trovato il suo posto prezioso nel mondo della cura naturale della pelle. Incorporando il fico nei nostri rituali di bellezza, ci connettiamo con il potere della natura di nutrire, lenire e abbellire la nostra pelle. La cura della pelle al fico offre un'esperienza olistica, un'armonia tra l'antica conoscenza dei benefici naturali e le esigenze contemporanee di una bellezza sostenibile.

Capitolo 96: Delizie esotiche: fichi nelle tradizioni culinarie asiatiche

Le tradizioni culinarie asiatiche sono un vero viaggio nel gusto, offrendo una ricca varietà di sapori, ingredienti e tecniche di cottura unici. Tra i tesori gastronomici della regione, i fichi hanno trovato il loro posto come ingrediente versatile e delizioso. I fichi si inseriscono perfettamente nella tradizione culinaria asiatica, aggiungendo un tocco dolce e sontuoso a piatti già famosi per la loro complessità e diversità.

Una fusione di gusti e culture

Fichi, anche se tradizionalmente associati alle regioni mediterranee, si sono fatte strada nelle cucine asiatiche per creare accostamenti di sapori inaspettati e deliziosi. Incarnano una fusione tra culture, collegando terre lontane attraverso il piacere gastronomico.

Il sottile equilibrio dei sapori

Nelle tradizioni culinarie asiatiche l'equilibrio dei sapori è fondamentale. I fichi, con la loro naturale dolcezza, apportano una sottile nota dolce ai piatti che contrasta con i sapori salati, speziati e aspri caratteristici della cucina asiatica.

La presenza nei piatti salati e dolci

I fichi sono versatili e possono essere utilizzati in una varietà di piatti salati e dolci. Possono essere incorporati in piatti di carne, stufati, insalate, piatti di riso e persino zuppe. Inoltre, aggiungono un tocco di dolcezza ai dolci tradizionali come pasticcini, gelatine e marmellate.

Armonia con le spezie

I fichi si sposano armoniosamente con le spezie e le erbe aromatiche spesso utilizzate nella cucina asiatica. Possono bilanciare il piccante del peperoncino, esaltare il sapore del curry e aggiungere un tocco di eleganza ai piatti piccanti.

Presentazione artistica

La presentazione è un elemento cruciale nella cucina asiatica e i fichi conferiscono un'estetica accattivante ai piatti. I loro colori vivaci e la forma distinta aggiungono un tocco visivo all'arte culinaria asiatica, creando un sorprendente contrasto con gli altri ingredienti.

Celebrazione delle stagioni

In alcune cucine asiatiche i fichi vengono celebrati in base alla loro stagionalità. Si utilizzano quando sono più freschi e abbondanti, aggiungendo una dimensione stagionale ai piatti e alle festività.

Un nuovo paradigma culinario

L'integrazione dei fichi nelle tradizioni culinarie asiatiche è una testimonianza della creatività di chef e cuochi che spingono i confini della tradizione rispettando le radici culturali. I fichi aggiungono una nuova dimensione ai piatti classici e contribuiscono all'evoluzione della moderna cucina asiatica.

I fichi, con la loro naturale dolcezza e versatilità, sono diventati una parte armoniosa delle tradizioni culinarie asiatiche. Incorporando questo ingrediente unico, chef e cuochi creano una sinfonia di gusto che celebra la varietà e la diversità dei sapori asiatici. I fichi continuano ad arricchire il repertorio culinario della regione, aggiungendo una squisita nota dolce a piatti già ricchi di storia, cultura e innovazione.

Capitolo 97: La resurrezione della terra: alberi di fico e rigenerazione delle terre aride

Le zone aride, degradate dalle dure condizioni climatiche e dall'uso inappropriato, sono spesso considerate aree desolate e sterili. Tuttavia, tra i tanti miracoli della natura, gli alberi di fico emergono come agenti di rigenerazione capaci di trasformare questi paesaggi desolati in paradisi di vita. Gli alberi di fico svolgono un ruolo cruciale nella rigenerazione delle zone aride, rivelando la loro incredibile capacità di respirare la vita dove sembrava perduta.

Un miracolo botanico

Gli alberi di fico sono pionieri nelle regioni aride, dotati della capacità di stabilirsi in terreni poveri e di resistere a condizioni ambientali estreme. Le loro radici profonde e la capacità di immagazzinare acqua li rendono candidati ideali per ripristinare l'equilibrio ecologico nelle aree degradate.

Fornitori di umidità e nutrienti

Gli alberi di fico, attraverso il loro processo di traspirazione, rilasciano umidità nell'atmosfera circostante, creando attorno a loro un microclima più umido. Questa maggiore umidità può incoraggiare la crescita di altre piante, contribuendo a ripristinare gli ecosistemi.

Inoltre, gli alberi di fico producono foglie e frutti ricchi di sostanze nutritive, che cadono a terra e si decompongono, arricchendo il terreno di materia organica e minerali essenziali.

Ospiti per la biodiversità

Gli alberi di fico svolgono anche un ruolo cruciale nel fornire habitat e cibo a una varietà di animali selvatici. Uccelli, insetti e piccoli mammiferi sono attratti dai fichi per nutrirsi dei loro frutti, foglie e insetti associati, contribuendo a ripristinare la catena alimentare locale.

Lotta contro l'erosione e la desertificazione

Nelle regioni aride, l'erosione e la desertificazione rappresentano i maggiori problemi. Gli alberi di fico, con il loro ampio apparato radicale, possono stabilizzare il suolo e prevenire l'erosione. Le loro radici aiutano a trattenere l'umidità e a proteggere il terreno dai forti venti e dalle piogge intense.

Ripristino dell'equilibrio ecologico

Quando gli alberi di fico si stabiliscono nelle terre aride, creano un benefico effetto a cascata. Le loro azioni incoraggiano la crescita di altre piante, attirando più animali e creando così un ecosistema che regola naturalmente i cicli ecologici.

Gli alberi di fico sono ambasciatori di speranza nelle terre aride. La loro capacità di rigenerare i suoli, creare microclimi più favorevoli e fungere da pilastri per la biodiversità illustra il loro ruolo vitale nel ripristinare gli ecosistemi in difficoltà. Collaborando con gli alberi di fico, possiamo imparare dalla natura stessa come rivitalizzare terre che sembrano desolate, ricordandoci che la vita ha il potere di prosperare anche nelle condizioni più inospitali.

Capitolo 98: Antica conoscenza e saggezza dei fichi: il fico nei racconti della saggezza orientale

I racconti della saggezza orientale sono stati intrecciati nel corso dei secoli per trasmettere lezioni profonde sulla vita, la spiritualità e la natura umana. Tra i simboli evocativi che costellano queste storie, il fico emerge come elemento ricorrente, portatore di un significato ricco e complesso. Nei racconti della saggezza orientale il fico occupa un posto centrale, rivelando le verità universali che incarna.

Il fico come metafora della conoscenza

In molti racconti orientali il fico è rappresentato come l'albero della conoscenza e dell'illuminazione. Le sue foglie grandi e abbondanti simboleggiano la vasta estensione di saggezza e comprensione che si può ottenere nella ricerca della verità.

La ricerca della saggezza interiore

In questi racconti il fico diventa un rifugio per uomini saggi e ricercatori spirituali che si isolano alla sua ombra per meditare e cercare la verità interiore. Il fico rappresenta quindi un luogo di ritiro, dove trovare la tranquillità necessaria per approfondire questioni esistenziali.

Il ciclo della vita e della morte

Gli alberi di fico, con i loro cicli di crescita, fruttificazione e riposo, riflettono i cicli naturali della vita e della morte. Nei racconti orientali, il fico è spesso usato per ricordare ai lettori la natura transitoria dell'esistenza umana e l'importanza di abbracciare ogni momento.

Il fico come simbolo di generosità

I racconti della saggezza orientale spesso mostrano alberi di fico che offrono i loro frutti a tutti coloro che li cercano. Questa generosità simboleggia l'importanza di condividere conoscenza, saggezza e benedizioni con gli altri, evocando l'idea di abbondanza spirituale.

Il fico e la ricerca della verità

In alcune storie, il fico viene utilizzato per illustrare la ricerca infinita della verità. I fichi, con la loro polpa dolce e succosa, nascondono minuscoli semi, a simboleggiare la ricerca della profondità nascosta dietro le apparenze superficiali.

Il fico come promemoria dell'equilibrio

Gli alberi di fico, con la loro connessione con la terra e la loro ricerca del sole, illustrano l'importanza dell'equilibrio tra lo spirituale e il materiale. I racconti evidenziano come gli alberi di fico fioriscono quando ricevono cure sia dal cielo che dalla terra.

À Attraverso racconti di saggezza orientale, il fico diventa molto più di un semplice albero. Lui è un simbolo vivere dalla ricerca della conoscenza, della generosità, della verità e dell'equilibrio. Queste storie senza tempo ci ricordano che la saggezza può essere trovata nella natura e che il fico, con la sua bellezza e i suoi misteri, ci guida verso verità universali che trascendono i confini del tempo e della cultura.

Capitolo 99: Gli alberi di fico come pilastri della sostenibilità: l'agroforestazione al servizio dell'ecosistema

L'agroforestazione, un approccio integrato all'uso del territorio, collega l'agricoltura con la silvicoltura per creare ecosistemi produttivi e sostenibili. Tra gli attori chiave di questa strategia, gli alberi di fico si distinguono per la loro capacità di promuovere la rigenerazione del suolo, favorire la biodiversità e sostenere il sostentamento delle comunità locali. In questo capitolo esploreremo il ruolo vitale dei fichi nell'agroforestazione sostenibile, evidenziando il loro potenziale nel creare un equilibrio armonioso tra produzione alimentare e preservazione dell'ambiente.

Stabilire una coesistenza vantaggiosa

L'agroforestazione si basa sull'idea dell'interdipendenza tra alberi e colture. Gli alberi di fico, con la loro capacità di crescere in terreni marginali e di tollerare condizioni difficili, forniscono una struttura forte per i sistemi agroforestali. Creano microclimi favorevoli per le colture regolando la temperatura, l'umidità e la luce.

Ripristino del suolo e prevenzione dell'erosione

I sistemi agroforestali che incorporano alberi di fico contribuiscono alla rigenerazione dei suoli degradati. Le radici profonde degli alberi di fico aiutano a trattenere l'umidità e a prevenire l'erosione, creando condizioni adatte alla crescita delle colture e alla conservazione a lungo termine dei terreni agricoli.

Biodiversità e habitat della fauna selvatica

Gli alberi di fico fungono da punti focali per la biodiversità. I loro frutti, foglie e rami attirano una varietà di animali, come uccelli, insetti e piccoli mammiferi. Questa diversità biologica contribuisce all'equilibrio dell'ecosistema, favorendo l'impollinazione, la regolazione dei parassiti e il rinnovamento dei nutrienti.

Sostegno ai mezzi di sostentamento

Gli alberi di fico nei sistemi agroforestali possono fornire una fonte di reddito e cibo per le comunità locali. I frutti possono essere venduti nei mercati, trasformati in sottoprodotti o utilizzati per il consumo familiare. Inoltre, gli alberi di fico forniscono ombra al bestiame e quindi contribuiscono all'allevamento degli animali.

Educazione ambientale

L'agroforestazione con alberi di fico offre anche opportunità di educazione ambientale. Le comunità locali possono conoscere le pratiche sostenibili, l'importanza di preservare il biodiversità e l'interconnessione degli elementi naturali nel loro ambiente.

Gli alberi di fico sono al centro dell'agroforestazione sostenibile, illustrando come un approccio equilibrato tra agricoltura e silvicoltura possa creare ecosistemi fiorenti. Promuovendo il ripristino del suolo, la biodiversità, la rigenerazione del territorio e sostenendo le comunità locali, gli alberi di fico incarnano l'essenza stessa dell'agroforestazione. La loro presenza nutre il suolo, sostiene la fauna selvatica e rafforza le relazioni tra gli esseri umani e il loro ambiente.

Capitolo 100: Eleganza in miniatura: gli alberi di fico nell'arte del bonsai

L'arte del bonsai, antica forma d'arte originaria dell'Asia, incarna la bellezza e l'armonia della natura attraverso la coltivazione di piccoli alberi in vaso. Tra le specie apprezzate per questa delicata pratica, gli alberi di fico si distinguono per la loro adattabilità, il fogliame attraente e la capacità di evocare la grandiosità della natura in un piccolo spazio. gli alberi di fico hanno preso d'assalto il mondo dei bonsai, offrendo uno sguardo accattivante sulla simbiosi tra uomo e natura attraverso la creazione di queste venerate miniature.

L'espressione della vita in miniatura

Il bonsai di fico è molto più di una semplice pianta in vaso. È un'opera d'arte che racchiude lo spirito di un albero maturo in un piccolo spazio. Il fico, con le sue caratteristiche distintive e il tronco contorto, fornisce una tela perfetta per gli artisti bonsai per esprimere la bellezza e la vitalità della natura.

Tempo e pazienza

Creare un bonsai di fico richiede estrema pazienza. Facendo crescere un giovane albero per assomigliare alla sua controparte più vecchia in natura, gli artigiani bonsai creano un'opera che racconta la storia del tempo e della crescita.

Un equilibrio tra precisione e naturalezza

L'arte del bonsai si basa sull'equilibrio tra precisione tecnica e aspetto naturale. I fichi, con le loro forme tortuose e il fogliame denso presentano sfide uniche. Gli artisti bonsai devono modellare gli alberi con cura, rispettando la loro crescita naturale e donando loro un'estetica elegante.

Simbolismo spirituale

In molte culture asiatiche, gli alberi di fico simboleggiano longevità, prosperità e saggezza. I fichi bonsai incarnano questi attributi, ricordando costantemente l'importanza di connettersi con la natura e di rispettarne i cicli.

Imparare l'umiltà

Coltivare alberi di fico bonsai insegna l'umiltà. Gli artisti imparano a lavorare in armonia con i ritmi della natura, ad ascoltare gli alberi e ad adattarsi alle esigenze specifiche di ogni esemplare. Questo processo di apprendimento ci ricorda che anche nell'arte l'uomo, in definitiva, collabora con la grandezza naturale.

Gli alberi di fico si sono guadagnati un posto nella squisita arte dei bonsai come simboli viventi di bellezza, pazienza e convivenza armoniosa con la natura. Gli artisti bonsai si divertono a trasformare questi alberi in miniature che trasmettono un messaggio di rispetto per la natura e celebrazione della vita. I fichi bonsai continueranno ad affascinare e ispirare le generazioni future con la loro eleganza senza tempo e la capacità di connettere gli esseri umani allo splendore della natura in miniatura.

Capitolo 101: Una festa di sapori: il fico nelle tradizioni culinarie indiane

L'India, ricca di diversità culturale e culinaria, è sempre stata un crogiolo di sapori e tradizioni. Al centro di questa variegata tavolozza di gusti, il fico spicca come ingrediente prezioso, sia per il suo gusto delizioso che per i significati simbolici che racchiude in sé. In questo capitolo approfondiamo le tradizioni culinarie indiane in cui il fico occupa un posto d'onore, rivelando come tesse un filo tra il cibo, la cultura e il cuore degli indiani.

Fico: un tesoro di dolcezza naturale

I fichi, con la loro polpa dolce e succosa, aggiungono una dolcezza naturale ai piatti indiani. Vengono utilizzati in una varietà di preparazioni, dai curry piccanti ai dessert golosi, aggiungendo un sapore sottile e un piacevole tocco di dolcezza.

Fichi secchi nella cucina indiana

I fichi secchi, chiamati anche anjeer, occupano un posto d'onore nei dolci indiani. Con loro si preparano spesso i barfis (dolci a base di latte e zucchero), gli halwas (torte dolci di semolino) e i laddus (sfere dolci). I fichi secchi conferiscono a queste creazioni una consistenza gommosa e una dolcezza naturale.

Il simbolismo della fig

In India il fico è associato alla prosperità, alla salute e alla fertilità. Viene spesso offerto come offerta nei templi e utilizzato durante le celebrazioni religiose e familiari. Questo simbolismo rafforza il legame tra il fico e la cultura indiana, rendendo questo frutto un ingrediente significativo nelle pratiche culinarie e spirituali.

Usi creativi in cucina

I fichi vengono utilizzati anche in piatti salati come chutney e condimenti. Aggiungono una nota dolce-speziata agli accompagnamenti tradizionali, creando un equilibrio di sapori caratteristico della cucina indiana.

L'influenza delle regioni

La diversità regionale dell'India si riflette nell'uso dei fichi. Nel Kashmir, ad esempio, sono un ingrediente fondamentale nella preparazione di piatti ricchi e aromatici. Nel sud dell'India possono essere utilizzati in piatti a base di cocco e riso.

Il fico come metafora culturale

Il fico, con la sua varietà di preparazioni e significati, diventa metafora culturale dell'India stessa: diversa, complessa e intrisa di una profonda ricchezza culturale.

Le tradizioni culinarie indiane sono una celebrazione della diversità di sapori e simboli. Il fico, con la sua deliziosa dolcezza e il potente simbolismo, tesse un filo tra cucina, cultura e spiritualità. Il suo utilizzo creativo in piatti sia dolci che salati incarna la ricchezza della cucina indiana, ricordandoci al tempo stesso che il cibo può essere molto più di una semplice esperienza di gusto: può essere un'espressione di cultura e di cuore.

Capitolo 102: L'arte della coltivazione tradizionale del fico: metodi tramandati di generazione in generazione

Generazione

La coltivazione del fico ha una lunga storia che risale ai tempi antichi e i metodi di coltivazione tradizionali sono stati preservati e tramandati di generazione in generazione. Questi metodi rispettano la simbiosi tra l'albero e l'ambiente, garantendo allo stesso tempo un raccolto abbondante e di qualità. I metodi tradizionali di coltivazione del fico sono sopravvissuti nel tempo, riflettendo un rapporto armonioso tra uomo e natura.

Selezione e messa a dimora delle varietà

I metodi di coltivazione tradizionali iniziano con l'attenta selezione delle varietà di fichi. Vengono scelte varietà adattate al clima e al terreno locali per garantire il successo del raccolto. Gli alberi di fico vengono solitamente piantati in autunno o in primavera, quando le condizioni sono favorevoli affinché possano attecchire.

Scelta della posizione

La posizione della piantagione è cruciale nella coltivazione tradizionale del fico. È preferibile una posizione soleggiata con terreno ben drenato. Gli alberi di fico vengono spesso piantati vicino a muri o edifici per trarne vantaggio calore e protezione dai venti freddi.

Cura e potatura

La manutenzione dei fichi segue un ritmo stagionale. Durante i primi anni particolare attenzione viene posta alle annaffiature regolari per favorire la radicazione. In inverno, gli alberi di fico vengono potati per rimuovere i rami morti e favorirne una crescita sana.

Protezione contro malattie e parassiti

I metodi tradizionali includono anche tecniche per proteggere i fichi da malattie e parassiti. Pratiche come la rotazione delle colture, l'applicazione di rimedi naturali e la piantagione di consociati benefici vengono implementate per mantenere la salute dei fichi.

Utilizzo di fertilizzanti naturali

Gli agricoltori tradizionali spesso preferiscono l'uso di fertilizzanti naturali come compost e letame per arricchire il terreno con nutrienti essenziali. Questo approccio rispetta l'equilibrio ecologico e promuove la salute a lungo termine dei fichi.

Raccolto e consumo

La raccolta dei fichi è un momento cruciale. Gli agricoltori osservano attentamente il colore e la consistenza dei frutti per determinarne la maturazione. I fichi vengono raccolti a mano e consumati freschi o trasformati in sottoprodotti come marmellate, conserve o essiccati.

Trasmissione della Conoscenza

I metodi tradizionali di coltivazione del fico vengono spesso tramandati oralmente di generazione in generazione. Gli anziani condividono le loro conoscenze ed esperienze con i più giovani, garantendo la sostenibilità di questi preziosi metodi.

I metodi tradizionali di coltivazione del fico sono un patrimonio culturale ed ecologico che onora il rapporto tra uomo e natura. Questi approcci rispettosi dell'ambiente e del clima sono sopravvissuti nel corso dei secoli, testimoniando l'efficacia dell'armonia con cui l'uomo può coltivare la terra per il proprio sostentamento.

Capitolo 103: Il fico nella cucina nordafricana: un viaggio nel gusto attraverso i sapori

Tradizionale

La cucina nordafricana, ricca di spezie, consistenze e storie, incarna la diversità culturale della regione. Tra i preziosi ingredienti che si intrecciano per creare piatti memorabili, il fico si distingue per il suo sapore dolce, la sua versatilità e il suo simbolismo culturale.

Fichi e tradizioni culinarie

Nei paesi del Maghreb i fichi vengono integrati in svariati piatti, dall'antipasto al dessert. La loro naturale dolcezza si sposa perfettamente con i sapori audaci e le spezie caratteristici della cucina nordafricana.

Antipasti eleganti

I fichi freschi o secchi, accompagnati da formaggio, noci e miele, costituiscono antipasti raffinati che bilanciano consistenze e sapori. Questi accostamenti creano sinfonie di sapori che risvegliano i sensi e preparano i palati al banchetto che verrà.

Ingredienti versatili

I fichi sono usati in modo versatile nella cucina nordafricana. Possono essere incorporati nelle tagine, questi emblematici piatti a cottura lenta della regione, dove apportano una sottile dolcezza che contrasta con i sapori speziati di carne e verdure.

Frutta Di Stagione

I fichi freschi sono spesso utilizzati nelle ricette stagionali. Quando abbondanti, diventano il fulcro di moltissimi piatti, dalle insalate alle torte, marmellate e pasticcini.

Fichi e Festeggiamenti

In molte culture nordafricane, i fichi sono associati a periodi festivi e celebrazioni. Sono offerti in segno di ospitalità e benvenuto, a simboleggiare l'abbondanza e la generosità condivisa tra amici e familiari.

Un patrimonio culturale

L'uso del fico nella cucina nordafricana risale a secoli fa, testimonianza degli scambi culturali che nel tempo hanno arricchito la regione. Non è solo un ingrediente, ma anche una testimonianza della storia e delle tradizioni che hanno plasmato questa cucina unica.

Il fico, con la sua dolcezza e versatilità, è un tesoro culinario che delizia i palati di tutta la cucina nordafricana. Dimostra l'importanza del legame tra territorio, cultura e cibo, evidenziando al contempo la creatività e la passione che animano le cucine magrebine. In ogni boccone di piatto di fichi, i sapori della regione si uniscono per creare un'esperienza di gusto accattivante che celebra l'essenza stessa della cucina nordafricana.

Capitolo 104: Coltivare i fichi in armonia con la natura: i segreti della coltivazione biologica

La coltivazione biologica del fico incarna un approccio rispettoso della terra e dei suoi cicli naturali. Evitando le sostanze chimiche e promuovendo l'equilibrio ecologico, questo metodo tradizionale ed ecologico preserva la purezza dei fichi celebrando al tempo stesso il rapporto tra uomo e natura.

Selezione di varietà adattate

Il primo segreto della coltivazione biologica del fico sta nella scelta delle varietà adatte al clima e terra. La scelta di varietà che prosperano naturalmente nella zona riduce al minimo la necessità di controllo delle malattie e dei parassiti.

Cura del suolo e concimazione naturale

La salute del fico inizia con un terreno ben nutrito. Arricchire il terreno con materiali organici come compost e letame promuove una crescita sana. I fertilizzanti naturali migliorano la struttura del suolo, aumentano la ritenzione idrica e forniscono nutrienti essenziali.

Irrigazione equilibrata

L'acqua è essenziale per la crescita dei fichi, ma un'irrigazione eccessiva può portare a problemi di marciume radicale. Un'irrigazione equilibrata, adattata alle esigenze specifiche di ciascun albero, preserva la salute dei fichi preservando la preziosa risorsa idrica.

Protezione naturale contro i parassiti

L'agricoltura biologica promuove l'uso di metodi naturali per il controllo dei parassiti. L'introduzione di piante benefiche da compagnia, come le erbe aromatiche, può respingere gli insetti dannosi mantenendo un ecosistema equilibrato.

Potatura e potatura ponderate

La potatura regolare dei fichi favorisce una struttura ottimale dell'albero, consentendo una migliore circolazione dell'aria e la massima esposizione alla luce solare. Una corretta potatura aiuta anche a prevenire le malattie fungine rimuovendo le parti malate.

Conservazione delle risorse locali

La coltivazione biologica del fico abbraccia l'idea di conservazione delle risorse locali. L'utilizzo di metodi tradizionali di conservazione del suolo, come la piantumazione di terrazzi o l'uso di barriere vegetali, aiuta a preservare l'equilibrio dell'ecosistema.

Educazione e trasmissione

La coltivazione biologica del fico spesso comporta l'educazione degli agricoltori e dei giardinieri locali sui metodi rispettosi dell'ambiente. Questa trasmissione della conoscenza garantisce che questi preziosi metodi siano preservati per le generazioni future.

La coltivazione biologica del fico è una danza armoniosa tra uomo e natura, che svela i segreti senza tempo della convivenza sostenibile. Evitando input chimici ed evidenziando i cicli naturali, questo approccio presenta un modello di sostenibilità che onora la terra e i suoi doni. La coltivazione biologica del fico non è solo un metodo agricolo, ma una filosofia che riconosce l'importanza di preservare la terra per il benessere delle generazioni future.

Capitolo 105: Il fico e la permacultura negli ambienti urbani: una sinfonia di sostenibilità al centro della **città**

La permacultura, un approccio olistico alla progettazione agricola sostenibile, ha trovato una nuova strada negli ambienti urbani e il fico, con la sua versatilità e capacità di integrarsi armoniosamente, gioca un ruolo centrale in questo viaggio. Coltivare fichi in un ambiente urbano utilizzando i principi della permacultura apre la strada a possibilità affascinanti in cui natura e città coesistono in simbiosi. Fichi e permacultura si uniscono per creare un ecosistema nutriente e resiliente nel cuore delle metropoli.

Integrazione verticale e orizzontale

La coltivazione urbana del fico implementa concetti di permacultura come l'integrazione verticale e orizzontale. Gli alberi di fico, con la loro crescita in altezza e larghezza, possono essere piantati lungo i muri, sui balconi o anche nei giardini pensili comunitari, massimizzando l'uso dello spazio.

Biodiversità e interazioni benefiche

La permacultura incoraggia la creazione di diversi sistemi che imitano gli ecosistemi naturali. Gli alberi di fico, come parte fondamentale di questi sistemi, attirano una varietà di insetti e uccelli benefici, aiutando nell'impollinazione e nel controllo dei parassiti.

Gestione delle risorse

I principi della permacultura enfatizzano la gestione intelligente delle risorse. Gli alberi di fico, noti per la loro resistenza alla siccità, una volta stabiliti, possono essere nutriti con acqua piovana raccolta o acqua grigia riciclata, contribuendo alla conservazione dell'acqua urbana.

Creazione di microclimi favorevoli

Gli alberi di fico, con le loro foglie larghe e i rami fitti, creano microclimi favorevoli alla crescita di altre piante. Questi microclimi forniscono ombra, regolano la temperatura e favoriscono la ritenzione dell'umidità, creando un ambiente favorevole alla biodiversità.

Coinvolgimento ed educazione della comunità

Coltivare fichi in un ambiente urbano secondo i principi della permacultura rafforza l'impegno della comunità e l'educazione alla sostenibilità. I giardini di fichi possono diventare punti di incontro, spazi educativi e fonti di ispirazione per gli abitanti delle città.

Raccolto abbondante e cortocircuiti

I fichi generalmente producono frutti in abbondanza, il che aiuta a favorire i cortocircuiti riducendo la distanza tra la raccolta e il consumo. I fichi freschi possono essere condivisi con i vicini e le eccedenze trasformate in prodotti artigianali locali.

Il fico, con la sua natura adattabile e la sua crescita rigogliosa, offre un'entusiasmante opportunità per integrare la permacultura negli ambienti urbani. Creando spazi nutrienti ed ecologicamente sostenibili nel cuore delle città, coltivazione del fico secondo i principi della permacultura trascende i tradizionali confini tra natura e urbano. Fornisce un percorso verso un futuro in cui natura, comunità e sostenibilità si uniscono per creare una sinfonia di vita fiorente nel cuore della città.

Capitolo 106: Scolpire l'eleganza naturale: pratiche avanzate di potatura per gli alberi di fico

La potatura dei fichi è un'abilità sia dell'artista che dello scienziato, una sottile danza tra forma e funzione. Le pratiche di potatura avanzate trascendono la semplice manutenzione per creare alberi che uniscono estetica, resa e salute.

L'arte della dimensione architettonica

La potatura avanzata dei fichi non significa solo tagliare i rami, ma scolpire la loro architettura. Forme artistiche, come la spalliera, la corona schiacciata o il vaso greco, vengono utilizzate per creare strutture visivamente accattivanti e funzionali.

Ottimizzazione della luce e dell'aria

Le tecniche di potatura avanzate mirano a ottimizzare la circolazione della luce e dell'aria attraverso l'albero. Il diradamento dei rami interni permette alla luce di penetrare fino alle parti inferiori, favorendo una crescita equilibrata ed evitando zone di umidità stagnante.

Pratiche di potatura a seconda delle varietà

Ogni varietà di fico ha esigenze di potatura specifiche. Alcune varietà prosperano con una potatura severa, mentre altre preferiscono una potatura più delicata per incoraggiare la crescita naturale. Comprendere queste sfumature è essenziale per una potatura avanzata di successo.

Dimensioni a seconda delle stagioni

La potatura avanzata dei fichi è una pratica stagionale. La potatura invernale, quando l'albero è dormiente, favorisce una rapida guarigione delle ferite. La potatura estiva può essere utilizzata per controllare la crescita vigorosa dei rami.

Salute e prevenzione delle malattie

Una corretta potatura avanzata promuove la salute degli alberi rimuovendo rami morti, malati o malformati. Ciò riduce il rischio di infestazioni da parassiti e malattie fungine, promuovendo al contempo una crescita vigorosa.

Equilibrio tra produzione ed estetica

La potatura avanzata mira a bilanciare la produzione di frutti con l'estetica dell'albero. La rimozione strategica dei rami aiuta a prevenire la sovrapproduzione che potrebbe impoverire l'albero e ridurre le dimensioni dei fichi.

Contributo all'arte e alla scienza

La potatura avanzata dei fichi è sia un'espressione artistica che una pratica scientifica. I potatori esperti comprendono le esigenze individuali di ciascun albero mentre creano forme che abbelliscono il paesaggio.

La potatura avanzata del fico è un'alchimia di abilità, creatività e profonda comprensione delle esigenze di ogni albero. Ci ricorda che la natura può essere scolpita con cura e rispetto per creare capolavori viventi che portano frutto e bellezza. Le pratiche avanzate di potatura dei fichi sono un omaggio alla co-creazione tra uomo e natura, un'armonia che trascende le stagioni e le generazioni.

Capitolo 107: Il fico nella moderna cucina medica: una gustosa alleanza per la salute

La moderna cucina medica evidenzia il potere del cibo nel sostenere la salute e il benessere. Tra i tesori della natura, il fico si distingue non solo per il suo sapore delizioso, ma anche per le sue proprietà nutritive e terapeutiche. Il fico, come ingrediente prezioso nella cucina medica moderno, si inserisce armoniosamente nella ricerca di vitalità e benessere.

Nutrienti essenziali

Il fico è ricco di nutrienti essenziali, come fibre, vitamine e minerali. Le fibre favoriscono una sana digestione, mentre vitamine e minerali rafforzano il sistema immunitario e supportano le funzioni corporee ottimali.

Antiossidanti naturali

I fichi sono ricchi di antiossidanti, come polifenoli e flavonoidi, che neutralizzano i radicali liberi responsabili dell'invecchiamento precoce e di alcune malattie croniche.

Gestione del peso e controllo dell'appetito

La fibra contenuta nei fichi fornisce una sensazione di sazietà, che può aiutare a controllare l'appetito e a mantenere un peso sano.

Supporto digestivo

I fichi sono noti per le loro leggere proprietà lassative, che aiutano a prevenire la stitichezza e leniscono il sistema digestivo.

Regolazione dello zucchero nel sangue

I fichi hanno un indice glicemico relativamente basso, il che significa che rilasciano lo zucchero più lentamente nel flusso sanguigno, aiutando a regolare i livelli di zucchero nel sangue.

Salute cardiovascolare

I fichi contengono composti benefici per il cuore, come il potassio, che può aiutare a regolare la pressione sanguigna, e le fibre, che possono abbassare i livelli di colesterolo.

Rafforzamento osseo

Il calcio e il potassio presenti nei fichi supportano la salute delle ossa, prevenendo l'osteoporosi e fratture.

Utilizzo nella cucina medica

Il fico può essere integrato in moltissimi modi nella moderna cucina medica. Può essere consumato fresco come spuntino, aggiunto a cereali, frullati o insalate, o anche cotto in sani piatti principali o dessert.

Cucina Medica e Piacere del Gusto

Una delle caratteristiche più interessanti della moderna cucina medica è il suo equilibrio tra salute e piacere. Il fico, con la sua naturale dolcezza, ricchezza e varietà di sapori, aggiunge una dimensione di gusto squisito alla cucina medica, rendendo la ricerca della salute più gratificante.

Il fico nella moderna cucina medica illustra lo straordinario potenziale della natura nel guidare la nostra ricerca di una vita sana e appagante. Integrando i benefici nutrizionali e terapeutici del fico nella nostra dieta quotidiana, miglioriamo la nostra capacità di promuovere salute e benessere ad ogni boccone. È un invito a scoprire il connubio tra sapore succulento e benefici per la salute, un'alleanza gourmet per un corpo equilibrato e una vita appagante.

Capitolo 108: L'arte di coltivare il fico in vaso: consigli e suggerimenti

Coltivare il fico in vaso è un'avventura emozionante che permette agli amanti di questa deliziosa pianta di far fiorire la propria passione, anche in spazi limitati. Quando coltivato in vaso, il fico si trasforma in un'opera d'arte vivente, fornendo non solo frutti succulenti ma anche un tocco di naturale eleganza a qualsiasi ambiente.

Scegliere il vaso e la posizione giusti

La scelta del vaso è fondamentale. Optare per un vaso sufficientemente grande, almeno 40 cm di diametro e profondità, per consentire lo sviluppo delle radici. Assicurati che il vaso abbia fori di drenaggio per evitare l'umidità in eccesso. Posiziona il vaso in una posizione soleggiata, preferibilmente vicino a una finestra.

illuminato.

Selezione della varietà

Alcune varietà di fichi sono più adatte di altre alla coltivazione in vaso. Opta per varietà nane o compatte che prospereranno in un piccolo spazio.

Substrato e drenaggio

Utilizzare un terriccio ben drenante. Mescolare sabbia o perlite per migliorare il drenaggio. Ciò eviterà un eccessivo accumulo di umidità, che può essere dannoso per le radici.

Irrigazione e fecondazione

Annaffiare regolarmente, lasciando asciugare leggermente il terreno tra un'annaffiatura e l'altra. Evitare l'eccesso di acqua che può causare marciumi radicali. Fertilizzare con un fertilizzante bilanciato durante la stagione di crescita, solitamente primavera ed estate.

Dimensioni e formazione

La potatura del fico in vaso è fondamentale per mantenere una forma compatta e maneggevole. Pota i rami morti, malati o malformati e rimuovi i polloni che crescono alla base dell'albero. Puoi anche tagliare per mantenere la forma desiderata e favorire una migliore circolazione dell'aria.

Protezione invernale

Se vivi in una zona con inverni freddi, proteggi il fico in vaso posizionandolo in un luogo riparato o isolandolo con materiale isolante. Impollinazione

Se stai coltivando un albero di fico in vaso in casa, potrebbe essere necessario impollinare manualmente i fiori utilizzando una spazzola morbida per garantire la formazione dei frutti.

Monitoraggio di parassiti e malattie

Fai attenzione ai segni di parassiti e malattie, come afidi, cocciniglie o marciume radicale. Agire rapidamente per prevenirne la diffusione.

Raccolta e conservazione

I fichi coltivati in vaso possono essere raccolti una volta maturi. Raccoglieteli delicatamente per evitare di danneggiare la pelle delicata. I fichi possono essere consumati freschi, essiccati o utilizzati in varie ricette.

Coltivare un albero di fico in vaso è un viaggio che unisce giardinaggio ed estetica. Questa è l'occasione per gustare le delizie del fico, anche in spazi limitati. Con la giusta cura e conoscenza, puoi creare un angolo di natura rigogliosa dove la bellezza del fico in vaso porta un tocco di eleganza e sapore alla tua vita quotidiana.

Capitolo 109: Alberi di fico negli orti comunitari: coltivare convivialità e sostenibilità

Gli orti comunitari sono oasi di condivisione, connessione e sostenibilità nel cuore delle città. Tra i gioielli di questi spazi verdi, gli alberi di fico si ergono come simboli di connessione con la natura e generosità condivisa. Gli alberi di fico negli orti comunitari trascendono i semplici alberi da frutto per diventare parti essenziali di una comunità fiorente e appagante.

Cultura ed Educazione

Gli alberi di fico negli orti comunitari offrono un'opportunità unica per educare i membri della comunità sulla coltivazione delle piante, sulla biodiversità e sui cicli di crescita. Questi alberi viventi diventano aule naturali dove persone di tutte le età possono imparare insieme.

Nutre il Corpo e la Mente

Gli alberi di fico offrono un'abbondanza di frutti dolci e nutrienti. Sono una fonte di cibo sano e delizioso per i membri della comunità, rafforzando la sicurezza alimentare locale.

Rafforzare i legami sociali

La coltivazione e la raccolta dei fichi diventano momenti di incontro e scambio all'interno della comunità. I giardini comunitari, arricchiti da alberi di fico, creano uno spazio in cui i residenti si legano tra loro attorno alla natura e alla generosità della terra.

Sostenibilità ecologica

Gli alberi di fico, con la loro capacità di crescere in ambienti diversi, possono svolgere un ruolo cruciale nella rigenerazione ecologica degli spazi urbani. Le loro foglie, rami e frutti contribuiscono al ciclo dei nutrienti e alla biodiversità locale.

Creazione di spazi di meditazione

Gli alberi di fico, con i loro rami eleganti e le foglie rigogliose, offrono spazi ombreggiati ideali per la meditazione, il relax e la contemplazione in mezzo al trambusto della città.

Promuovere il coinvolgimento della comunità

La presenza di alberi di fico negli orti comunitari può incoraggiare più membri della comunità a farsi coinvolgere e a partecipare nella gestione di questi spazi. Ciò rafforza il senso di appartenenza e l'orgoglio locale.

Connettere generazioni

Gli alberi di fico hanno la capacità di riunire generazioni diverse attorno ad un'attività comune. Gli anziani condividono la loro conoscenza della coltivazione del fico con i giovani, creando un patrimonio culturale vivente.

Promuovere la salute e il benessere

La presenza di alberi di fico negli orti comunitari incoraggia un'alimentazione sana e una vita attiva.

La raccolta dei fichi e la cura degli alberi diventano pratiche che promuovono la salute fisica ed emotiva.

Gli alberi di fico negli orti comunitari sono più che semplici alberi da frutto. Incarnano i valori di condivisione, sostenibilità, connessione e gentilezza all'interno di una comunità. Questi alberi, testimoni silenziosi di scambi e crescita collettiva, tessono legami tra le persone e la natura, contribuendo così alla creazione di uno spazio comune dove tutti possono fiorire e prosperare.

Capitolo 110: L'arte della coltivazione in serra dei fichi: un ambiente per una crescita controllata

La coltivazione in serra fornisce un ambiente controllato in cui natura e scienza si combinano per promuovere una crescita ottimale delle piante. Tra i tesori della serra, il fico è un magnifico esempio di questo connubio armonioso.

Vantaggi della coltivazione in serra per gli alberi di fico

• **Protezione contro le condizioni esterne:**Gli alberi di fico in serra sono riparati dalle intemperie, dagli sbalzi di temperatura e dai forti venti, creando un ambiente stabile favorevole alla crescita.

Estensione della stagione di crescita: Le serre consentono •
prolungare la stagione di crescita, offrendo l'opportunità di raccogliere i fichi più a lungo.

Controllo ambientale: Temperatura, umidità e•
L'esposizione alla luce può essere regolata con attenzione in una serra, fornendo condizioni ottimali per gli alberi di fico.

• **Protezione contro i parassiti:**Gli alberi di fico in serra sono meno soggetti a parassiti e malattie, riducendo la necessità di utilizzare pesticidi.

• **Miglioramento della qualità della frutta:**L'ambiente controllato consente ai fichi di crescere in modo più uniforme e di godere di un sapore migliore.

Tecniche di coltivazione in serra per alberi di fico

Scelta della serra: Optare per una serra ben progettata con sistemi•

ventilazione, ombreggiatura e riscaldamento per regolare l'ambiente interno.

• **Selezione della varietà:**Scegli varietà di fichi che prosperano in condizioni di serra, solitamente

varietà nane o compatte.

• **Preparazione del terreno:**Utilizzare un substrato ben drenante e arricchito di sostanze nutritive per

fornire alle radici condizioni ottimali.

• **Irrigazione e fecondazione:**Assicurati di annaffiare regolarmente, evitando l'acqua in eccesso, e di

concimare secondo necessità della pianta.

• **Impollinazione:**Se la serra impedisce l'accesso degli impollinatori naturali, potrebbe essere necessaria

l'impollinazione manuale per garantire la formazione dei frutti.

• **Dimensioni e formazione:**Potare gli alberi di fico per mantenere una forma gestibile e favorire la

circolazione ottimale dell'aria.

Precauzioni da prendere

• **Controllo della luce:**Assicurati che gli alberi di fico ricevano abbastanza luce naturale, ma evita un

eccesso che potrebbe bruciare le foglie.

• **Ventilazione adeguata:**Una buona ventilazione previene l'accumulo di umidità eccessiva e riduce il

rischio di malattie fungine.

• **Monitoraggio rigoroso:**Monitorare regolarmente gli alberi di fico per rilevare eventuali segni di parassiti

o malattie e agire rapidamente se necessario.

La coltivazione in serra dei fichi è un'impresa di armonia tra scienza e natura. È un invito a creare un

ecosistema controllato dove gli alberi di fico possano crescere e fiorire con vigore rinnovato. Attraverso una meticolosa attenzione ai dettagli, una conoscenza approfondita delle esigenze della pianta e una tecnologia all'avanguardia, gli alberi di fico in serra diventano splendidi esempi di ciò che l'unione tra uomo e natura può realizzare per coltivare bellezza e sapore.

Capitolo 111: Il fico e le pratiche agricole sostenibili: un'alleanza fruttuosa per la Terra e

Umanità

Le pratiche agricole sostenibili sono diventate una necessità imperativa per preservare il nostro pianeta e garantire la sicurezza alimentare globale. Al centro di questa ricerca di sostenibilità, il fico si presenta come un esempio eloquente di convivenza armoniosa tra agricoltura e natura. La coltivazione del fico e le pratiche agricole sostenibili convergono per formare un'alleanza di successo per la salute della terra e dell'umanità.

Conservazione della biodiversità

Gli alberi di fico, con le loro numerose varietà, svolgono un ruolo cruciale nel preservare la biodiversità agricola. Coltivando diverse varietà di fichi, gli agricoltori aiutano a mantenere una gamma di piante uniche e a preservare gli ecosistemi locali.

Uso razionale delle risorse

Le pratiche agricole sostenibili enfatizzano l'uso razionale delle risorse naturali, compresa l'acqua. Gli alberi di fico, grazie alla loro capacità di tollerare condizioni di siccità, possono essere coltivati in aree dove l'acqua scarseggia, contribuendo a un uso più efficiente delle risorse idriche.

Riduzione delle emissioni di carbonio

La coltivazione del fico richiede generalmente una meccanizzazione meno intensiva, riducendo così le emissioni di carbonio derivanti dall'uso di macchine agricole. Gli alberi di fico incoraggiano pratiche agricole più semplici e rispettose dell'ambiente.

Fecondazione naturale

Gli alberi di fico, grazie alle loro foglie ricche di sostanze nutritive, possono essere utilizzati per la concimazione naturale del terreno. Utilizzando le foglie cadute come pacciame o incorporandole nel terreno, gli agricoltori migliorano la fertilità del suolo in modo rispettoso dell'ambiente.

Controllo biologico

Gli alberi di fico ospitano una varietà di insetti e organismi benefici che possono aiutare a controllare i parassiti agricoli. Incoraggiando la diversità delle specie all'interno e intorno agli alberi di fico, gli agricoltori stanno adottando metodi di controllo biologico per tenere sotto controllo le popolazioni di parassiti.

Pratiche di conservazione del suolo

La coltivazione degli alberi di fico spesso promuove pratiche agricole che preservano la qualità del suolo.

Il radicamento profondo degli alberi di fico può prevenire l'erosione del suolo, proteggendo la fertilità a lungo termine.

Economia locale e comunità rurali

La coltivazione del fico può svolgere un ruolo vitale nel rafforzare le economie locali, fornire occupazione e incoraggiare i prodotti locali. Gli alberi di fico nelle fattorie sostenibili aiutano a creare comunità rurali prospere e resilienti.

Il fico, simbolo di sostenibilità e generosità, si inserisce armoniosamente nelle pratiche agricole sostenibili. La sua capacità di resistere alle sfide ambientali e di fornire frutti nutrienti lo rende un partner prezioso per l'agricoltura di domani. Unendo la conoscenza tradizionale con le innovazioni moderne, la coltivazione del fico e le pratiche agricole sostenibili uniscono le forze per nutrire la terra, l'anima e le generazioni future.

Capitolo 112: Propagazione degli alberi di fico per talea: il potere della rigenerazione

Vegetativo

La talea, questo antico metodo di propagazione vegetativa, è un'arte che consente a giardinieri e agricoltori di creare nuove piante utilizzando parti di una pianta madre. Tra gli alberi che si prestano meravigliosamente a questa tecnica, il fico emerge come una stella scintillante, offrendo una via regale alla propagazione.

La scienza del taglio degli alberi di fico

Le talee di fico sono una tecnica relativamente semplice, ma richiedono un'attenta comprensione dei fondamenti. In generale, la talea consiste nel prelevare una sezione di un ramo in crescita, coltivarlo in condizioni ottimali e incoraggiarlo a radicare per dare origine a una nuova pianta.

La scelta delle talee

Le talee del fico possono essere prelevate dai giovani germogli in primavera o in estate. È meglio scegliere talee sane, non malate e ben sviluppate per garantire un successo ottimale.

Preparazione delle talee

Le talee devono essere tagliate con strumenti puliti e affilati per ridurre al minimo le lesioni. Dovrebbero essere lunghi tra i 15 ei 30 centimetri e tagliati ad angolo appena sotto un nodo.

Stimolazione del radicamento

Prima di piantare le talee, si consiglia di immergerle in un ormone radicante per favorire lo sviluppo delle radici. Quindi, possono essere piantati in un substrato ben drenante.

Condizioni ottimali di crescita

Le talee vanno posizionate in un luogo luminoso, ma non al sole diretto, per evitare la disidratazione. Un elevato livello di umidità attorno alle talee favorisce inoltre la loro radicazione.

Incoraggiare la crescita delle radici

Generalmente, le radici delle talee di fico possono apparire dopo alcune settimane o alcuni mesi. Durante questo periodo è fondamentale mantenere annaffiature regolari, senza annegare le giovani piante.

Trapianto e assistenza continua

Una volta che le talee hanno sviluppato un apparato radicale sufficiente, possono essere trapiantate in vasi più grandi o direttamente nel terreno, a seconda di dove verranno coltivate a lungo termine.

I ritagli di fico sono un modo entusiasmante per creare nuova vita da quelli vecchi. Questa tecnica, che si basa sul potere di rigenerazione vegetativa dei fichi, offre ai giardinieri e agli amanti della natura l'opportunità di partecipare attivamente alla moltiplicazione di questi magnifici alberi. Padroneggiando le fasi del taglio, continuiamo a perpetuare la bellezza e la ricchezza di questi alberi emblematici, consentendo così ai fichi di prosperare e risplendere in nuovi orizzonti.

Capitolo 113: Alberi di fico nelle culture indigene dell'Oceania: le radici profonde del

Connessione naturale

Le isole che punteggiano il vasto oceano blu del Pacifico ospitano culture indigene ricche di tradizione, spiritualità e profondi legami con la natura. Tra gli elementi che si sono intrecciati armoniosamente con queste culture, emergono gli alberi di fico come guardiani della terra e simboli del legame tra l'uomo e l'ecosistema isolano.

Significato spirituale

Gli alberi di fico occupano spesso un posto centrale nei miti e nelle credenze delle culture oceaniche. Sono venerati come alberi sacri, considerati custodi della vita e della fertilità. Il fico è spesso associato a divinità, spiriti o antenati, rappresentando una presenza divina che veglia sulle comunità.

Alimenti essenziali

I fichi forniscono una preziosa fonte di cibo nelle regioni oceaniche, dove la disponibilità delle risorse può essere limitata. I frutti succosi e dolci vengono spesso consumati freschi o essiccati, fornendo una dieta ricca di nutrienti ed energia.

Il fico di Moreton: un ecosistema in sé

Il fico di Moreton (Ficus macrophylla), iconico in Australia, illustra come gli alberi di fico possano creare ecosistemi unici. Le radici aeree di questo gigantesco fico formano un'intricata rete che ospita una varietà di creature, piante epifite e insetti. Questo straordinario albero incarna la simbiosi tra i fichi e il loro ambiente, un equilibrio armonioso che caratterizza le culture indigene dell'Oceania.

Convivialità e incontro

Gli alberi di fico, spesso con i loro rami grandi e ombrosi, diventano naturalmente luoghi di ritrovo per le comunità. Sotto la loro ombra benevola, le persone si riuniscono per condividere storie, celebrare, meditare e costruire connessioni sociali.

Artigianato e materiali

Gli alberi di fico forniscono materiali utili per l'artigianato tradizionale. Le fibre delle radici possono essere intrecciate per creare cesti e corde, mentre il legno può essere intagliato per realizzare vari oggetti utilitari e decorativi.

La sostenibilità della coltivazione del fico

Sebbene le influenze moderne possano talvolta trasformare le tradizioni, la coltivazione dei fichi rimane radicata nei cuori e nelle menti degli indigeni dell'Oceania. Il rispetto per questi alberi iconici e gli insegnamenti tramandati di generazione in generazione garantiscono che gli alberi di fico continuerà a svolgere un ruolo significativo nelle culture, nella spiritualità e nello stile di vita delle comunità del Pacifico.

Gli alberi di fico, con le loro foglie abbondanti, i frutti deliziosi e il profondo legame con la natura, incarnano lo spirito e l'anima delle culture indigene dell'Oceania. Questi maestosi alberi trascendono il tempo, simboleggiando la continuità delle tradizioni e il rapporto armonioso tra le persone e il loro ambiente. Nell'isola dell'Oceania, i fichi sono più che semplici alberi: sono guardiani del passato, alleati del presente e promesse per il futuro.

Capitolo 114: I rituali celebrativi del fico e del raccolto: una festa per i sensi e lo spirito

I raccolti, simboli di fertilità e di abbondanza della terra, sono stati celebrati nel corso della storia umana. Tra i gioielli che la terra offre generosamente, il fico emerge come protagonista durante le cerimonie del raccolto. I suoi frutti dolci, ricchi di sapore e simbolismo, sono stati per lungo tempo elementi essenziali dei rituali di celebrazione del raccolto. Il fico si trasforma in un'icona delle festività, risvegliando i sensi e unendo le comunità attraverso rituali che onorano la terra e la generosità che offre.

Feste stagionali

I rituali celebrativi del raccolto scandiscono le diverse stagioni dell'anno e sono intrinsecamente legati ai cicli agricoli. Il fico, con il suo raccolto abbondante e stagionale, è spesso associato alle feste estive e autunnali, offrendo una deliziosa festa per i palati affamati.

Il simbolismo dell'abbondanza

I fichi, con il loro interno carnoso e deliziosamente dolce, simboleggiano l'abbondanza e la fertilità. La loro forma evoca rotondità e pienezza, facendo eco alle benedizioni della terra generosa. Quando i fichi vengono presentati nel cuore dei rituali del raccolto, incarnano la gratitudine verso la terra nutriente.

Scambio e condivisione

I rituali celebrativi della vendemmia non sono solo eventi gastronomici, ma anche momenti di condivisione comunitaria. I fichi, spesso raccolti in abbondanza, vengono distribuiti tra i membri della comunità, rafforzando i legami sociali e simboleggiando la solidarietà tra gli individui.

Riti e celebrazioni culturali

I fichi, spesso associati a costumi e credenze specifiche, possono variare nel loro ruolo all'interno dei rituali di celebrazione del raccolto da cultura a cultura. Alcune culture usano i fichi come offerte agli dei in segno di gratitudine, mentre altre li incorporano nelle danze rituali o nei giochi tradizionali.

Preparazione e Cucina Rituale

I fichi, freschi o secchi, possono essere preparati in vari modi durante le cerimonie del raccolto. I piatti a base di fichi sono spesso preparati con cura, incorporando ingredienti simbolici e tradizionali. Questi piatti, preparati con amore e dedizione, diventano simboli di attaccamento culturale e di festa collettiva.

Connessioni con la Terra e la Natura

I rituali di celebrazione del raccolto con i fichi al centro rafforzano i legami tra le comunità e la terra che le nutre. Ci ricordano l'importanza dell'agricoltura sostenibile e della preservazione della natura per garantire i raccolti futuri.

I fichi, veri gioielli della natura, diventano ambasciatori dei rituali di celebrazione del raccolto. Con il loro sapore squisito e il profondo simbolismo, i fichi uniscono le persone attorno a una tavola ricca di significati, tradizioni e festività. Ci ricordano che i raccolti vanno ben oltre la semplice raccolta di cibo; incarnano la gratitudine, la condivisione e la connessione vitale tra l'uomo e la terra.

Capitolo 115: Coltivazione del fico in un clima tropicale: navigare nelle calde brezze del

Prosperità

I climi tropicali, con il loro calore e umidità, creano ambienti favorevoli a una rigogliosa biodiversità. Al centro di questi ecosistemi dinamici c'è il fico, un albero iconico che trova terreno fertile in queste condizioni.

Adattamento ai climi tropicali

Gli alberi di fico, originari delle regioni subtropicali e tropicali, sono di casa nei climi caldi e umidi. Le loro foglie rigogliose e la capacità di tollerare le alte temperature li rendono residenti naturali di queste regioni.

La sfida dell'umidità

L'umidità, caratteristica dei climi tropicali, può essere un'arma a doppio taglio per i fichi. Da un lato favorisce una crescita rapida e rigogliosa, ma dall'altro può anche creare un ambiente favorevole alle malattie fungine. Una buona circolazione dell'aria e una corretta distanza tra gli alberi possono aiutare ad alleviare questi problemi.

Gestione dell'irrigazione

Sebbene gli alberi di fico apprezzino l'umidità, è importante non innaffiarli eccessivamente per evitare la putrefazione delle radici. In genere si consiglia un'irrigazione moderata e regolare.

La scelta delle varietà adattate

Nei climi tropicali alcune varietà di fichi sono più adatte di altre. Le varietà che hanno una resistenza naturale alle malattie fungine e hanno la capacità di produrre frutti in condizioni umide avranno maggiori probabilità di prosperare.

Protezione contro le malattie

I climi tropicali possono favorire lo sviluppo di malattie fungine, come ruggine e muffe. Trattamenti preventivi, come l'uso di fungicidi naturali, possono aiutare a mantenere la salute dei fichi.

Taglia regolare

La potatura regolare è importante per controllare la crescita eccessiva dei fichi nei climi tropicali. Ciò non solo aiuta a mantenere la forma, ma favorisce anche una migliore circolazione dell'aria, riducendo il rischio di malattie.

Raccolti generosi

Gli alberi di fico coltivati in climi tropicali sono spesso generosi nei raccolti. La loro rapida crescita e il tasso di fruttificazione consentono ai giardinieri di raccogliere frutti abbondanti per se stessi e di condividerli con la comunità.

La coltivazione del fico nei climi tropicali è un'impresa entusiasmante che richiede una profonda comprensione dell'interazione tra l'albero e il suo ambiente. Affrontando le sfide dell'umidità, del caldo e delle malattie, i giardinieri possono creare oasi di vegetazione lussureggiante e raccogliere frutti succulenti. Gli alberi di fico, con le loro foglie spesse e i frutti baciati dal sole, diventano simboli dell'abbondanza e della vitalità che caratterizzano i climi tropicali, fornendo allo stesso tempo un profondo legame tra l'uomo e la natura in queste terre benedette dal sole.

Capitolo 116: La propagazione degli alberi di fico mediante stratificazione: un antico metodo di coltivazione

la connessione naturale

La propagazione delle piante è stata per millenni una preoccupazione centrale dell'agricoltura e del giardinaggio. Tra le tecniche che hanno resistito alla prova del tempo, la margotta emerge come un metodo affidabile e ingegnoso per propagare gli alberi di fico. Questa tecnica, che prevede la creazione di nuove piante dai rami dell'albero madre, ha il potere di creare continuità genetica celebrando la relazione intimo tra uomo e natura.

Una tecnica antica e collaudata

La stratificazione è una venerabile tecnica di propagazione utilizzata da tempo immemorabile. Si tratta di incoraggiare un ramo di un albero genitore a sviluppare radici pur rimanendo attaccato alla pianta originale. Una volta che le radici sono sufficientemente sviluppate, il ramo può essere separato e piantato come una nuova pianta indipendente.

I passaggi della stratificazione degli alberi di fico

La stratificazione degli alberi di fico segue diversi passaggi. Un ramo scelto viene leggermente inciso o scortecciato, stimolando la formazione delle radici. L'area incisa viene quindi avvolta in un substrato umido e tenuta in posizione con un materiale come plastica o filo. Una volta che le radici sono ben sviluppate, la nuova pianta viene staccata con cura e trapiantata.

Stratificazione aerea

La margotta è un metodo comunemente usato per gli alberi di fico perché consente di creare una nuova pianta senza spostare il ramo da dove cresce. Questo metodo è particolarmente utile per gli alberi di fico già ben radicati e difficili da spostare.

La profonda connessione con la natura

La stratificazione degli alberi di fico incarna una profonda connessione con la natura e una comprensione dei processi naturali di crescita e riproduzione. Riflette come gli esseri umani possono lavorare in armonia con le piante, incoraggiando la loro capacità intrinseca di rigenerarsi e moltiplicarsi.

La preservazione delle varietà antiche

La margotta è anche un metodo prezioso per preservare varietà antiche e rare di alberi di fico. Moltiplicando questi alberi mediante stratificazione, i giardinieri contribuiscono a mantenere la diversità genetica e salvare specie preziose che altrimenti potrebbero scomparire.

Una lezione di pazienza e connessione

Il processo di stratificazione degli alberi di fico richiede tempo e pazienza. Ci ricorda che la natura segue il proprio ritmo e che le connessioni che instauriamo con essa richiedono un'attenzione costante e un profondo rispetto.

La stratificazione degli alberi di fico è molto più di una semplice tecnica di propagazione. È una celebrazione del rapporto tra uomo e natura, un metodo per preservare la ricchezza genetica e un modo per onorare i cicli della crescita. Attraverso la stratificazione, onoriamo la saggezza degli antichi giardinieri e la loro profonda comprensione della magia della natura.

Capitolo 117: Alberi di fico nei giardini storici: testimoni della storia coltivati con cura

I giardini storici sono gioielli senza tempo che portano dentro di sé le impronte del passato, le storie delle generazioni precedenti e l'eterna bellezza della natura addomesticata. Tra gli elementi vegetali che hanno adornato questi spazi incantevoli, i fichi si ergono come silenziosi guardiani del tempo.

Testimoni della Storia

Gli alberi di fico piantati nei giardini storici sono stati testimoni di varie epoche, dai fermenti dell'antichità alle rivoluzioni industriali e culturali. La loro notevole longevità ha permesso loro di attraversare i secoli, portando con sé i ricordi di epoche passate.

Connessioni tra passato e presente

Gli alberi di fico piantati nei giardini storici sono molto più che semplici alberi. Collegano le generazioni passate a quelle attuali, tessendo un filo continuo di connessione umana con la natura attraverso i secoli. La loro presenza evoca continuità, un sentimento di costanza in un mondo in costante cambiamento.

Antiche varietà

Molti giardini storici ospitano antiche varietà di fichi, alcuni risalenti a centinaia di anni fa. Queste varietà, spesso eredità, sono state custodite e preservate con cura, perché sono diventate legami tangibili con il passato.

Conservazione delle specie rare

Gli alberi di fico nei giardini storici svolgono un ruolo importante nella conservazione di specie rare e in via di estinzione. I loro semi e talee vengono talvolta utilizzati per preservare varietà uniche che altrimenti potrebbero andare perse.

Cura e attenzione

I giardinieri dei giardini storici, consapevoli del valore storico dei loro alberi di fico, prestano a questi alberi cure e attenzioni meticolose. Per preservare la vitalità di questi alberi secolari vengono spesso utilizzate tecniche speciali di potatura, trattamenti contro le malattie e metodi di conservazione specifici.

Ispirazione artistica

Gli alberi di fico, con le loro forme scultoree e i rami maestosi, hanno spesso ispirato artisti e progettisti di giardini nel corso dei secoli. La loro presenza carismatica aggiunge una dimensione artistica ai giardini storici, creando composizioni visive sorprendenti.

Riflessione sul tempo

Gli alberi di fico nei giardini storici ricordano costantemente il passare del tempo. Evocano una profondità temporale e una storia che si estende ben oltre la nostra esperienza.

Gli alberi di fico nei giardini storici sono simboli viventi di storia, perseveranza e bellezza duratura. La loro presenza testimonia la simbiosi tra uomo e natura, la capacità della natura à trascendendo le generazioni e come i giardini storici siano più che semplici spazi fisici, ma eredità culturali viventi.

Capitolo 118: Fichi e tradizioni culinarie asiatiche: una squisita fusione di sapori e Eredità

Le tradizioni culinarie asiatiche, ricche di diversità e storia, sono uno scrigno di creatività e armonia di sapori. Tra i tanti ingredienti che hanno trovato posto in queste cucine, il fico emerge come una rara pepita, aggiungendo una nota dolce e sontuosa alla gamma di sapori asiatici.

Il fico nella cucina asiatica: una scoperta gourmet

L'introduzione del fico nelle tradizioni culinarie asiatiche è una storia di scoperta e adattamento. Sebbene il fico non sia originario dell'Asia, è stato accolto a braccia aperte e trasformato in una deliziosa fonte di ispirazione.

La Fusione dei Sapori

Le cucine asiatiche sono rinomate per la loro abilità nel mescolare ingredienti diversi per creare sapori complessi ed equilibrati. Il fico aggiunge una nota dolce e delicata a queste composizioni, creando un'armoniosa fusione con ingredienti come spezie, erbe aromatiche e salse.

Il ruolo del fico in cucina

Il fico viene utilizzato in vari modi nella cucina asiatica. Può essere incorporato in piatti dolci e salati, come curry, insalate, dessert e marinate. La sua dolcezza naturale lo rende un'ottima aggiunta a piatti acidi o piccanti.

Dessert Golosi

In molte tradizioni asiatiche il fico è un elemento fondamentale nei dolci. Può essere trasformato in marmellate, pasticcini, gelati e zuppe dolci, aggiungendo un tocco di raffinatezza pasto.

Il simbolismo della fig

Il fico, con la sua forma aggraziata e il colore seducente, è spesso associato alla bellezza e all'abbondanza nelle tradizioni asiatiche. La sua presenza nei piatti può conferire un significato più profondo ai pasti, simboleggiando prosperità e felicità.

Modernità e Tradizione

Il fico è riuscito a farsi strada nelle moderne cucine asiatiche nel rispetto delle antiche tradizioni culinarie. È amato per la sua capacità di evocare un senso di nostalgia offrendo allo stesso tempo combinazioni di sapori nuove e innovative.

Il fico, con la sua sontuosa dolcezza e versatilità, si è integrato con grazia nelle tradizioni culinarie asiatiche. Ha aggiunto una dimensione nuova ed entusiasmante ai pasti, rispettando la profondità della storia e della cultura asiatica. Il fico incarna lo spirito di innovazione e allo stesso tempo onora le basi della gastronomia asiatica, creando un'esperienza di gusto che sposa sottilmente passato e presente.

Capitolo 119: Pratiche innovative di innesto per alberi di fico: coltivare la creatività

Natura

L'innesto, una tecnica antica ed essenziale nell'orticoltura, si è evoluto nel corso dei secoli fino a diventare una tela su cui i giardinieri dipingono le loro idee più audaci. Tra gli alberi che hanno beneficiato di queste innovative pratiche di innesto, i fichi si distinguono per la loro adattabilità e la capacità di fondersi con una moltitudine di altre specie vegetali. In questo capitolo esploriamo le tecniche di innesto innovative per gli alberi di fico, il loro ruolo nell'espansione delle possibilità orticole e il loro contributo alla diversità botanica.

Il rinnovo del registro

Giardinieri e ricercatori sono stati attratti dal potenziale degli innesti per creare nuove varietà e forme di alberi. Gli alberi di fico, con il loro carattere robusto e la loro flessibilità genetica, si prestano perfettamente a questi esperimenti.

Innesto di varietà di frutta

Una delle pratiche di innesto più popolari per gli alberi di fico è l'innesto delle varietà di frutta. Si tratta dell'innesto di una varietà di fico che produce frutti gustosi su un portainnesto resistente alle malattie o con caratteristiche specifiche. Questo unisce il meglio di entrambi i mondi: una varietà di frutta squisita con qualità di crescita e resistenza migliorate.

Il registro degli emblemi

L'innesto a gemma è una tecnica che consiste nel prelevare una gemma da una varietà prescelta di fico e à inserirlo in un'incisione praticata sul portinnesto. Questo metodo consente di propagare rapidamente le caratteristiche specifiche di una varietà preservando l'integrità genetica.

L'innesto della corona

L'innesto a corona, noto anche come innesto a T, viene utilizzato per fondere insieme due piante. Questa tecnica può essere utilizzata per abbinare diverse specie di alberi di fico, creando forme uniche e accostamenti di sapori inaspettati.

L'arte dell'ibridazione

Pratiche innovative di innesto per gli alberi di fico hanno aperto la strada all'ibridazione sperimentale. I giardinieri hanno l'opportunità di fondere le caratteristiche di diverse specie di fichi per creare esemplari unici e resistenti, adatti ad ambienti specifici o particolari esigenze di gusto.

Diversità botanica

Pratiche di innesto innovative hanno contribuito ad arricchire la diversità botanica dei fichi. Creando nuove varietà e promuovendo l'ibridazione, i giardinieri aiutano a preservare la ricchezza genetica dei fichi e a preparare questi alberi ad adattarsi alle sfide future.

Le pratiche innovative di innesto degli alberi di fico testimoniano la creatività dell'uomo e la collaborazione con la natura per creare meraviglie orticole. Queste tecniche ci consentono di esplorare nuove possibilità, unire specie per crearne di nuove e preservare la diversità botanica in un mondo in costante cambiamento. Grazie a innesti innovativi, gli alberi di fico continuano a prosperare, ad adattarsi e a ispirare una nuova generazione di giardinieri e amanti della natura.

Capitolo 120: Coltivare fichi in terreni poveri: l'arte di creare in abbondanza

Coltivare il fico in un terreno povero è una straordinaria dimostrazione della capacità della natura di adattarsi e prosperare in condizioni apparentemente difficili. Gli alberi di fico, rinomati per la loro resilienza, hanno trovato il modo di trasformare i vincoli in opportunità, producendo frutti dolci e abbondanti anche nei terreni meno fertili. Diamo un'occhiata a suggerimenti e strategie che consentono ai giardinieri di coltivare con successo alberi di fico in terreni poveri, celebrando la tenacia e la bellezza della natura.

L'eleganza della resilienza

Il fico, simbolo di resistenza e adattamento, è ben adattato alla coltivazione in terreni poveri. La sua capacità di attingere alle risorse disponibili e di adattarsi alle condizioni ambientali lo rende ideale per i giardinieri che vogliono sfruttare al meglio i terreni meno fertili.

Scelta delle varietà adatte

Scegliere varietà di fico adatte ai terreni poveri è un passo cruciale per il successo. Alcune varietà sono più tolleranti nei confronti dei terreni poveri e possono prosperare anche con risorse limitate.

Migliorare la struttura del suolo

Anche se il terreno può essere povero di nutrienti, è essenziale fornirgli una struttura adeguata. L'aggiunta di materia organica, come compost o letame, può migliorare la ritenzione idrica e la circolazione dell'aria, favorendo così la crescita dei fichi.

Gestione delle risorse idriche

La gestione dell'acqua è fondamentale quando si coltivano alberi di fico in terreni poveri. Un'irrigazione regolare e adeguata è essenziale per aiutare le radici a trarre i nutrienti necessari dal terreno. Tuttavia, è importante non irrigare eccessivamente, poiché il terreno fradicio può portare a problemi di marciume radicale.

Assunzione di nutrienti

Sebbene il terreno possa essere povero di nutrienti, è possibile fornire ulteriori nutrienti agli alberi di fico. L'uso di fertilizzanti naturali ed equilibrati può aiutare a compensare la mancanza di nutrienti nel terreno.

La giusta dimensione

Una potatura giudiziosa dei fichi in terreni poveri può favorire una crescita migliore. La potatura regolare aiuta a rimuovere i rami morti o malati e concentra le risorse sulle parti sane dell'albero.

La ricompensa della pazienza

Coltivare alberi di fico in terreni poveri può richiedere pazienza, poiché la crescita può essere più lenta rispetto a condizioni più fertili. Tuttavia, i giardinieri alla fine raccoglieranno i frutti del loro duro lavoro sotto forma di fichi gustosi e sani.

Coltivare il fico in un terreno povero è una lezione di umiltà e fiducia nella natura. Gli alberi di fico, con la loro determinazione a crescere e prosperare nonostante le sfide, ci ricordano la bellezza e la resilienza della vita. La coltivazione di fichi in condizioni meno favorevoli richiede un approccio attento e deliberato, ma offre una gratificazione eccezionale in termini di frutti succulenti e una connessione più profonda con la terra che li nutre.

Capitolo 121: La moltiplicazione degli alberi di fico mediante la piantina: seminare le radici dell'abbondanza

La propagazione dei fichi tramite seme è un metodo che apre la strada alla crescita di una nuova generazione di alberi, celebrando il ciclo della vita vegetale. Mentre altri metodi di propagazione, come talee e innesti, sono più comunemente usati per gli alberi di fico, la semina offre un'esperienza unica che permette di seguire da vicino il processo di germinazione e crescita. Vediamo le fasi della semina del fico, i suoi vantaggi e le considerazioni essenziali per utilizzare con successo questo metodo di propagazione.

La magia della semina

Seminare alberi di fico è un invito a tuffarsi nel mondo della germinazione e della crescita. Questo metodo traccia il viaggio del seme dal suo stato dormiente alla sua trasformazione in un albero rigoglioso.

Raccolta dei semi

Il primo passo della semina è raccogliere i semi di fico. I semi possono essere estratti dai fichi maturi e puliti accuratamente per eliminare l'eventuale polpa.

Stratificazione dei semi

Alcune varietà di fichi richiedono un periodo di stratificazione, il che significa che devono essere esposti a temperature fresche per un periodo di tempo per rompere la dormienza. Ciò può essere ottenuto mettendo i semi in frigorifero per alcune settimane.

La semina

I semi stratificati vengono poi seminati in vasi o letti preparati con un substrato leggero e ben drenato. I semi vengono ricoperti da un sottile strato di terreno e annaffiati delicatamente.

Pazienza e osservazione

La semina dei fichi richiede pazienza e attenta osservazione. I giardinieri dovrebbero monitorare la germinazione dei semi e la crescita delle piantine.

Trapianto

Una volta che le piantine hanno raggiunto una dimensione adeguata, possono essere trapiantate in luoghi permanenti. Durante il trapianto è essenziale maneggiare con cura le radici per evitare danni.

I benefici della semina

La propagazione degli alberi di fico tramite seme consente di preservare le caratteristiche genetiche uniche degli alberi genitori. Offre anche l'opportunità di sperimentare ed esplorare diverse varietà di fichi.

Considerazioni sul clima

È importante tenere conto delle condizioni climatiche della tua regione quando si seminano i fichi. Alcune varietà possono adattarsi meglio a climi specifici, il che può influenzare la scelta dei semi da seminare.

Seminare i fichi è un'avventura che offre una prospettiva affascinante sul processo di crescita delle piante. Questo metodo consente ai giardinieri di connettersi in modo più profondo con il ciclo della vita vegetale e di apprezzare le fasi di germinazione, crescita e trasformazione. Propagando gli alberi di fico tramite seme, celebriamo la diversità della natura contribuendo a preservare questi alberi preziosi e deliziosi per le generazioni a venire.

Capitolo 122: Alberi di fico nei moderni giardini Zen: un'armonia tra natura e

Spiritualità

I moderni giardini Zen, eredi della tradizione secolare dei giardini giapponesi, incarnano un'estetica raffinata e una profonda connessione spirituale con la natura. Incorporare gli alberi di fico in questi spazi è un riflesso dello stretto rapporto tra uomo e natura, nonché un modo per creare un'atmosfera rilassante che favorisce la contemplazione e la meditazione.

Giardini Zen moderni: un equilibrio contemporaneo

I moderni giardini Zen prosperano in ambienti urbani dove il ritmo frenetico della vita contemporanea può esaurire la nostra anima. Ispirati alla filosofia Zen, invitano alla tranquillità, alla contemplazione e all'immersione nel momento presente.

Alberi di fico: un ponte verso la natura

L'introduzione degli alberi di fico nei moderni giardini Zen crea una connessione tangibile con la natura. Gli alberi di fico, con i loro rami estesi e le foglie distintive, apportano un tocco rilassante e organico a questi spazi attentamente progettati.

Il simbolismo degli alberi di fico

Nelle tradizioni spirituali e culturali, il fico è spesso associato alla saggezza, alla conoscenza e alla stabilità. La presenza dei fichi nei moderni giardini Zen può incarnare queste qualità, invitando i visitatori a connettersi con la propria saggezza interiore.

L'albero della meditazione

Gli alberi di fico offrono un rifugio tranquillo per la meditazione. La loro ombra generosa e le foglie delicate creano uno spazio per una riflessione profonda, consentendo ai visitatori di ritirarsi dal trambusto del mondo esterno.

La diversità delle varietà

Gli alberi di fico sono disponibili in una varietà di forme e dimensioni, rendendo possibile creare composizioni uniche nei moderni giardini Zen. Dai fichi nani in vaso a quelli che si estendono con grazia lungo i sentieri di pietra, ogni varietà dà il proprio contributo all'estetica generale.

La Patina Del Tempo

Gli alberi di fico, con la loro crescita lenta e le forme evocative, possono aggiungere un tocco di maturità a un moderno giardino Zen. La loro presenza ci ricorda che la bellezza è spesso modellata dal tempo e dalla pazienza.

Mediazione tra Uomo e Natura

Gli alberi di fico nei moderni giardini Zen dimostrano l'intimo rapporto tra uomo e natura. Integrandoli in questi spazi sacri, designer e visitatori riconoscono che la contemplazione pacifica e la meditazione sono ponti verso una connessione più profonda con il mondo naturale che ci circonda.

La presenza di alberi di fico nei moderni giardini Zen offre l'opportunità di esplorare la dualità tra tranquillità interiore ed espressione esteriore. Questi magnifici alberi ricordano vivente la nostra ricerca di significato e la nostra aspirazione all'armonia. Fiorendo in questi spazi di tranquillità, gli alberi di fico trascendono il ruolo di semplice vegetazione per diventare simboli del rapporto tra uomo e natura, evocando una poesia visiva che parla direttamente all'anima.

Capitolo 123: Fichi nelle ricette di bellezza tradizionali: una sinfonia di cibo e

cura

Per secoli i fichi sono stati venerati non solo per il loro sapore dolce e succoso, ma anche per i loro benefici per la pelle e i capelli. Le antiche civiltà sfruttarono le proprietà nutrienti e rivitalizzanti di questo frutto iconico per creare ricette di bellezza tradizionali. L'intimo rapporto tra il fico e i trattamenti di bellezza mette in risalto ricette tramandate di generazione in generazione.

Una riserva di nutrienti naturali

I fichi sono ricchi di vitamine essenziali, minerali e antiossidanti che nutrono e proteggono la pelle. Il loro contenuto di vitamina C stimola la produzione di collagene, migliorando l'elasticità e la compattezza della pelle.

Un elisir per la pelle

I fichi possono essere trasformati in maschere, esfolianti e tonici per rivitalizzare la pelle. Una maschera a base di purea di fichi abbinata al miele idrata in profondità, mentre uno scrub a base di fichi e zucchero rimuove delicatamente le cellule morte, rivelando una pelle luminosa.

Lucentezza naturale per capelli

I fichi non sono benefici solo per la pelle, ma anche per i capelli. Le maschere per capelli a base di fichi e oli essenziali rinforzano i capelli, favoriscono la crescita e donano lucentezza.

Equilibrio olistico

Le ricette di bellezza a base di fichi incarnano l'equilibrio tra natura e scienza. Le proprietà naturali dei fichi si uniscono alla saggezza tradizionale per fornire un approccio olistico alla cura della bellezza.

Eredità culturale

I fichi hanno svolto un ruolo centrale nelle tradizioni di bellezza di molte culture. Dai rituali del bagno alle maschere per il viso, i fichi sono stati utilizzati come ingredienti chiave nelle ricette per la cura della pelle tramandate di generazione in generazione.

Il potere dell'antica saggezza

Le tradizionali ricette di bellezza a base di fichi dimostrano il potere dell'antica saggezza e della conoscenza tramandata di generazione in generazione. Le civiltà antiche ne capivano l'importanza della natura nel mantenimento della bellezza e della salute.

Adattamento alla modernità

Le ricette di bellezza a base di fichi continuano ad evolversi per soddisfare le esigenze moderne. I prodotti commerciali incorporano i benefici dei fichi in formulazioni sofisticate, fornendo una comoda alternativa alle ricette fatte in casa.

Il fico, questo frutto antico e venerato, ci invita a tuffarci nel mondo dei trattamenti di bellezza tradizionali. Esplorando ricette custodite da secoli, abbracciamo l'armonia tra uomo e natura, tra cibo e cura. I fichi, con le loro proprietà nutrienti e rigeneranti, incarnano un legame senza tempo tra i rituali di bellezza del passato e le attuali esigenze di pelle e capelli. Attraverso queste ricette ereditiamo un'eredità di cure olistiche, ricordando che la bellezza emana dalla natura e che i rimedi tradizionali rimangono tra i migliori segreti di bellezza che il tempo non è mai riuscito a cancellare.

Capitolo 124: Coltivazione del fico nella regione mediterranea: un'eterna danza con il sole e

mare

La regione mediterranea, con i suoi paesaggi soleggiati e le rilassanti brezze marine, è la culla dell'antica cultura del fico. Questo frutto iconico, che da tempo immemorabile intreccia la sua storia con i popoli del Mediterraneo, è diventato un simbolo vivente dello stretto rapporto tra uomo e natura in questa regione. Qui vediamo le molteplici sfaccettature della coltivazione del fico nella regione mediterranea, il suo significato culturale, i suoi metodi di coltivazione tradizionali e la sua eredità che continua attraverso le generazioni.

Il dolce abbraccio del Mediterraneo

La regione mediterranea offre un clima ideale per la coltivazione dei fichi. Estati calde e secche, inverni miti e brezze marine creano un ambiente favorevole alla fioritura e alla maturazione dei fichi.

Il fico mediterraneo: un albero della vita

Il fico è profondamente radicato nelle culture mediterranee. Si celebra nei miti, nella cucina, nell'arte e nella tradizione. Gli alberi di fico si ergono come custodi silenziosi della storia del Mediterraneo, testimoniando l'intimo legame tra l'uomo e la terra.

Metodi di coltivazione tradizionali

La coltivazione del fico nella regione mediterranea si basa spesso su metodi tradizionali tramandati di generazione in generazione. Gli alberi di fico sono talvolta piantati in terreni rocciosi o sabbiosi e, una volta stabiliti, tollerano la siccità.

La simbiosi tra il fico e la terra

La coltivazione del fico nella regione mediterranea va oltre la pura agricoltura. È una simbiosi tra uomo, terra e natura. Gli alberi di fico arricchiscono il suolo e creano un microcosmo ricco di biodiversità.

La Festa Mediterranea

I fichi sono parte integrante della dieta mediterranea. Sono disponibili in piatti dolci e salati, in conserve e marmellate, dimostrando la loro versatilità e valore gastronomico.

Un patrimonio che resiste al tempo

I fichi che punteggiano i paesaggi mediterranei sono spesso alberi secolari. Portano con sé storia e memoria collettiva e testimoniano la resilienza delle comunità mediterranee di fronte alle sfide del tempo.

Il respiro della tradizione e dell'innovazione

Sebbene la coltivazione del fico nella regione mediterranea sia basata su tradizioni secolari, si adatta anche ai cambiamenti moderni. Sono emersi nuovi metodi di coltivazione, conservazione e commercializzazione preservando il carattere unico della coltivazione del fico.

La coltivazione del fico nella regione mediterranea trascende il semplice atto di coltivare un albero da frutto. È una celebrazione della storia, della terra e della vita che si intrecciano per creare un tessuto ricco e vibrante. I fichi mediterranei sono più che alberi da frutto; sono custodi del patrimonio culturale, testimoni silenziosi dei cicli della natura e simboli viventi della simbiosi tra uomo e terra. Coltivando il fico, i popoli del Mediterraneo onorano un rapporto ancestrale con la natura e continuano a portare l'eco del passato nel cuore del loro futuro.

Capitolo 125: La moltiplicazione degli alberi di fico per divisione delle radici: un modo di crescita

Sorprendente

La propagazione del fico è un'arte antica che si è evoluta nel tempo fino a comprendere vari metodi, tra cui la divisione delle radici. Questa tecnica innovativa offre un modo intrigante ed efficace per propagare questi maestosi alberi, consentendo ai giardinieri di esplorare nuove strade per coltivare e condividere la bellezza e la delicatezza dei fichi. In questo capitolo approfondiremo le complessità della propagazione degli alberi di fico mediante divisione delle radici, esplorandone il processo, i suoi benefici e il suo ruolo nel preservare la ricchezza degli alberi di fico in tutto il mondo.

Un approccio fertile

La divisione delle radici è un metodo di propagazione che prevede la separazione di parte dell'apparato radicale di un albero di fico maturo per creare una nuova pianta. Questo metodo sfrutta la naturale capacità dei fichi di sviluppare radici avventizie dai fusti sotterranei.

Lo straordinario processo

Per propagare un fico per divisione delle radici, devi scavare con cura un fico maturo e separare parte delle sue radici tagliandole con cura. La sezione di radici così ottenuta è quindi ripiantato in una nuova posizione, dove si svilupperà in un nuovo impianto.

Vantaggi e benefici

La propagazione dei fichi mediante divisione delle radici presenta numerosi vantaggi. Permette di preservare le caratteristiche genetiche della pianta madre, garantendo allo stesso tempo una crescita rapida e vigorosa della nuova pianta. Inoltre, questo metodo può essere particolarmente utile per le varietà di fichi che non sono facili da propagare con altri metodi.

Preservare la diversità

La propagazione dei fichi per divisione delle radici svolge un ruolo cruciale nel preservare la diversità delle varietà di fichi. Consentendo ai giardinieri di creare nuove piante da esemplari maturi, questo metodo aiuta a preservare e diffondere le caratteristiche uniche di ciascuna varietà, prevenendo la perdita di alcune varietà più rare e preziose.

Il matrimonio tra l'antico e il moderno

La divisione delle radici unisce l'antico e il moderno nell'arte della propagazione del fico. Le tradizionali tecniche di coltivazione del fico si sposano con la conoscenza contemporanea per creare un metodo che unisce saggezza antica e innovazioni attuali.

La propagazione dei fichi per divisione delle radici è un metodo accattivante che apre nuove prospettive agli amanti dei fichi e ai giardinieri appassionati. Testimonia l'infinita capacità della natura di rigenerarsi e rinnovarsi, preservando la ricchezza e la varietà degli alberi di fico in tutto il mondo. Questo metodo ci ricorda che l'arte di coltivare i fichi è in continua evoluzione, adattando i metodi antichi alle esigenze e alle sfide del presente.

Capitolo 126: Alberi di fico nei giardini botanici contemporanei: un viaggio attraverso Patrimonio e innovazione

Gli orti botanici contemporanei, veri santuari della biodiversità e della conoscenza, sono i moderni custodi della flora mondiale. Nel cuore di questi giardini rigogliosi e didattici, i fichi, con la loro storia antica e le loro molteplici varietà, trovano un posto speciale. Gli alberi di fico arricchiscono i giardini botanici contemporanei, preservando il loro patrimonio e celebrando l'innovazione nell'arte della conservazione delle piante.

Il ruolo educativo degli orti botanici

Gli orti botanici contemporanei sono centri di consapevolezza e ricerca ambientale. Forniscono ai visitatori informazioni essenziali su biodiversità, ecologia e conservazione. Gli alberi di fico, in quanto elementi chiave della biodiversità del Mediterraneo, offrono un'opportunità eccezionale per conoscere la storia culturale e le caratteristiche biologiche di questi alberi iconici.

Gli alberi di fico come testimoni di storia e cultura

Gli alberi di fico sono spesso ambasciatori di culture e storie antiche. Nei giardini botanici contemporanei raccontano storie avvincenti sulla migrazione, sull'interazione umana con la natura e sull'importanza degli alberi da frutto per il sostentamento. I visitatori possono scoprire come gli alberi di fico hanno plasmato le tradizioni culinarie, mediche e spirituali di varie regioni del mondo.

Conservazione delle varietà rare

Gli orti botanici contemporanei svolgono un ruolo fondamentale nel preservare varietà rare e in via di estinzione di alberi di fico. Coltivando ed esponendo queste varietà in condizioni controllate, gli orti aiutano a prevenirne la scomparsa e a preservare la diversità genetica dei fichi per le generazioni future.

L'arte della riproduzione e della moltiplicazione

Gli orti botanici contemporanei sono laboratori viventi dove l'arte della riproduzione vegetale viene esplorata e perfezionata. Gli alberi di fico, con la loro capacità di essere propagati con metodi diversi, offrono a opportunità di sviluppare tecniche di propagazione avanzate che potrebbero essere applicate ad altre specie vegetali.

Innovazione e creazione di santuari

Gli orti botanici contemporanei non solo preservano il passato, ma anticipano anche il futuro. Alcuni giardini integrano agroforestazione, permacultura e tecniche di gestione sostenibile per creare ecosistemi equilibrati in cui gli alberi di fico coesistono con altre piante e organismi. Questo approccio olistico promuove la creazione di santuari della biodiversità dinamici e resilienti.

Gli alberi di fico, con il loro ricco patrimonio culturale e la loro diversità biologica, hanno trovato un posto prezioso nei giardini botanici contemporanei. Trascendono i confini geografici e culturali per fondersi nel tessuto vivente di questi spazi di conoscenza e conservazione. Negli orti botanici i fichi non sono solo alberi da frutto, ma custodi della storia, catalizzatori di curiosità e simboli di impegno per la conservazione e l'educazione ambientale.

Capitolo 127: Il fico e gli usi medicinali sciamanici: un viaggio tra la natura e Spirito

Le pratiche sciamaniche, ancorate alla saggezza ancestrale delle culture indigene, tessono un legame intimo tra l'uomo e la natura, tra il materiale e lo spirituale. Al centro di questi rituali e cerimonie c'è il fico, un albero sacro le cui proprietà medicinali e simboliche sono integrate nelle tradizioni sciamaniche di tutto il mondo. Il fico è utilizzato in contesti medicinali sciamanici, abbracciando sia benefici fisici che profonde connessioni spirituali.

Il fico: un ponte tra i mondi

Il fico è stato venerato in molte culture come un albero sacro, che simboleggia la fertilità, la vita e la conoscenza. Nelle tradizioni sciamaniche, il fico funge spesso da ponte tra il mondo materiale e quello spirituale. I suoi deliziosi frutti e le foglie medicinali incarnano la dualità della natura, servendo sia come cibo che come medicina.

Le proprietà medicinali del fico

I fichi sono ricchi di nutrienti essenziali come fibre, vitamine e minerali. Nelle pratiche sciamaniche vengono utilizzati per rafforzare il corpo e sostenere la salute dell'apparato digerente. Le foglie di fico hanno anche proprietà medicinali, spesso usate per trattare condizioni come il diabete, l'ipertensione e l'infiammazione.

Guarigione spirituale ed emotiva

Nelle cerimonie sciamaniche, il fico è spesso associato alla guarigione spirituale ed emotiva. È considerato un rimedio per bilanciare le energie, guarire le ferite emotive e facilitare il rilascio dei traumi passati. Alcuni sciamani usano i fichi come strumenti di meditazione e concentrazione, creando spazio per l'introspezione e la guarigione interiore.

Il Rituale e la Connessione con il Divino

Il fico viene spesso utilizzato nei rituali sciamanici per stabilire una connessione con il mondo divino e degli spiriti. I fichi vengono offerti come atti di devozione e gratitudine verso la natura. In alcune culture, il fico è considerato un simbolo di apertura spirituale, aiutando i praticanti sciamanici a trascendere i limiti del mondo materiale per accedere a livelli più profondi di coscienza.

L'importanza del rispetto e della responsabilità

Gli usi medicinali sciamanici del fico sono intrisi di rispetto per la natura e responsabilità verso gli insegnamenti ancestrali. Sciamani e guaritori tradizionali onorano il fico seguendo specifici protocolli rituali e riconoscendo il ruolo sacro della pianta nella loro pratica.

Il fico, con la sua combinazione di proprietà medicinali e simbolismo spirituale, si adatta perfettamente alle pratiche sciamaniche di tutto il mondo. Incarna la profonda connessione tra uomo e natura, tra il terreno e il trascendente. Negli usi medicinali sciamanici del fico troviamo un potente promemoria che la guarigione e la spiritualità sono strettamente legate e che la natura è una fonte inestimabile di saggezza e sostegno per coloro che sono aperti al suo insegnamento.

Capitolo 128: Coltivazione del fico nei climi temperati: l'arte dell'adattamento e Raccolto fruttuoso

Gli alberi di fico, emblematici delle regioni mediterranee, sono riusciti a conquistare i climi temperati grazie à la loro notevole adattabilità. La coltivazione di fichi in ambienti in cui gli inverni possono essere rigidi richiede un'accurata comprensione delle esigenze dell'albero e adeguate tecniche di protezione. Le sfide e le strategie legate alla coltivazione degli alberi di fico nei climi temperati e gli appassionati di orticoltura hanno trasformato queste sfide in un'esperienza gratificante di raccolta di dolci delizie.

Adattamento delle varietà al clima temperato

Il primo passo per coltivare con successo alberi di fico in un clima temperato è la selezione delle varietà adatte. Alcune varietà, chiamate "fichi resistenti", sono sviluppate appositamente per tollerare le temperature più fredde. Queste varietà vengono scelte per la loro capacità di resistere alle gelate invernali e di produrre frutti soddisfacenti nonostante le stagioni più brevi.

Il ruolo della protezione invernale

Gli alberi di fico nei climi temperati spesso richiedono protezione dalle temperature gelide. Le tecniche includono l'avvolgimento dei rami in materiali isolanti, la pacciamatura del terreno per conservare il calore e persino la coltivazione in vaso per facilitare lo spostamento all'interno durante i mesi invernali più freddi. Queste strategie consentono agli alberi di fico di sopravvivere al rigido inverno e di tornare forti in primavera.

Potatura per un raccolto abbondante

La potatura svolge un ruolo cruciale nella coltivazione dei fichi nei climi temperati. Potatura cauta, in genere effettuato a fine inverno, favorisce una migliore circolazione dell'aria, riduce il rischio di malattie e facilita la crescita dei frutti. Tecniche di potatura specifiche, come la rimozione dei rami danneggiati o mal indirizzati, aiutano a creare una struttura forte per il fico.

L'uso dei microclimi

I microclimi, che risultano dalla disposizione del giardino, dalle strutture circostanti e dalla disposizione delle piante, possono svolgere un ruolo cruciale per il successo della coltivazione del fico nei climi temperati. Piantare alberi di fico vicino a muri o edifici che immagazzinano e rilasciano calore può aumentare le possibilità di sopravvivenza invernale e di produzione di frutta.

La ricompensa della pazienza e della perseveranza

Coltivare alberi di fico nei climi temperati richiede pazienza e perseveranza. Gli alberi di fico spesso impiegano più tempo per stabilire le radici e iniziare a produrre frutti in questi ambienti. Tuttavia, quando gli appassionati di orticoltura riescono a superare le sfide climatiche e a creare le condizioni ottimali, vengono ricompensati con fichi deliziosi e dolci che portano la firma del clima temperato.

La coltivazione del fico nei climi temperati è una miscela di arte e scienza, comprensione delle esigenze della pianta e adattamento creativo alle condizioni locali. I giardinieri che intraprendono questa avventura scoprono che gli alberi di fico, pur non essendo abitanti naturali di questi climi, possono prosperare con le dovute cure. Coltivare alberi di fico nei climi temperati diventa una lezione di pazienza, attenta osservazione e rispetto per i capricci della natura, celebrando al contempo la delicatezza dei frutti succulenti che ricompensano questo sforzo.

Capitolo 129: La moltiplicazione degli alberi di fico mediante l'innesto di scudi: fusione artistica e **Generazione della vita**

L'innesto a scudo è una tecnica ancestrale che crea un'unione armoniosa tra diverse varietà di fichi. Questo metodo di propagazione offre l'opportunità di preservare caratteristiche specifiche promuovendo al contempo una rapida crescita e vigore. L'arte dell'innesto a stemma applicata agli alberi di fico, i passaggi, i benefici e le meraviglie di questo processo fondono patrimonio genetico e competenza umana.

Il distintivo: una forma di arte vegetale

L'innesto delle gemme è spesso paragonato a una forma di arte vegetale. In questa tecnica, un piccolo pezzo della varietà desiderata, chiamato "germoglio", viene inserito in una tacca praticata sul portainnesto. Questa unione artistica permette alla pianta di ereditare le qualità desiderate del ciuffo, creando una sorta di omaggio vegetale alla bellezza e alla diversità della natura.

Il processo di innesto dello stemma

L'innesto delle gemme segue un processo accurato. Da un albero di fico viene prelevato un germoglio con le caratteristiche desiderate, come sapore, dimensione o resistenza alle malattie. La gemma viene poi inserita sotto la corteccia del portinnesto, solitamente durante il periodo di crescita attiva. Una volta posizionato, il cerotto viene attaccato e sigillato con un sigillante per favorire la fusione e prevenire l'infezione.

I vantaggi dell'innesto di scudi

L'innesto a gemma presenta numerosi vantaggi. Permette una rapida moltiplicazione delle varietà scelte, preservandone così le caratteristiche desiderate. Inoltre, offre una soluzione efficace per la propagazione di varietà di fichi che potrebbero essere difficili da riprodurre da piantine o talee. Combinando portinnesti adattati alle condizioni locali con gemme selezionate, gli orticoltori possono creare alberi di fico robusti e produttivi.

La fusione di due identità vegetali

L'innesto a gemma è molto più di una semplice tecnica di propagazione. È una cerimonia silenziosa dove due identità vegetali si fondono per creare una nuova espressione di vita. Il rizoma fornisce la struttura e il vigore necessari, mentre lo stemma fornisce la sua firma e bellezza uniche. Insieme lavorano in armonia per produrre una pianta che riflette sia tradizione che innovazione.

La trascendenza del tempo e dello spazio

L'innesto sullo stemma trascende il tempo e lo spazio collegando generazioni e luoghi. Questa tecnica è praticata da secoli, attraversando confini e culture per garantire la sopravvivenza e la prosperità delle varietà di fichi più apprezzate. Ogni gemma innestata è un collegamento diretto con i giardinieri del passato, una continuazione di una tradizione antica quanto l'orticoltura stessa.

L'innesto delle gemme è un processo che celebra la creatività umana e la diversità della natura. Attraverso questa tecnica, i giardinieri onorano la bellezza dei fichi e preservano le caratteristiche che li rendono speciali. L'innesto delle gemme è un atto d'amore verso la natura, un dialogo tra artista e pianta, e un'occasione per tessere un filo continuo tra generazioni, collegando il passato al presente e al presente.;futuro.

Capitolo 130: Alberi di fico nei giardini ecologici: simbiosi naturale e sostenibilità Verdeggiante

I giardini ecologici incarnano l'armonia tra uomo e natura, evidenziando pratiche rispettose dell'ambiente e la conservazione della biodiversità.

La simbiosi dei fichi nei giardini ecologici

Gli alberi di fico, con la loro crescita rigogliosa e i frutti succulenti, danno un contributo significativo à l'ecosistema di un giardino ecologico. Le loro foglie forniscono una fonte di ombra e riparo per varie creature, mentre i loro fichi attirano una varietà di animali, inclusi uccelli, insetti e piccoli mammiferi. Questa simbiosi aiuta a rafforzare la catena alimentare e a promuovere la biodiversità.

Arricchimento della diversità vegetale

L'integrazione degli alberi di fico in un giardino ecologico rafforza anche la diversità vegetale. Il fico, con le sue diverse varietà, aggiunge una nuova ed interessante dimensione alla tavolozza di piante già presenti. Il suo fogliame denso e le caratteristiche di crescita uniche forniscono l'habitat per una varietà di insetti benefici, creando un equilibrio ecologico favorevole alla salute del giardino.

Fecondazione naturale e ciclo di vita

Gli alberi di fico contribuiscono alla fertilità del suolo attraverso la decomposizione delle foglie e dei frutti caduti. Questo nutre il terreno, rilasciando nutrienti essenziali per la crescita di altre piante. Fornendo una fonte di materia organica, i fichi partecipano al ciclo naturale della vita nel giardino ecologico.

L'economia dell'acqua e la resilienza

Alcuni alberi di fico, come il fico d'india (Opuntia), sono adattati agli ambienti aridi e possono sopravvivere con poca acqua. Integrandoli in un giardino eco-compatibile, i proprietari di casa possono risparmiare acqua aggiungendo al tempo stesso fascino estetico e valore ecologico. La loro capacità di resistere a condizioni difficili migliora anche la sostenibilità del giardino.

Educazione e consapevolezza

Gli alberi di fico, con la loro ricca storia culturale e il loro contributo ecologico, possono essere utilizzati anche come strumenti educativi. Offrono l'opportunità ai visitatori del giardino di sperimentare la diversità botanica e conoscere gli ecosistemi locali. Gli alberi di fico diventano così ambasciatori di sostenibilità e salvaguardia dell'ambiente.

Gli alberi di fico, con il loro ruolo vitale nella creazione di ecosistemi sostenibili, stanno diventando attori chiave nei giardini ecologici. La loro presenza promuove la biodiversità, sostiene la fertilità del suolo e rafforza la resilienza ai cambiamenti ambientali. Integrando questi alberi iconici nei giardini ecologici, gli appassionati di ecologia creano spazi in cui la bellezza naturale, la diversità biologica e convivenza armoniosa si uniscono, celebrando una visione di sostenibilità e rispetto per la Terra.

Capitolo 131: Il fico e le pratiche di guarigione dei nativi americani: antico legame tra natura e Salute

I nativi americani hanno da tempo un profondo rapporto con la natura, utilizzando piante e risorse naturali per mantenere la propria salute e il proprio benessere. Tra queste risorse, il fico ha occupato un posto speciale come fonte di cibo, medicina tradizionale e simbolo spirituale. Il fico è stato integrato nelle pratiche di guarigione dei nativi americani, illustrando la profonda connessione tra le tradizioni indigene e la natura.

Il fico come cibo e medicina

Per i nativi americani il fico non era solo un frutto delizioso, ma anche una fonte di nutrienti essenziali. I fichi fornivano vitamine, minerali e fibre necessarie per una dieta equilibrata. Inoltre, venivano usati per scopi medicinali. Ai fichi sono riconosciute proprietà digestive, effetti antinfiammatori e capacità di sostenere il sistema immunitario.

Il fico nella spiritualità dei nativi americani

Il fico occupava un posto importante anche nella spiritualità dei nativi americani. Alcune tribù consideravano l'albero sacro e lo veneravano per la sua forza e vitalità. Gli alberi di fico venivano talvolta usati come punti di riferimento nel paesaggio spirituale ed erano associati a storie e cerimonie rituali. Il fico incarnava la profonda connessione tra gli esseri umani, la terra e il cosmo.

Pratiche di guarigione

Le foglie, le radici e i frutti del fico venivano utilizzati in varie pratiche curative. I nativi americani utilizzavano le foglie per preparare infusi, credendo nelle loro proprietà curative per alleviare disturbi digestivi, infiammazioni e anche problemi respiratori. Le radici erano talvolta trasformato in cataplasmi per lenire i dolori muscolari. Anche i fichi freschi erano considerati un alimento benefico per l'organismo.

La trasmissione della conoscenza

La conoscenza delle proprietà medicinali e dei metodi di guarigione del fico è stata tramandata di generazione in generazione all'interno delle comunità dei nativi americani. Gli anziani condividevano le loro conoscenze con i più giovani, garantendo così la conservazione di queste pratiche tradizionali. Questa trasmissione orale e pratica ha contribuito a mantenere vivi i costumi e le credenze indigene.

Risonanza contemporanea

Oggi, mentre le tradizioni dei nativi americani vengono mantenute e rispettate, il fico continua a svolgere un ruolo in alcune pratiche di guarigione tra le comunità indigene. Sebbene l'accesso alle risorse tradizionali possa variare, il fico continua a ricordare con forza l'antica saggezza e la capacità della natura di sostenere la salute e il benessere umano.

Il fico, con la sua duplice natura di alimento e medicinale, ricopriva un ruolo importante nelle pratiche curative dei popoli nativi americani. Incarna il profondo rapporto tra le tradizioni indigene e la natura, illustrando come le piante possano essere alleate essenziali nella ricerca della salute e del benessere. Esplorando il ruolo del fico nelle pratiche di guarigione dei nativi americani, celebriamo la ricchezza della saggezza indigena e il potere della natura come guaritore.

Capitolo 132: Coltivazione di alberi di fico in aree urbane limitate: l'arte di ottenere il meglio da uno
Spazio limitato

Nelle aree urbane dove lo spazio è spesso un lusso, coltivare alberi di fico può sembrare una sfida. Tuttavia, con le giuste conoscenze e tecniche creative, è possibile coltivare questi iconici alberi da frutto anche in spazi ristretti. Diamo un'occhiata a strategie e suggerimenti per coltivare con successo alberi di fico in ambienti urbani limitati e come questa pratica contribuisce all'arricchimento della vita urbana.

Scelta delle varietà adatte

Quando si coltivano alberi di fico in aree urbane ristrette, la scelta delle varietà è fondamentale. Optare per varietà nane o compatte adatte a spazi più piccoli. I fichi in vaso o innestati su portainnesti nani possono essere la scelta ideale per la coltivazione in contenitori su balconi, terrazze o anche davanzali.

Contenitori e Spalliere

L'utilizzo di contenitori adatti alla coltivazione di fichi offre una preziosa flessibilità negli spazi urbani. Gli alberi di fico in vaso possono essere spostati a seconda della luce e delle condizioni stagionali. Inoltre, gli alberi di fico possono essere allevati a spalliera contro muri o recinzioni, ottimizzando l'uso dello spazio verticale.

Condizioni ottimali di crescita

Assicurati di fornire condizioni di crescita ottimali per i tuoi alberi di fico nelle aree urbane. Scegli posizioni soleggiate dove gli alberi possono ricevere almeno 6 ore di luce solare diretta al giorno. Gli alberi di fico hanno bisogno di un terreno ben drenato e di una dieta equilibrata per prosperare. I contenitori richiedono particolare attenzione all'irrigazione e alla concimazione.

Dimensioni e formazione

La potatura è un elemento essenziale della coltivazione del fico in aree urbane ristrette. Gli alberi di fico possono essere potati per mantenere le loro dimensioni compatte e incoraggiare una forma specifica, come la spalliera. La potatura regolare stimola inoltre la produzione dei frutti e previene i problemi legati all'affollamento.

Protezione invernale

Nelle zone con inverni rigidi, è importante proteggere i fichi dalle temperature fredde.

Gli alberi di fico in vaso possono essere spostati all'interno durante la stagione invernale. Per gli alberi di fico nel terreno, usa uno spesso pacciame attorno alla base dell'albero per proteggere le radici dal gelo.

Vantaggi per la vita urbana

La coltivazione del fico in aree urbane ristrette apporta una serie di benefici alla vita cittadina. Oltre a produrre frutti deliziosi, gli alberi di fico aggiungono un tocco di verde e bellezza all'ambiente urbano. Forniscono spazi per il relax e la meditazione e incoraggiano la connessione con la natura anche nei luoghi più densamente popolati.

La coltivazione del fico in un'area urbana ristretta può sembrare impegnativa, ma con il giusto approccio è completamente realizzabile. Scegliendo le varietà adatte, utilizzando contenitori e tecniche a spalliera e prestando le cure necessarie, gli appassionati di giardinaggio urbano possono godersi le delizie dei fichi anche negli spazi più piccoli. Questa pratica non solo porta raccolti gustosi, ma aggiunge anche un tocco naturale alla vita urbana, rafforzando il legame tra uomo e natura nel cuore delle città.

Capitolo 133: La propagazione degli alberi di fico mediante innesto diviso: l'arte di perpetuare la tradizione

L'innesto diviso è una tecnica di propagazione venerata che consente ai giardinieri di perpetuare le loro varietà preferite di fichi preservando le loro caratteristiche uniche. Questo metodo secolare fornisce un modo affidabile per propagare gli alberi di fico, consentendo ai giardinieri di creare nuove combinazioni di radici e innesti.

Un antico legame storico

L'innesto diviso è utilizzato da secoli per propagare diverse specie di piante, tra cui gli alberi di fico. Questa tecnica è stata tramandata di generazione in generazione, diventando parte integrante della tradizione orticola. Ha permesso ai giardinieri di preservare e condividere le loro varietà preferite, garantendo così la diversità e la sostenibilità degli alberi di fico nei giardini.

I vantaggi dell'innesto diviso

L'innesto diviso offre numerosi vantaggi. Permette ai giardinieri di conservare le caratteristiche desiderabili di una varietà specifica, come dimensioni, sapore e resistenza alle malattie. Inoltre, questa tecnica aiuta a ridurre il tempo necessario affinché un giovane fico raggiunga la maturità e inizi à produrre frutti. L'innesto frazionato fornisce inoltre un controllo preciso sul processo di propagazione, consentendo ai giardinieri di scegliere portinnesti adatti alle condizioni locali.

Fasi dell'innesto diviso

1. **Selezione delle marze e dei portainnesti:**Scegli un portainnesto sano e vigoroso e delle marze di un fico maturo e produttivo.

2.**Preparazione dell'innesto:** Tagliare una marza dal ramo del fico madre, assicurandosi che sia presente diversi germogli.

3.**Preparazione del portinnesto:** Praticare un'incisione a forma di fessura sul portinnesto, vicino al terreno. Là la fessura deve essere pulita e precisa.4.**Inserisci il plugin:**Inserisci con attenzione la marza nella fessura del portinnesto, assicurandoti che gli strati interni corrispondano.

5. **Legatura e protezione:**Utilizzare una legatura per tenere l'innesto in posizione. Applicare mastice o nastro per innesto per proteggere l'area di innesto.

6.**Colloquio :** Posiziona il giovane rampollo in condizioni di crescita ottimali. Mantenere il terreno umido e evitare uno stress eccessivo.

7. **Eliminazione dei germogli indesiderati:**Man mano che la marza cresce, rimuovi i germogli indesiderati che emergono dal portinnesto.

La trasmissione della conoscenza

L'innesto a fessura trascende il semplice atto di moltiplicazione. Rappresenta la trasmissione di conoscenza tra generazioni, dove ogni giardiniere impara dagli anziani e aggiunge la propria esperienza alla tradizione. Questa tecnica onora la storia dei fichi e contribuisce al loro futuro, preservando la ricchezza genetica e la diversità delle varietà.

L'innesto diviso è molto più di una tecnica di propagazione del fico. È un atto di preservazione, di trasmissione della tradizione e di creazione del futuro. I giardinieri che padroneggiano questo metodo onorano le generazioni passate lasciando il proprio segno sugli alberi di fico a venire. È un omaggio alla simbiosi tra la natura e la mano dell'uomo, che da secoli permette agli alberi di fico di prosperare e arricchire i nostri giardini e le nostre vite.

Capitolo 134: Alberi di fico nei giardini pensili verdi: un'elegante fusione di natura e

Urbanità

I giardini pensili verdi hanno guadagnato popolarità nelle aree urbane densamente popolate, fornendo un'oasi verde nel cuore dell'urbanità. Incorporare gli alberi di fico in questi spazi elevati aggiunge una nuova dimensione a questa tendenza, offrendo non solo l'estetica seducente degli alberi di fico, ma anche i benefici ecologici e la connessione naturale che apportano. Gli alberi di fico si inseriscono armoniosamente nei giardini pensili verdi, arricchendo l'esperienza urbana e promuovendo la sostenibilità.

L'ascesa dei giardini pensili verdi

I giardini pensili verdi sono molto più che semplici caratteristiche estetiche. Svolgono un ruolo vitale nella regolazione della temperatura urbana, nel miglioramento della qualità dell'aria e nella gestione delle acque piovane. Forniscono inoltre spazi per il relax, la ricreazione e persino il giardinaggio, essenziale negli ambienti urbani in cui lo spazio è limitato. L'integrazione della natura in quota offre una rinnovata esperienza della vita cittadina.

L'eleganza dei fichi

Gli alberi di fico apportano un tocco mediterraneo senza tempo ai giardini pensili verdi. Le loro foglie

Le verdure rigogliose creano un'atmosfera rinfrescante e rilassante, mentre i frutti succosi aggiungono una tavolozza di colori e sapori. Gli alberi di fico sono perfetti anche per la potatura a spalliera, rendendoli la scelta ideale per massimizzare l'utilizzo dello spazio verticale nei giardini sopraelevati.

Benefici ambientali

Incorporare gli alberi di fico nei giardini pensili verdi apporta una serie di benefici ambientali. Le loro foglie aiutano con la regolazione termica fornendo ombra e riducendo il calore radiante. Inoltre, gli alberi di fico assorbono CO_2 ed emettono ossigeno, contribuendo a migliorare la qualità dell'aria.

Aggiungendo strati di vegetazione, gli alberi di fico aiutano a filtrare gli inquinanti atmosferici e a mitigare gli effetti delle isole di calore urbane.

Connessione con la natura in quota

I giardini pensili verdi offrono ai residenti preziosi momenti di connessione con la natura proprio nel cuore della città. La presenza degli alberi di fico aggiunge una dimensione organica e vivace a questo spazio, incoraggiando gli abitanti delle città a connettersi con i cicli naturali della crescita e del raccolto. La possibilità di coltivare alberi di fico sui tetti avvicina la produzione alimentare al consumatore, promuovendo un maggiore apprezzamento della provenienza del cibo.

Conservazione della biodiversità urbana

L'integrazione dei fichi nei giardini pensili contribuisce alla conservazione della biodiversità nelle aree urbane. Gli alberi di fico forniscono l'habitat a varie specie di insetti, uccelli e altre piccole creature, rafforzando così l'equilibrio ecologico dell'ambiente urbano. I giardini pensili verdi con alberi di fico diventano così paradisi di biodiversità nei deserti di cemento.

Gli alberi di fico, con la loro eleganza senza tempo e i benefici ambientali, trovano la loro collocazione naturale nei giardini pensili verdi. Integrando questi iconici alberi da frutto negli spazi urbani elevati, rafforziamo la connessione tra la natura e la vita cittadina. I fichi portano

Un tocco mediterraneo e una connessione vitale con la terra, che trasformano i tetti in paradisi verdi e serbatoi di sostenibilità.

Capitolo 135: Il fico nei rimedi asiatici tradizionali: un tesoro di benefici per il corpo

Salute

Per millenni, i rimedi tradizionali asiatici hanno attinto alle ricchezze della natura per promuovere salute e benessere. Il fico, con le sue molteplici proprietà medicinali, occupava un posto speciale in queste pratiche ancestrali.

Una fonte di nutrienti essenziali

I fichi sono da tempo riconosciuti nei rimedi asiatici tradizionali per il loro valore nutrizionale. Ricchi di fibre, minerali come potassio, calcio e magnesio, oltre che di vitamine, i fichi sono una preziosa fonte di nutrienti essenziali per l'organismo. Questi nutrienti supportano la salute del cuore, la digestione e la salute delle ossa, rendendoli un componente chiave di molti rimedi naturali.

Equilibrio Yin e Yang

Nella medicina tradizionale cinese l'equilibrio tra Yin e Yang è fondamentale per il mantenimento della salute. I fichi, con il loro sapore dolce e fresco, sono spesso considerati Yin, nel senso che hanno un effetto rinfrescante sul corpo. Vengono utilizzati per contrastare l'eccesso di calore interno, calmare l'agitazione e lenire le irritazioni della pelle. I fichi sono anche associati ai reni e alla milza nella medicina cinese, poiché supportano la salute dell'apparato digerente e dei reni.

Il fico nell'Ayurveda

Nell'Ayurveda, il sistema di medicina tradizionale indiano, i fichi sono riconosciuti per le loro qualità rinfrescanti e calmanti. Sono utilizzati per ridurre il calore e l'infiammazione nel corpo, soprattutto durante i periodi caldi dell'anno. Anche i fichi sono considerati un tonico per il sistema digestivo e sono spesso consigliati per trattare problemi di stitichezza.

Un rimedio per i disturbi respiratori

In molte culture asiatiche, i fichi sono stati usati per trattare disturbi respiratori come tosse e infezioni del tratto respiratorio. Lo sciroppo di fichi si prepara facendo bollire i fichi in acqua con miele o zucchero, quindi filtrando il liquido. Questo sciroppo viene spesso utilizzato come rimedio naturale per lenire il mal di gola e alleviare la tosse.

Antiossidanti e salute immunitaria

I fichi sono ricchi di antiossidanti come i polifenoli, che aiutano a neutralizzare i radicali liberi e a proteggere le cellule dal danno ossidativo. Questa capacità antiossidante rafforza il sistema immunitario e può aiutare a prevenire le malattie croniche. È stato dimostrato anche che i fichi hanno proprietà antinfiammatorie, che li rendono benefici per varie condizioni infiammatorie.

Il fico, con la sua ricchezza di sostanze nutritive, il suo equilibrio Yin e Yang e i suoi vari benefici medicinali, svolge un ruolo significativo nei rimedi asiatici tradizionali. Diverse culture hanno incorporato il fico nelle loro pratiche curative, riconoscendone le proprietà calmanti, antiossidanti e nutrizionali. Come tesoro naturale per la salute, il fico continua a brillare nei rimedi asiatici tradizionali, offrendo i suoi preziosi benefici alle generazioni attuali e future.

Capitolo 136: Coltivazione di fichi nelle terre aride: un'odissea di resilienza e sopravvivenza

La coltivazione del fico nelle zone aride è un esempio accattivante di come la natura e l'uomo possano lavorare insieme per creare una simbiosi duratura. Gli alberi di fico, con la loro capacità di prosperare in condizioni difficili, incarnano la resilienza della vita vegetale di fronte alle avversità climatiche. Questo capitolo esplora l'arte e la scienza della coltivazione del fico nelle zone aride, evidenziando le sfide uniche, le strategie innovative e le ricompense che ne derivano.

Adattamento ai vincoli aridi

Gli alberi di fico si sono evoluti per adattarsi agli ambienti aridi, sviluppando caratteristiche fisiologiche e morfologiche che consentono loro di sopravvivere in condizioni di siccità. Il loro fogliame denso e lucido riduce la perdita d'acqua attraverso l'evaporazione, mentre le loro radici profonde esplorano le falde acquifere alla ricerca di umidità. Questi adattamenti permettono loro di resistere ai rigori del clima arido, rendendoli simboli di resistenza e tenacia.

Gestione delle risorse idriche

Nelle zone aride, la gestione dell'acqua è essenziale per far crescere con successo alberi di fico. I sistemi di irrigazione a goccia, l'uso di acqua riciclata e la raccolta dell'acqua piovana sono tecniche vitali per mantenere l'umidità del suolo. I metodi tradizionali, come la costruzione di stagni di ritenzione per raccogliere l'acqua piovana, vengono spesso utilizzati per massimizzare l'efficienza dell'irrigazione e ridurre gli sprechi.

Fecondazione e modifiche del suolo

La fertilità del suolo nelle zone aride può rappresentare una sfida importante. Gli alberi di fico beneficiano di terreni ben drenati, ricchi di materia organica e sostanze nutritive. L'aggiunta di compost, letame e materiali organici aiuta

à migliorare la struttura del suolo e trattenere l'umidità. Pratiche di fertilizzazione equilibrate, adattate alle esigenze specifiche del fico, sono essenziali per sostenere la crescita sana dell'albero.

Protezione contro i cambiamenti climatici estremi

Gli alberi di fico delle zone aride affrontano condizioni climatiche estreme, come temperature elevate durante il giorno e cali significativi durante la notte. Piantare alberi di fico vicino a edifici o strutture può fornire una certa protezione dal vento e creare microclimi più favorevoli. L'uso del pacciame organico attorno agli alberi aiuta a trattenere l'umidità del suolo e a proteggere le radici dalle temperature estreme.

Ricompense della coltivazione del fico nelle zone aride

La coltivazione di fichi nelle zone aride presenta ricompense significative. Gli alberi di fico forniscono una preziosa fonte di cibo nelle aree in cui le risorse alimentari possono essere limitate. La loro fitta ombra offre rifugio dal sole cocente, creando piacevoli spazi di relax e socializzazione. Inoltre, i fichi contribuiscono alla rigenerazione degli ecosistemi aridi migliorando la qualità del suolo e promuovendo la biodiversità.

La coltivazione del fico nelle zone aride è un esempio vivente della capacità della natura di adattarsi e dell'ingegno umano nello sfruttare le risorse locali. I fichi resilienti incarnano la perseveranza di fronte alle sfide climatiche, offrendo allo stesso tempo benefici ecologici e nutrizionali. In un mondo che si trova ad affrontare il cambiamento climatico e il crescente stress ambientale, l'arte di coltivare alberi di fico nelle zone aride ci ricorda l'importanza della collaborazione tra uomo e natura per creare un futuro sostenibile.

Capitolo 137: La moltiplicazione degli alberi di fico mediante l'innesto di rami: l'arte della perpetuazione

Verdura

La propagazione dei fichi mediante innesto di rami è una tecnica tradizionale e collaudata che preserva le caratteristiche desiderabili di un particolare albero di fico accelerandone la crescita e la diffusione. Questo metodo esperto, una miscela di abilità e scienza, rivela l'ingegno dell'uomo nell'imitare i processi naturali di riproduzione delle piante per creare alberi forti e produttivi.

La scienza dell'innesto di Rameau

L'innesto a rametto, detto anche innesto all'inglese, prevede l'unione di un rametto della varietà di fico desiderata (detto marza) su un portainnesto compatibile. Il successo di questa tecnica dipende dal preciso allineamento dei tessuti vascolari tra marza e portinnesto, che consente ai nutrienti e all'acqua di fluire in modo efficiente.

Selezione di marze e portinnesti

La chiave per un innesto di rami di successo risiede nella scelta giudiziosa delle marze e dei portinnesti. IL

Le marze vengono prelevate da alberi di fico maturi e sani, idealmente durante il loro periodo dormiente. I portainnesti, che possono essere piantine o piante di fico selvatico, devono essere compatibili con la varietà da innesto. Questa compatibilità garantisce un buon contatto e una crescita armoniosa.

Passaggi di innesto

La procedura di innesto dei rametti segue generalmente questi passaggi: Innanzitutto si effettua un taglio preciso sul portinnesto, creando una superficie piana. Successivamente, viene prelevato un innesto, tagliato ad angolo per massimizzare la superficie di contatto. Le due sezioni sono assemblate in modo che i cambi (strati vascolari) coincidano, garantendo un flusso continuo di linfa.

Tipi di innesto di rami

Esistono diversi metodi di innesto di rami, tra cui l'innesto diviso, l'innesto a gemma e l'innesto a corona. Ognuna di queste tecniche presenta vantaggi e limiti, ma tutte mirano a realizzare una forte unione tra marza e portinnesto.

Risultati e benefici

L'innesto di rami consente di moltiplicare rapidamente alberi di fico con caratteristiche specifiche, come sapore del frutto, resistenza alle malattie o crescita vigorosa. Questo metodo favorisce inoltre una crescita più rapida e una produzione precoce dei frutti rispetto alla coltivazione da seme. Preservando le caratteristiche genetiche di una varietà pregiata, l'innesto di rami contribuisce alla diversità dei fichi coltivati.

Patrimonio vegetale

L'innesto di rami trascende il tempo e collega le generazioni consentendo la trasmissione di alberi preziosi da una generazione a quella successiva. Vengono preservate varietà speciali e abilità di innesto, garantendo che alberi con qualità eccezionali continuino a prosperare. Questo processo di perpetuazione

La pianta rappresenta una forma di patrimonio culturale e naturale che collega giardinieri, frutticoltori e amanti della natura a un passato arricchente.

L'innesto dei rami per la propagazione del fico è espressione dell'ingegno umano e dell'amore per la natura. Combinando la conoscenza botanica con la precisione tecnica, questo metodo consente la propagazione rapida ed efficiente delle varietà di fichi desiderate. Celebrando e preservando questi alberi eccezionali, l'innesto di rami garantisce la sostenibilità di alberi da frutto unici e contribuisce alla ricchezza del patrimonio vegetale.

Capitolo 138: Fichi e cura naturale degli animali: un'alleanza benefica

Da secoli il fico è riconosciuto per i suoi benefici nutrizionali e medicinali per l'uomo. Ma il suo influsso benefico si estende anche al regno animale. Dal cibo ai rimedi naturali, i fichi hanno trovato la loro strada nella cura degli animali domestici e del bestiame.

Cibo sano e naturale

I fichi rappresentano un'aggiunta nutriente e gustosa alla dieta degli animali. Ricchi di fibre, vitamine e minerali, offrono benefici per la digestione, il sistema immunitario e la salute generale. Dare fichi agli animali domestici, come cani e cavalli, può contribuire ad una dieta varia ed equilibrata.

Rimedi naturali per la salute degli animali

I fichi vengono utilizzati anche nella medicina veterinaria naturale. Ad esempio, i fichi secchi possono essere usati per trattare la stitichezza negli animali domestici. Il loro contenuto di fibre favorisce il regolare transito intestinale. Le proprietà antiossidanti dei fichi possono anche aiutare a rafforzare il sistema immunitario degli animali, proprio come fanno per gli esseri umani.

Prevenzione e gestione dei problemi della pelle

Il fico ha proprietà lenitive e antinfiammatorie che possono apportare benefici alla pelle degli animali domestici. I preparati di fichi possono essere utilizzati per lenire prurito, irritazioni ed eruzioni cutanee negli animali domestici con problemi dermatologici. Gli enzimi naturali presenti nei fichi possono aiutare nella guarigione di ferite minori.

Cura olistica per gli animali da fattoria

Agricoltori e allevatori riconoscono anche i benefici dei fichi per il bestiame. I fichi possono essere utilizzati come integratori alimentari per migliorare la salute generale del bestiame. Le proprietà digestive e antinfiammatorie dei fichi possono aiutare a mantenere la salute intestinale nel bestiame, riducendo la necessità di farmaci chimici.

Rispetto per l'ambiente

L'uso dei fichi nella cura naturale degli animali rientra in un approccio rispettoso dell'ambiente. I metodi naturali e biologici per la salute degli animali riducono al minimo l'uso di sostanze chimiche dannose, a vantaggio sia degli animali che dell'ecosistema circostante.

Il fico è un ottimo esempio di come la natura offra abbondanti risorse benefiche per la salute e il benessere degli animali. Dagli integratori alimentari ai rimedi per la pelle e la digestione, il fico ha dimostrato il suo potenziale nella cura naturale degli animali domestici e del bestiame. Integrando questo trattamento delizioso e nutriente nella cura degli animali domestici, i proprietari e gli allevatori adottano un approccio olistico che promuove la salute e la vitalità a lungo termine.

Capitolo 139: Alberi di fico nei giardini didattici: coltivare la conoscenza attraverso le stagioni

Gli orti didattici svolgono un ruolo fondamentale nell'apprendimento e nella sensibilizzazione sull'ambiente, sull'agricoltura sostenibile e sulla natura. Tra le varie piante che trovano posto in questi giardini, il fico occupa una posizione particolarmente arricchente. La coltivazione del fico negli orti didattici va oltre la semplice coltivazione delle piante: è un'opportunità per insegnarne il valore alle generazioni future la natura, la bellezza della diversità botanica e le profonde connessioni tra l'uomo e la terra.

Lezioni di biologia ed ecologia

La coltivazione di alberi di fico negli orti didattici offre un'opportunità unica per insegnare agli studenti la biologia delle piante, compresi l'impollinazione, la crescita, la propagazione e i cicli di vita. I fichi sono particolarmente adatto a illustrare i concetti di interazioni ecologiche, di mutualismo tra piante e impollinatori e di dipendenza di molti animali dai frutti prodotti dai fichi.

Apprendimento pratico dell'agricoltura sostenibile

Gli alberi di fico, essendo resistenti e poco impegnativi da curare, sono ideali per introdurre gli studenti all'agricoltura sostenibile. Coinvolgendo gli studenti nella piantagione, potatura, irrigazione e raccolta dei fichi, gli educatori possono insegnare i principi della gestione delle risorse naturali, della conservazione della biodiversità e dell'uso responsabile dell'acqua e dei nutrienti dei fichi.

Scoperta della cultura e della storia

La coltivazione del fico negli orti didattici offre anche l'opportunità di approfondire gli aspetti culturali e storici di questa pianta. Gli studenti possono imparare come gli alberi di fico sono stati coltivati e utilizzati nelle diverse società nel corso del tempo. Possono conoscere le tradizioni culinarie, i costumi e i miti associati agli alberi di fico in varie culture di tutto il mondo.

Consapevolezza alimentare sana

I fichi, ricchi di sostanze nutritive, fibre e antiossidanti, possono essere utilizzati per educare gli studenti sull'importanza di una dieta sana ed equilibrata. Integrando i fichi nei programmi di educazione alimentare, gli insegnanti possono mostrare agli studenti come le scelte alimentari possono influenzare la loro salute e il loro benessere.

Promuovere l'apprezzamento della natura

Coltivare alberi di fico negli orti didattici consente agli studenti di connettersi più profondamente con la natura. Osservando la crescita degli alberi di fico, ammirandone le foglie e i frutti, gli studenti sviluppano una comprensione e un apprezzamento più profondi della bellezza e della complessità del mondo naturale che li circonda.

Gli alberi di fico negli orti didattici incarnano la perfetta fusione tra apprendimento pratico, consapevolezza ambientale e scoperta culturale. Fornendo agli studenti l'opportunità di crescere, osservare e interagire con questi alberi eccezionali, gli educatori aprono le porte a un apprendimento arricchente e coinvolgente. Le lezioni apprese dalla coltivazione degli alberi di fico negli orti didattici vanno ben oltre le competenze orticole: modellano le menti e i cuori degli studenti come amministratori responsabili del pianeta, della conoscenza e della bellezza della natura.

Capitolo 140: Fichi e tecniche di controllo biologico dei parassiti: un approccio

Naturale per la protezione delle colture

La lotta contro parassiti e parassiti è una delle maggiori sfide dell'agricoltura moderna. Mentre molti agricoltori si rivolgono a metodi chimici per proteggere i propri raccolti, sta emergendo un'alternativa più rispettosa dell'ambiente e della salute umana: il controllo biologico. In questo contesto il fico si rivela un prezioso alleato grazie alle sue proprietà intrinseche che favoriscono la naturale regolazione delle popolazioni parassitarie. Il rapporto tra il fico e le tecniche di controllo biologico evidenziano i benefici di questo approccio per la sostenibilità agricola.

Promuovere la biodiversità e l'equilibrio ecologico

Gli alberi di fico, in quanto habitat naturale e risorsa alimentare per una varietà di animali, attirano una moltitudine di specie. Uccelli, pipistrelli e insetti predatori trovano rifugio nei fichi, creando un ecosistema diversificato che favorisce la regolazione naturale delle popolazioni di parassiti. Gli alberi di fico fungono da "alberghi" biologico, attirando predatori parassiti, che aiuta a mantenere un equilibrio ecologico nei campi.

Attraente per i predatori naturali

I fichi producono composti volatili che attirano insetti predatori come le vespe parassitoidi. È noto che queste vespe parassitano le larve di molti parassiti agricoli, come afidi e bruchi. Coltivando alberi di fico vicino a colture vulnerabili, gli agricoltori possono incoraggiare la presenza di queste vespe, riducendo così la pressione dei parassiti.

Creare aree di rifugio per i predatori

Gli alberi di fico possono anche fungere da aree di rifugio per i predatori naturali. Questi alberi forniscono rifugio e terreno fertile per gli insetti utili che si nutrono di parassiti. Gli alberi di fico fungono quindi da oasi biologiche all'interno delle colture, favorendo la riproduzione e la preservazione dei predatori naturali.

Ridurre l'uso di pesticidi

L'uso di tecniche di controllo biologico che coinvolgono gli alberi di fico può ridurre la dipendenza dai pesticidi chimici. Incoraggiando la presenza di predatori naturali, gli agricoltori possono mantenere le popolazioni di parassiti a livelli accettabili senza ricorrere a sostanze chimiche potenzialmente dannose per l'ambiente e la salute umana.

Educazione e consapevolezza

La combinazione tra la coltivazione di fichi e l'utilizzo di tecniche di controllo biologico può anche rappresentare un'opportunità educativa per gli agricoltori. Imparando a osservare le interazioni tra alberi di fico, parassiti e predatori, gli agricoltori possono acquisire una comprensione più profonda dell'ecologia agricola e dei modi per promuovere la salute delle colture in modo sostenibile.

Il fico, con le sue proprietà che favoriscono la biodiversità e la presenza di predatori naturali, si adatta perfettamente negli approcci di controllo biologico contro i parassiti. Utilizzando gli alberi di fico come strumento per creare ecosistemi equilibrati nei campi, gli agricoltori possono ridurre la loro dipendenza dai pesticidi chimici mantenendo la salute delle colture e dell'ambiente. Questa alleanza tra il fico e le tecniche di controllo biologico illustra l'importanza di lavorare con la natura per garantire un'agricoltura sostenibile e resiliente.

Capitolo 141: Coltivazione di fichi negli orti urbani: elevare la natura nel cuore della città

À Man mano che gli spazi urbani si sviluppano e si intensificano, gli orti urbani diventano vere e proprie oasi di verde all'interno dell'ambiente urbano. Tra le piante che trovano posto in questi orti urbani, il fico brilla per la sua capacità di portare in questi spazi ristretti un tocco mediterraneo e un raccolto gustoso. La coltivazione di fichi in un orto urbano non si limita solo all'aspetto pratico della produzione alimentare, ma rafforza anche il legame tra gli abitanti delle città e il mondo

natura, invitando un pezzo di campagna nel cuore della città.

L'adattabilità urbana del fico

Il fico è una pianta perfettamente adatta alla coltivazione in un orto urbano. La sua crescita lenta e le dimensioni moderate lo rendono una scelta ideale per piccoli spazi. Con le dovute cure, un albero di fico può prosperare in vaso, producendo foglie rigogliose e frutti succulenti, portando un tocco di verde nell'ambiente urbano.

Promozione della biodiversità urbana

La coltivazione del fico negli orti urbani offre una preziosa opportunità per promuovere la biodiversità nelle aree urbane. Gli alberi di fico attirano una varietà di insetti impollinatori, uccelli e altri piccoli animali, creando un mini-ecosistema nel cuore della città. Questa biodiversità contribuisce all'equilibrio ecologico e alla resilienza degli ecosistemi urbani.

Educazione e consapevolezza ambientale

La presenza dei fichi negli orti urbani può svolgere un ruolo essenziale anche nell'educazione ambientale.

Gli abitanti delle città, osservando il ciclo di vita dei fichi, dalla fioritura al raccolto, possono acquisire una comprensione più profonda dei processi naturali. Ciò promuove la consapevolezza della natura e incoraggia un atteggiamento più rispettoso nei confronti dell'ambiente.

Coinvolgimento e benessere della comunità

Coltivare alberi di fico negli orti urbani può rafforzare il senso di comunità tra i residenti locali. Gli spazi di giardinaggio condivisi forniscono un luogo di ritrovo in cui le persone possono interagire, scambiare conoscenze e condividere i raccolti. Partecipare attivamente alla coltivazione dei fichi può anche migliorare il benessere mentale offrendo agli abitanti delle città una fuga pacifica dalla frenesia urbana.

Sfide e premi

Tuttavia, va notato che coltivare alberi di fico in un orto urbano può presentare delle sfide. Cura regolare, irrigazione adeguata e protezione dai parassiti sono aspetti da tenere in considerazione per garantire il successo della coltura. Nonostante ciò, le ricompense sono numerose. La soddisfazione di raccogliere fichi freschi in un ambiente urbano, la bellezza ornamentale degli alberi e l'opportunità di educare e sensibilizzare la comunità valgono la pena.

Coltivare il fico in un orto urbano trascende il semplice atto di coltivare le piante. È una dichiarazione a favore della natura nel mezzo dell'urbanizzazione, un'opportunità per avvicinare gli abitanti delle città all'ambiente naturale e un modo per abbellire gli spazi urbani. Collocando gli alberi di fico negli orti urbani, celebriamo l'intersezione tra natura e vita urbana, ricordando agli abitanti delle città la ricchezza e la bellezza del mondo naturale, anche nel cuore della città.

Capitolo 142: Metodi di conservazione dei fichi e del suolo: coltivare per proteggere

La conservazione del suolo è uno dei pilastri fondamentali dell'agricoltura sostenibile. Terreni sani e fertili sono essenziali per mantenere la produttività agricola, preservare la biodiversità e mitigare gli effetti del cambiamento climatico. In questa ricerca per proteggere e ripristinare le preziose risorse del suolo, il fico emerge come un alleato inaspettato ma potente.

Radici forti e apparato radicale esteso

La coltivazione del fico presenta vantaggi unici per la conservazione del suolo grazie al suo apparato radicale profondo ed esteso. Le radici del fico aiutano a stabilizzare il suolo e a prevenire l'erosione, soprattutto nelle zone soggette a forti piogge o forti venti. Queste radici profonde svolgono anche un ruolo cruciale nel prevenire l'impoverimento del suolo, poiché assorbono i nutrienti dalle profondità e li portano in superficie.

Protezione contro l'erosione

Gli alberi di fico, piantati in filari o siepi, possono fungere da barriere naturali contro l'erosione. Le loro foglie grandi e dense creano una copertura del terreno che rallenta il deflusso dell'acqua e riduce il rischio di erosione del suolo. Proteggendo il suolo dall'erosione, i fichi aiutano a mantenere la struttura del suolo e a preservarne la fertilità.

Miglioramento della sostanza organica del suolo

Le foglie che cadono dai fichi, ricche di sostanze nutritive, si decompongono e formano uno strato di materia organica sul terreno. Questa materia organica aiuta a migliorare la struttura del suolo, ad aumentare la sua capacità di trattenere l'acqua e a promuovere l'attività microbica benefica. Nutrendo naturalmente il terreno, i fichi sostengono la salute generale dell'ecosistema agricolo.

Associazione benefica con altre culture

Anche la pratica della consociazione dei fichi con altre colture può contribuire alla conservazione del suolo. Gli alberi di fico, essendo alberi perenni, possono creare microclimi più stabili, riducendo l'evaporazione dell'acqua dal suolo. Possono anche svolgere un ruolo di frangivento, proteggendo i raccolti sensibile ai forti venti e riduce la perdita di umidità del suolo.

Il fico, con la sua natura robusta e il potente apparato radicale, si rivela un attore fondamentale nella preservazione del suolo. In un'epoca in cui i terreni fertili sono minacciati dall'urbanizzazione, dall'agricoltura intensiva e dai cambiamenti climatici, l'integrazione degli alberi di fico nei sistemi agricoli può offrire soluzioni preziose per la conservazione del suolo. Gli alberi di fico illustrano quindi come la simbiosi tra le piante e la terra possa creare un futuro più sostenibile e resiliente per la nostra agricoltura e il nostro ambiente.

Capitolo 143: Cura stagionale per un albero di fico sano: nutrire, proteggere e coltivare

Crescere e mantenere un albero di fico sano richiede un'attenzione costante durante tutto l'anno, adattata ai cambiamenti stagionali. Dalla potatura primaverile alla protezione invernale, ogni stagione porta con sé le proprie esigenze per mantenere la salute e la vitalità di questo eccezionale albero da frutto.

Primavera: il tempo della crescita

La primavera segna l'inizio di una nuova stagione di crescita per il fico. Ora è il momento di potare i rami morti, malati o danneggiati per incoraggiare una crescita vigorosa. Potare anche i rami incrociati per consentire una migliore circolazione dell'aria e della luce. Durante questo periodo l'applicazione di un concime bilanciato favorisce lo sviluppo di nuovi germogli e la formazione dei frutti.

Estate: fioritura e raccolto

In estate il fico entra nella fase di fioritura e fruttificazione. Durante questo periodo è importante mantenere annaffiature regolari per evitare che il terreno si secchi troppo, causando una caduta prematura dei frutti. L'aggiunta di uno strato di pacciame attorno alla base del fico aiuta a conservare l'umidità e a ridurre la concorrenza delle erbe infestanti.

Autunno: Prepararsi all'inverno

À Con l'avvicinarsi dell'autunno, il fico inizia a rallentare la sua crescita. Questo è il momento di interrompere l'applicazione del fertilizzante per evitare uno scatto di crescita tardivo che potrebbe essere vulnerabile al gelo. D'altra parte, è importante mantenere un'irrigazione adeguata finché l'albero non diventa dormiente. I frutti maturi vengono raccolti gradualmente, facendo attenzione a non danneggiare i rami.

Inverno: protezione contro il freddo

L'inverno è il periodo in cui il fico va in letargo. Nelle zone con inverni rigidi può essere necessario proteggere l'albero dal freddo avvolgendo i rami con materiale isolante o coprendolo con un telo. È anche importante monitorare l'umidità del terreno e assicurarsi che non diventi troppo secco.

La cura stagionale è essenziale per mantenere la salute e la produttività di un albero di fico durante tutto l'anno. Comprendendo le esigenze specifiche dell'albero in ogni stagione, i giardinieri possono promuovere una crescita ottimale, raccolti abbondanti e una maggiore resistenza alle malattie e agli stress ambientali. Prendersi cura di un albero di fico con attenzione e coerenza non solo premia i giardinieri con frutti saporiti, ma crea anche una profonda connessione con il ritmo della natura e i cicli della vita vegetale.

Capitolo 144: Coltivazione di fichi in condizioni di siccità: una guida all'agricoltura Resiliente

La siccità è diventata una sfida importante per l'agricoltura in molte parti del mondo. Di fronte a risorse idriche sempre più limitate e alle mutevoli condizioni climatiche, gli agricoltori sono alla ricerca di soluzioni sostenibili per coltivare colture resistenti alla siccità. In questo contesto il fico si presenta come un'opzione promettente grazie alla sua capacità di adattarsi a condizioni di scarsa disponibilità idrica. Questo capitolo esplora le strategie e le pratiche per coltivare il fico in condizioni di siccità, evidenziandone il potenziale nel contribuire alla sicurezza alimentare e alla resilienza dei sistemi agricoli.

Adattamento naturale alla siccità

Il fico, originario delle regioni aride del Mediterraneo, è naturalmente adattato alle condizioni di siccità. Le sue foglie spesse e carnose gli permettono di immagazzinare acqua, donandole la capacità di sopportare periodi di mancanza di umidità. Inoltre, il suo apparato radicale profondo ed esteso gli consente di accedere all'umidità in profondità nel terreno, fornendo una fonte d'acqua vitale quando gli strati superficiali sono asciutti.

Scelta di varietà resistenti

Per coltivare con successo alberi di fico in condizioni di siccità, è essenziale scegliere le varietà adatte. Alcune varietà sono più adatte a livelli di umidità più bassi rispetto ad altre. Le varietà autoctone e le varietà autoctone potrebbero aver sviluppato nel tempo una migliore tolleranza alla siccità, rendendole scelte sagge per la coltivazione nelle regioni aride.

Gestione delle risorse idriche

Una gestione efficace dell'acqua è fondamentale nella coltivazione dei fichi in condizioni di siccità. L'irrigazione a goccia è un metodo consigliato, poiché fornisce l'acqua direttamente alle radici, riducendo al minimo gli sprechi e prevenendo un'evaporazione eccessiva. È anche importante pacciamare il terreno attorno al fico per ridurre l'evaporazione e conservare l'umidità.

Preparazione e fertilizzazione del terreno

Preparare il terreno in anticipo è essenziale per aiutare gli alberi di fico a sopravvivere e prosperare in condizioni di siccità. Arricchire il terreno con materia organica può migliorare la sua capacità di trattenere l'umidità e fornire nutrienti essenziali. I fertilizzanti a lenta cessione o il compost ben decomposto possono nutrire regolarmente gli alberi di fico senza creare uno scatto di crescita eccessivo.

La coltivazione del fico in condizioni di siccità illustra la capacità delle piante di adattarsi e prosperare in ambienti difficili. Attraverso i suoi adattamenti naturali e le pratiche di gestione

Se opportuno, il fico può svolgere un ruolo importante nella sicurezza alimentare e nella sostenibilità dei sistemi agricoli nelle regioni che affrontano sfide legate alla siccità. Promuovendo la resilienza delle colture di fronte ai cambiamenti climatici e alla diminuzione delle risorse idriche, la coltivazione del fico mostra come la collaborazione tra natura e agricoltura possa fornire soluzioni per un futuro più sostenibile.

Capitolo 145: Il fico e l'uso delle sue foglie come fertilizzante naturale: un approccio

Fecondazione ecologica

Nel mondo dell'agricoltura sostenibile e rispettosa dell'ambiente, l'utilizzo delle risorse naturali per fertilizzare il suolo è sempre più incentivato. Le foglie di fico, spesso trascurate, nascondono un potenziale straordinario come fonte di fertilizzante naturale ricco di sostanze nutritive. Le foglie di fico possono essere raccolte, preparate e utilizzate come fertilizzante organico per promuovere la salute del suolo e aumentare la fertilità delle colture.

Il valore nutrizionale delle foglie di fico

Le foglie di fico, ricche di sostanze nutritive come azoto, fosforo e potassio, sono un ottimo modo per nutrire il terreno in modo naturale. L'azoto, in particolare, è essenziale per la crescita delle piante e la formazione delle proteine. Le foglie contengono anche minerali come calcio, magnesio e ferro, essenziali per una crescita sana delle colture.

Raccolta e preparazione delle foglie

Per utilizzare le foglie di fico come fertilizzante naturale è importante raccoglierle correttamente. Scegli foglie sane, non danneggiate da malattie o parassiti. Dopo che le foglie cadono in autunno, raccoglietele insieme e lasciatele asciugare all'ombra. Una volta secche, le foglie possono essere triturate per facilitarne l'incorporazione nel terreno.

Utilizzare come fertilizzante

Le foglie di fico si decompongono lentamente nel terreno, rilasciando gradualmente le loro sostanze nutritive nel tempo. Possono essere utilizzati in diversi modi:

1. **Compostaggio**: Le foglie di fico possono essere aggiunte al cumulo di compost per aumentarne il contenuto di nutrienti. Quando il compost si decompone, può essere aggiunto al terreno per migliorarne la fertilità.

2. **Pacciame**: Stendere uno strato di foglie triturate attorno alle piante agisce come un pacciame naturale, aiutando a trattenere l'umidità, prevenendo la crescita delle erbe infestanti e nutrendo il terreno mentre le foglie si decompongono.

3. **Infusione**: Lasciando in ammollo le foglie di fico in acqua per diversi giorni si ottiene un infuso ricco di sostanze nutritive. Questa soluzione può essere utilizzata per annaffiare le piante, fornendo nutrimento immediato.

Benefici ecologici ed economici

L'uso delle foglie di fico come fertilizzante naturale offre numerosi vantaggi. Riduce la dipendenza dai fertilizzanti chimici, contribuendo così alla salute del suolo e alla preservazione dell'ambiente. Inoltre, sfrutta una risorsa spesso trascurata, riducendo i costi e minimizzando gli sprechi agricoli.

Sfruttare le foglie di fico come fertilizzante naturale è un approccio rispettoso dell'ambiente per arricchire i terreni e promuovere la crescita delle colture. Adottando questa pratica, gli agricoltori possono coltivare la propria terra in modo sostenibile, creando un ecosistema equilibrato in cui i rifiuti naturali nutrono il suolo e il suolo nutre le piante. Il fico, spesso celebrato per i suoi frutti prelibati, può così offrire un prezioso contributo alla fertilità del suolo e alla prosperità dei raccolti.

Capitolo 146: Potatura estiva per favorire la fruttificazione: elemento chiave nella gestione del fico

La potatura è una pratica essenziale nella coltivazione dei fichi, poiché svolge un ruolo cruciale nella loro salute, forma e capacità di produrre frutti abbondanti. Sebbene la potatura invernale sia ben nota, la potatura estiva è altrettanto importante, soprattutto quando si tratta di favorire la fruttificazione. Questo capitolo

esplora il

principi e benefici della potatura estiva per favorire la produzione di fichi, mantenendo la vitalità e il vigore degli alberi.

Potatura estiva: un ruolo specifico

La potatura estiva differisce dalla potatura invernale perché mira principalmente a gestire la crescita in eccesso e indirizzare l'energia dell'albero verso la produzione di frutti. In estate i fichi tendono a sviluppare germogli lunghi e vigorosi. Potando con attenzione durante questo periodo, è possibile controllare le dimensioni dell'albero e favorire lo sviluppo dei boccioli dei fiori che si trasformeranno in deliziosi fichi.

Nozioni di base sulla potatura estiva

1. **Diradamento dei germogli**: Rimuovere i germogli deboli, danneggiati o fuori posto. Concentrati sulla rimozione dei rami che si incrociano o si sfregano tra loro, il che può creare aree soggette a malattie.

2. **Incoraggiamento dei boccioli di fiori**: Identifica i germogli che portano boccioli di fiori per la prossima stagione di fruttificazione. Evita di potare eccessivamente queste aree, poiché ciò potrebbe eliminare i siti di produzione dei frutti.

3. **Controllo della crescita**: Ridurre la lunghezza dei tralci eccessivamente lunghi per favorire una crescita più compatta e concentrata. Ciò consentirà all'albero di dedicare più energia alla produzione di frutti piuttosto che alla crescita eccessiva.

Vantaggi della potatura estiva per la fruttificazione

1. **Aumento della produzione di frutta**: Rimuovendo i rami superflui e favorendo i boccioli fiorali, la potatura estiva crea un ambiente favorevole ad un'abbondante produzione di frutti.

2. **Miglioramento della qualità della frutta**: Concentrando l'energia dell'albero su un minor numero di frutti, la potatura estiva può portare a una migliore dimensione e qualità alimentare dei fichi.

3. **Gestione delle dimensioni dell'albero** : La potatura estiva mantiene l'albero a dimensioni gestibili, prevenendone la crescita eccessiva

incontrollato che potrebbe nuocere alla salute dell'albero e alla facilità della raccolta.

Tecniche specifiche di potatura estiva

1. **Suggerimenti per la potatura dei germogli**: Tagliare le estremità dei germogli in crescita per favorire una ramificazione più densa e la formazione di boccioli floreali.

2. **Riduzione della lunghezza delle riprese** : Potare i germogli troppo lunghi per favorire la crescita compatto.

3. **Eliminazione dei germogli secondari**: rimuovere i piccoli germogli laterali che si formano vicino ai fichi in via di sviluppo, poiché possono distogliere energia dalla crescita dei frutti.

La potatura estiva per favorire la fruttificazione è una pratica essenziale per massimizzare la produzione e la qualità dei fichi. Comprendendo i principi di base della potatura estiva e applicando tecniche specifiche, i giardinieri non solo possono godere di raccolti più abbondanti e saporiti, ma anche mantenere la salute e la forma dei loro alberi di fico. La potatura estiva è un metodo proattivo per far crescere alberi di fico equilibrati e produttivi, creando un ambiente ideale per gli amanti di questi deliziosi frutti.

Capitolo 147: Coltivazione del fico in permacultura: una sinergia armoniosa con la natura

La permacultura, un approccio di progettazione agricola basato sui principi degli ecosistemi naturali, offre una visione innovativa e sostenibile per la coltivazione del cibo.

Promuovere la diversità

Un pilastro fondamentale della permacultura è la diversità. Gli alberi di fico aggiungono una dimensione unica a questa diversità grazie alla loro adattabilità a climi e terreni diversi. Collocando saggiamente gli alberi di fico all'interno di un ecosistema permaculturale, possiamo creare microclimi favorevoli alla crescita di altre piante e incoraggiare la biodiversità.

Utilizzo ottimale delle risorse

La permacultura valorizza l'uso ottimale delle risorse disponibili. Gli alberi di fico, con la loro capacità di crescere su terreni diversi e la loro resistenza alla siccità, si allineano perfettamente con questa filosofia. Le loro radici profonde possono anche aiutare a prevenire l'erosione del suolo.

Ciclo delle risorse e dell'energia

Nella permacultura, l'enfasi è sulla creazione di cicli chiusi di risorse ed energia. Gli alberi di fico, producendo abbondanza di foglie, frutti e rami, forniscono una preziosa fonte di materia organica per il compostaggio e la concimazione. Gli alberi di fico possono anche essere una fonte di ombra per altre piante, aiutando a regolare la temperatura del suolo e a preservare l'umidità.

Promuovere la resilienza

La permacultura mira a creare sistemi resilienti in grado di far fronte ai cambiamenti climatici e agli sconvolgimenti. Gli alberi di fico, grazie alla loro capacità di adattarsi alle diverse condizioni, contribuiscono alla resilienza dell'ecosistema. Promuovendo la diversità delle colture e includendo gli alberi di fico, creiamo un ecosistema più robusto e resiliente.

Cooperazione con la fauna selvatica

Gli alberi di fico sono spesso impollinati da insetti e uccelli, il che li rende preziosi per i sistemi di permacultura che cercano di incoraggiare la fauna selvatica benefica. Gli alberi di fico possono anche fornire cibo alla fauna selvatica, contribuendo alla catena alimentare locale.

La coltivazione del fico in permacultura incarna lo spirito di cooperazione con la natura, creando allo stesso tempo sistemi sostenibili e resilienti. Integrando gli alberi di fico in un ecosistema permaculturale, creiamo una simbiosi tra uomo e natura, dove diversità, sostenibilità e rigenerazione sono le parole chiave. Il fico non è solo un albero da frutto, ma un prezioso contributo alla creazione di un mondo agricolo in armonia con i cicli naturali.

Capitolo 148: Il fico e i benefici della coltivazione in contenitore: assaporare la generosità in uno spazio Limitato

La coltivazione in contenitore offre un'affascinante opportunità per gli amanti dei fichi di godersi le delizie di questi dolci frutti anche in spazi limitati.

Ottimizzazione dello spazio limitato

Negli ambienti urbani o nei piccoli giardini, lo spazio è prezioso. La coltivazione in contenitori massimizza l'utilizzo di spazi limitati fornendo allo stesso tempo un tocco di vegetazione lussureggiante. Gli alberi di fico coltivati in contenitore possono essere posizionati su balconi, ponti o persino patii, consentendo a tutti di partecipare alla gioia di coltivare e raccogliere i propri fichi.

Mobilità e flessibilità

I contenitori offrono la possibilità di spostare facilmente gli alberi di fico a seconda delle esigenze stagionali, della luce solare ottimale e delle condizioni climatiche. Questa mobilità garantisce che gli alberi ricevano l'esposizione necessaria per una crescita sana, consentendo allo stesso tempo ai giardinieri di creare configurazioni esteticamente mutevoli nel loro spazio esterno.

Controllo della qualità del suolo

La coltivazione in contenitore consente un controllo preciso della qualità del suolo. Ciò è particolarmente utile nei terreni poveri di nutrienti o nelle aree in cui il terreno non è adatto alla coltivazione di fichi. Utilizzando un terriccio e una miscela di compost di alta qualità, i giardinieri possono fornire agli alberi di fico tutti i nutrienti di cui hanno bisogno per fiorire e fruttificare.

Facilità di gestione delle malattie e dei parassiti

La coltivazione in contenitori consente un maggiore controllo di malattie e parassiti. Gli alberi di fico in contenitori sono più isolati dai parassiti e dagli agenti patogeni del suolo che potrebbero altrimenti nuocere alla loro salute. Ciò può ridurre il necessità di utilizzare pesticidi e promuovere un approccio più rispettoso dell'ambiente.

Estetica e Versatilità

Gli alberi di fico portacontainer apportano bellezza naturale ed eleganza a qualsiasi spazio. Le loro foglie rigogliose e il portamento aggraziato aggiungono un tocco decorativo fornendo allo stesso tempo frutti deliziosi. Inoltre i contenitori possono essere scelti in base all'estetica desiderata, permettendo di creare composizioni armoniose.

Coltivare alberi di fico in contenitori è un modo intelligente e gratificante per coltivare questi magnifici alberi da frutto anche negli spazi più piccoli. Offre l'opportunità di godere dei benefici dei fichi, della loro dolce dolcezza e della loro incantevole bellezza, pur essendo creativi nella sistemazione dello spazio esterno. I vantaggi pratici, estetici e funzionali della coltivazione in contenitori rendono gli alberi di fico una scelta attraente per chiunque voglia assaporare la generosità della natura, indipendentemente dalle dimensioni del proprio giardino.

Capitolo 149: Gestire le malattie comuni del fico: preservare una fonte preziosa di frutti

Coltivare alberi di fico può essere un'esperienza gratificante, ma può anche comportare sfide, soprattutto quando si tratta di malattie che possono colpire questi alberi da frutto. Questo capitolo esamina le malattie comuni del fico, ne esplora le cause e offre strategie di gestione per preservare queste preziose fonti di frutta.

Antracnosi: un nemico fungino

L'antracnosi è una delle malattie fungine più comuni che colpiscono gli alberi di fico. Appare come macchie marroni o nere su foglie, frutti e rami. Le condizioni umide favoriscono la diffusione dell'antracnosi. Per gestirlo è fondamentale mantenere una buona circolazione d'aria intorno agli alberi, potare i rami infetti ed evitare l'eccesso di umidità.

Ruggine del fico: segnali a cui prestare attenzione

La ruggine del fico è un'altra malattia comune. Provoca la comparsa di pustole di colore arancione sulle foglie, che ne provocano la decolorazione e la caduta prematura. Per prevenire la diffusione della ruggine, è importante rimuovere e distruggere le foglie infette il prima possibile. Anche l'applicazione di trattamenti a base di rame può aiutare a contenere questa malattia.

Marciume grigio: una minaccia bagnata

Il marciume grigio, causato dal fungo Botrytis cinerea, prospera in condizioni umide e può colpire i fichi maturi e le parti vegetative dell'albero. Per prevenirlo, si consiglia di mantenere una buona ventilazione attorno agli alberi ed evitare l'umidità in eccesso. Anche la rimozione delle parti infette e la raccolta regolare dei fichi aiutano nella gestione di questa malattia.

Cancro batterico: una sfida seria

Il cancro batterico è una malattia batterica che provoca lesioni sui rami e sui fusti degli alberi di fico. Le lesioni possono causare la morte dei rami e ridurre il vigore dell'albero. La prevenzione prevede una potatura adeguata per prevenire la diffusione e l'applicazione di trattamenti a base di rame.

Gestire le malattie comuni dei fichi è essenziale per preservare questi preziosi alberi da frutto e continuare a godere dei loro deliziosi frutti. Adottando pratiche colturali adeguate, monitorando attentamente i segni di malattia e intervenendo rapidamente quando necessario, è possibile ridurre al minimo gli effetti della malattia sui fichi. Le strategie di prevenzione e gestione, combinate con un approccio olistico alla salute degli alberi, aiuteranno a mantenere la bellezza e la produttività dei fichi nei nostri giardini.

Capitolo 150: Coltivazione di alberi di fico in spazi ristretti: una delizia a portata di mano

Nel mondo moderno, dove lo spazio esterno è spesso limitato, coltivare alberi di fico può sembrare una sfida. Tuttavia, con metodi adeguati e un'attenta pianificazione, è possibile realizzarlo questi maestosi alberi da frutto anche in spazi ristretti. Questo capitolo esplora strategie e suggerimenti per coltivare con successo alberi di fico in ambienti compatti.

Scelta delle varietà adattate

Il primo passo per coltivare fichi in spazi ristretti è scegliere le varietà adatte a quella situazione. Optare per varietà nane o compatte che prospereranno meglio in contenitori o piccoli giardini. I fichi nani generalmente producono meno rami lunghi, il che li rende più facili da adattare allo spazio limitato.

Scegli bene contenitori e contenitori

Contenitori e bidoni sono preziosi alleati quando lo spazio è limitato. Optare per contenitori adatti alla dimensione adulta prevista dell'albero. Assicurati che abbiano fori di drenaggio per evitare l'umidità in eccesso. I contenitori offrono anche la flessibilità necessaria per spostare gli alberi di fico a seconda della luce e delle condizioni climatiche.

Dimensioni e forma controllate

La potatura giudiziosa dei fichi è essenziale negli spazi ristretti. Potando i rami lunghi e promuovendo una forma compatta, incoraggi la crescita verticale e riduci al minimo il disordine orizzontale. La potatura regolare aiuta anche a prevenire che i rami diventino invasivi.

Utilizzo di Spalliere e Tralicci

Gli alberi di fico possono essere allevati a spalliera lungo muri o tralicci, massimizzando l'utilizzo dello spazio verticale. Le spalliere non solo fanno risparmiare spazio, ma aggiungono anche un tocco decorativo all'ambiente. Modellandoli secondo le vostre esigenze potrete creare forme artistiche ottimizzando lo spazio.

Selezione della posizione ottimale

Scegli con attenzione la posizione dei tuoi fichi in spazi ristretti. Cerca un'area che riceva abbastanza luce solare diretta, poiché gli alberi di fico hanno bisogno di almeno sei ore di luce solare al giorno per produrre frutti di qualità. Se possibile, tienili lontani da zone fortemente ombreggiate e assicurati che non siano esposti a forti venti.

Gestione dell'irrigazione e della fertilizzazione

Gli alberi di fico in spazi ristretti possono essere più sensibili alla qualità dell'acqua e dei nutrienti. Monitorare attentamente l'umidità del terreno e annaffiare adeguatamente. Utilizzare un fertilizzante bilanciato per sostenere la crescita e la fruttificazione. Le dimensioni dei contenitori potrebbero richiedere una fertilizzazione più frequente, quindi adatta le tue pratiche di conseguenza.

Coltivare alberi di fico in spazi ristretti richiede pazienza, pianificazione e attenzione ai dettagli. Tuttavia, le ricompense sono molte: fichi freschi, deliziosi e profumati a portata di mano, un tocco naturale negli ambienti urbani e la soddisfazione di coltivare un albero da frutto eccezionale nonostante i vincoli di spazio. Con le giuste pratiche è possibile godere dello splendore del fico anche nel contesto limitato di un cortile, di un patio o di un piccolo giardino, creando un angolo di natura rigogliosa dove la gioia di coltivare e raccogliere i frutti si realizza pienamente.

capitolo 151: Il fico e le associazioni benefiche con altre piante: una simbiosi naturale

Quando si tratta di giardinaggio, la pratica di combinare le piante è un approccio strategico che può migliorare la salute delle colture, stimolare la crescita e massimizzare l'utilizzo dello spazio delle piante. In questo contesto il fico si rivela un prezioso alleato, offrendo reciproci benefici se abbinato ad alcune piante. Associazioni benefiche con altre piante arricchiscono la coltivazione del fico.

Fiori da compagnia: attirare gli impollinatori

L'integrazione di piante da fiore da compagnia vicino agli alberi di fico può incoraggiare l'impollinazione incrociata, aumentando così la resa dei frutti. I fiori attirano gli impollinatori come le api, che svolgono un ruolo essenziale nella produzione dei fichi. Piante come lavanda, rosmarino e salvia attirano le api fornendo benefici estetici e aromatici.

Piante tappezzanti: preservare l'umidità

Le piante tappezzanti hanno la capacità di mantenere l'umidità del suolo e ridurre la concorrenza delle erbe infestanti. Se combinati con gli alberi di fico, aiutano a mantenere il terreno fresco e prevengono la crescita eccessiva di erbe infestanti che potrebbero danneggiare la crescita degli alberi. Scelte come menta, melissa e trifogli possono essere sagge.

Verdure da accompagnamento: massimizzare lo spazio

Abbinare le verdure ai fichi può essere utile per massimizzare l'uso dello spazio. Le verdure a crescita rapida, come ravanelli e spinaci, possono essere piantate tra i filari di fichi per sfruttare lo spazio disponibile prima che i fichi fioriscano completamente. Ciò consente un doppio raccolto sullo stesso appezzamento.

Erbe repellenti: tenere lontani i parassiti

Alcune erbe hanno proprietà repellenti naturali che possono aiutare a tenere lontani i potenziali parassiti dagli alberi di fico. Ad esempio, la salvia può respingere gli insetti dannosi e allo stesso tempo aggiungere un tocco aromatico al giardino. Questa combinazione può ridurre la necessità di utilizzare pesticidi preservando la salute dei fichi.

Alberi compagni: creazione di un microclima

Combinare i fichi con altri alberi può aiutare a creare un microclima favorevole. Gli alberi più alti forniscono ombra parziale, il che può essere utile per i fichi poiché possono evitare lo stress causato da un'eccessiva esposizione al sole. Questo approccio è particolarmente utile nelle aree in cui la luce solare intensa può influenzare la crescita dei fichi.

L'associazione vegetale è un modo ingegnoso per sfruttare le interazioni naturali tra le specie vegetali. Combinando le caratteristiche e i benefici di diverse piante si può creare un ecosistema equilibrato e produttivo. Nel caso del fico, le associazioni benefiche con altre piante possono migliorare l'impollinazione, la salute del suolo, la protezione dai parassiti e l'utilizzo dello spazio. Applicando i principi dell'associazione delle piante, i giardinieri possono non solo coltivare rigogliosi alberi di fico, ma anche creare giardini diversificati e resilienti che apportano benefici all'intero ambiente.

Capitolo 152: Rotazione delle colture per alberi di fico sani: una strategia intelligente

La rotazione delle colture è una pratica antichissima e collaudata nel tempo di pianificazione e rotazione delle colture su un appezzamento di terreno per ottimizzare la salute delle piante, prevenire le malattie e mantenere la fertilità del suolo. Sebbene questa pratica sia spesso associata alle colture annuali, può essere adattata anche agli alberi da frutto come i fichi.

Diversificazione e prevenzione delle malattie

La rotazione delle colture per i fichi comporta la variazione dei tipi di piante coltivate sullo stesso appezzamento. Ciò aiuta a prevenire l'accumulo di agenti patogeni specifici del fico nel terreno. Alcune malattie, come il marciume radicale o la peronospora, possono svilupparsi se gli alberi di fico vengono coltivati nello stesso luogo per molti anni. La rotazione delle colture riduce il rischio di infezioni ricorrenti e mantiene la salute generale dei fichi.

Ottimizzazione della fertilità del suolo

La rotazione delle colture favorisce anche la fertilità del suolo. Ogni tipo di pianta ha esigenze nutrizionali specifiche. L'alternanza delle colture previene l'esaurimento degli stessi nutrienti nel terreno, cosa che può verificarsi se gli alberi di fico vengono coltivati continuamente nello stesso luogo. Alcune colture, come le leguminose, possono persino contribuire ad arricchire il suolo fissando l'azoto atmosferico e fornendolo al suolo, il che avvantaggia indirettamente gli alberi di fico.

Riduzione di parassiti e malattie

Una rotazione delle colture ben pianificata può anche aiutare a ridurre la pressione di parassiti e malattie specifiche dei fichi. Gli insetti nocivi e gli agenti patogeni che prosperano su un tipo di pianta possono avere difficoltà a sopravvivere in assenza del loro ospite preferito. Introducendo altre colture tra i fichi, interrompiamo il ciclo vitale di questi organismi nocivi e ne riduciamo la presenza.

Miglioramento della struttura del suolo

La rotazione delle colture può anche migliorare la struttura del suolo. Le piante con radici profonde possono penetrare in profondità nel terreno, migliorando il drenaggio e la struttura complessiva del suolo. Ciò può essere particolarmente vantaggioso per gli alberi di fico, poiché il terreno ben drenato ne favorisce la crescita e riduce il rischio di marciume radicale.

Pianificazione della rotazione delle colture per gli alberi di fico

La rotazione delle colture per i fichi può essere pianificata su un periodo di diversi anni. È importante selezionare colture che non siano sensibili alle stesse malattie dei fichi. Legumi, erbe aromatiche e colture a crescita rapida possono essere ottime opzioni. Alternando queste colture con gli alberi di fico, favoriamo la diversità e la salute dell'ecosistema.

La rotazione delle colture è una strategia intelligente per mantenere la salute dei fichi e prevenire malattie e problemi di parassiti. Variando le colture sullo stesso appezzamento, promuoviamo la fertilità del suolo, riduciamo il rischio di malattie specifiche dei fichi e miglioriamo la struttura del terreno. Questa pratica secolare è uno strumento potente per i giardinieri preoccupati per la salute dei loro alberi di fico e può contribuire a un raccolto abbondante e a una crescita vigorosa degli alberi da frutto.

Capitolo 153: Coltivazione di fichi in un clima umido: sfide e soluzioni

La coltivazione di alberi di fico in un clima umido presenta vantaggi e sfide unici. Mentre

Gli alberi di fico generalmente prosperano nelle regioni mediterranee con climi secchi, è del tutto possibile coltivarli con successo in climi più umidi adottando misure specifiche per prevenire problemi legati all'eccessiva umidità.

Sfide del clima umido

L'eccessiva umidità può causare diversi problemi agli alberi di fico. Le condizioni umide favoriscono la crescita di funghi, muffe e malattie fungine, come marciume radicale e muffa. Inoltre, gli alberi di fico sono più suscettibili alle malattie nei climi umidi perché l'umidità favorisce la diffusione di agenti patogeni. Le radici dei fichi possono anche marcire a causa della saturazione del terreno, il che può comportare uno sviluppo vegetativo limitato e una scarsa fruttificazione.

Soluzioni per coltivare alberi di fico in un clima umido

1. **Selezione di varietà adattate:**Optare per varietà di fichi adatte ai climi umidi. Alcune varietà sono più resistenti all'umidità di altre. Cerca varietà meno suscettibili alle malattie fungine e che abbiano una migliore tolleranza all'umidità.

2. **Drenaggio migliorato:**Migliora il drenaggio del terreno utilizzando metodi come alzare il letto di coltivazione, aggiungere ghiaia o sabbia al terreno e creare tumuli rialzati. Un buon drenaggio impedisce l'accumulo di acqua attorno alle radici.

3. **Scelta della posizione:**Scegli un luogo in cui gli alberi di fico abbiano una buona circolazione d'aria per ridurre l'umidità stagnante. Evitare le zone basse dove potrebbe accumularsi acqua.

4. **Potatura e aerazione:**Potare i rami del fico per favorire una migliore circolazione dell'aria e una maggiore esposizione ai raggi solari. Ciò contribuirà a ridurre l'umidità sulle foglie e a prevenire le malattie fungine.

5. **Irrigazione moderata:**Sebbene gli alberi di fico adorino l'acqua, l'irrigazione eccessiva può portare a un'eccessiva umidità del suolo. Innaffiare moderatamente ed evitare l'irrigazione diretta sulle foglie per ridurre il rischio di

malattie fungine.

6. **Evitare la fertilizzazione eccessiva:**Il fertilizzante in eccesso può favorire la crescita eccessiva delle foglie e aumentare la suscettibilità alle malattie. Utilizzare fertilizzanti bilanciati e seguire le raccomandazioni per evitare un'eccessiva fertilizzazione.

7. **Prevenzione delle malattie:**Applicare trattamenti preventivi contro le malattie fungine, come spray al rame o allo zolfo. Eseguire ispezioni regolari per rilevare eventuali segni di malattia e agire rapidamente se necessario.

Coltivare il fico in un clima umido può essere una sfida, ma con le giuste misure in atto è del tutto possibile ottenere un raccolto di fichi saporiti e di successo. Selezionare varietà adatte, migliorare il drenaggio, la gestione dell'irrigazione e la prevenzione delle malattie sono tutti elementi fondamentali per far crescere con successo gli alberi di fico in un ambiente umido. Combinando queste strategie, gli amanti dei fichi possono divertirsi a coltivare questo eccezionale albero da frutto anche nei climi in cui predomina l'umidità.

Capitolo 154: Fichi e protezione dai parassiti comuni: strategie di coltivazione

Fiorente

Coltivare alberi di fico può essere un'impresa gratificante, ma come ogni coltura da frutto, è soggetta ad attacchi di parassiti. Questi piccoli e voraci insetti possono causare notevoli danni alle foglie, ai fiori e ai frutti dei fichi. Tuttavia, comprendendo i parassiti più comuni e attuando strategie di protezione adeguate, è possibile mantenere la salute dei tuoi alberi di fico e garantire un raccolto abbondante.

Parassiti comuni che colpiscono gli alberi di fico

1. **Afidi:**Questi insetti succhiatori di linfa possono infestare le foglie e i giovani germogli dei fichi, provocando l'arricciamento delle foglie e la perdita di vigore dell'albero.

2. **Moscerini della frutta:**Le femmine di queste mosche depositano le uova nei frutti in via di sviluppo, provocando macchie marroni e marciume del frutto.

3.**Cocciniglie:** Questi piccoli insetti simili a scaglie si attaccano ai rami e alle foglie, succhiandoli linfa e indebolimento dell'albero.4**Falena della mela:**Le larve di questa farfalla si insinuano nei fichi, rendendo i frutti inadatti al consumo.5**Acari di ragno:**Gli acari possono attaccare le foglie dei fichi, facendole ingiallire e appassire.

Strategie di protezione

1. **Monitoraggio regolare:**Ispeziona regolarmente i tuoi alberi di fico per rilevare eventuali segni di parassiti. La diagnosi precoce consente un intervento rapido.

2. **Piante da compagnia in crescita:**Alcune piante respingono naturalmente i parassiti. Piantare erbe aromatiche come menta, rosmarino o lavanda nelle vicinanze può aiutare a scoraggiare i parassiti.

3. **Utilizzo di insetticidi naturali:**Scegli insetticidi a base di prodotti naturali, come il sapone insetticida o l'olio di neem, per trattare le infestazioni leggere.

4. **Incoraggiare i predatori naturali:**Coccinelle, merletti e vespe parassitoidi sono predatori naturali di parassiti. Creare un ambiente favorevole alla loro presenza può aiutare a mantenere l'equilibrio ecologico.

5. **Dimensioni delle parti interessate:**Se identifichi parti dell'albero gravemente colpite dai parassiti, considera la possibilità di potarle e rimuoverle per prevenirne la diffusione.

6.**Intrappolamento:** Usa trappole adesive o trappole a feromoni per catturare prima i parassiti che non danneggino i tuoi fichi.

7. **Rotazione delle colture:**Se hai diversi alberi di fico, prova a piantarli in luoghi diversi da un anno all'altro per evitare la concentrazione di parassiti.

Proteggere gli alberi di fico dai parassiti è essenziale per garantire un raccolto sano e abbondante. Combinando un monitoraggio regolare, metodi di prevenzione naturale e un intervento mirato in caso di infestazione, è possibile ridurre al minimo i danni da parassiti e mantenere il vigore dei vostri alberi di fico. Seguendo queste strategie potrai goderti le succulente delizie dei fichi preservando la salute dei tuoi alberi da frutto.

Capitolo 155: L'importanza della potatura per la produttività del fico: coltivare i risultati

Riuscito

La potatura, una pratica spesso considerata un'arte, svolge un ruolo vitale nella salute e nella produttività dei fichi. Questi alberi da frutto eleganti e nutrienti traggono grandi benefici da un'attenta gestione della loro crescita. La potatura non è solo una tecnica di taglio, ma una disciplina che richiede una conoscenza approfondita delle esigenze specifiche del fico e dei suoi cicli di crescita. Mentre esploriamo l'importanza della potatura per la produttività del fico, scopriamo come questa pratica può portare a risultati positivi.

1. Stimolare la crescita e la fruttificazione

La potatura strategica favorisce lo sviluppo di nuovi germogli e rami, stimolando così la crescita dell'albero. La potatura dei rami morti, malati o danneggiati favorisce la circolazione dell'aria e della luce all'interno della chioma, consentendo agli alberi di fico di produrre più energia attraverso la fotosintesi. Questa energia viene poi indirizzata verso la crescita di nuovi rami e la formazione di fiori e frutti, migliorando così la produttività complessiva.

2. Controllo delle dimensioni e della forma

Un fico non potato può diventare voluminoso e disorganizzato, il che può ostacolare la penetrazione della luce e l'aerazione dell'albero. La potatura regolare mantiene la dimensione e la forma desiderate, facilitando la raccolta dei frutti e la gestione generale dell'albero. Una potatura adeguata evita inoltre che l'albero diventi troppo folto, riducendo così la quantità e la qualità dei fichi prodotti.

3. Eliminazione di malattie e parassiti

La potatura può aiutare a rimuovere le parti dell'albero colpite da malattie o invase da parassiti. La rimozione di queste parti impedisce la diffusione di problemi e preserva la salute generale dell'albero. Inoltre, l'apertura della chioma attraverso la potatura facilita l'applicazione di trattamenti naturali o biologici per combattere le infezioni.

4. Incoraggiamento della ramificazione e della ramificazione secondaria

Una potatura adeguata favorisce la ramificazione e la ramificazione secondaria dei rami. Ciò significa che l'albero sviluppa più potenziali siti di fruttificazione, aumentando la capacità di produzione di frutti. Una ramificazione ben distribuita garantisce inoltre che i frutti ricevano un'adeguata esposizione alla luce solare, che può migliorarne il sapore e la maturazione.

5. Gestione delle risorse dell'albero

La potatura consente all'albero di gestire le proprie risorse in modo efficiente. Gli alberi di fico hanno una capacità limitata di produrre sostanze nutritive e acqua. La potatura aiuta l'albero a concentrare le proprie risorse sulle parti più vitali, come la crescita dei nuovi germogli e la produzione dei frutti, invece di sprecarle sulle parti vecchie e improduttive.

La potatura meticolosa è una pratica essenziale per massimizzare la produttività e la salute dei fichi. Adattando le tecniche di potatura alle specificità di ciascun fico, possiamo favorire una crescita vigorosa, una fruttificazione abbondante e la resistenza alle malattie. Per ogni giardiniere o coltivatore che aspira a raccogliere fichi gustosi e abbondanti, una potatura attenta è la chiave per ottenere risultati fruttuosi.

Capitolo 156: Coltivazione del fico nel clima mediterraneo: un'elegante alleanza tra aridità e

Abbondanza

Il clima mediterraneo, caratterizzato da estati calde e secche e inverni miti e umidi, offre a ambiente ideale per la coltivazione dei fichi. Questo connubio armonioso tra le condizioni climatiche specifiche e le esigenze di questo albero da frutto si traduce in un raccolto fiorente e sostenibile, caratterizzato da un'abbondanza di gustosi fichi. Immergiamoci nei dettagli della coltivazione del fico in un clima mediterraneo e scopriamo come prende forma questa elegante alleanza tra aridità e abbondanza.

1. Resistenza alla siccità

Gli alberi di fico hanno sviluppato un adattamento naturale alla siccità, rendendoli ideali per le regioni mediterranee dove le estati sono spesso caratterizzate da caldo intenso e precipitazioni limitate. Le loro foglie spesse e carnose riducono la perdita d'acqua attraverso l'evaporazione, mentre le loro radici profonde consentono loro di raggiungere le riserve di umidità in profondità nel terreno. Questa resistenza alla siccità è una risorsa preziosa in un clima mediterraneo dove l'irrigazione può essere limitata.

2. Adattamento agli inverni miti

Gli inverni miti del clima mediterraneo forniscono un ambiente mite per i fichi. Questi alberi tollerano temperature moderatamente fredde, il che significa che non necessitano di misure di protezione estreme durante i mesi più freddi. Tuttavia, gli inverni troppo umidi possono essere problematici, poiché possono causare malattie fungine. Una buona circolazione dell'aria e un terreno ben drenato sono essenziali per prevenire questi problemi.

3. Fabbisogno di calore per la maturazione della frutta

I fichi richiedono un periodo di calore sufficiente per maturare correttamente. In un clima mediterraneo, l'estate calda fornisce un calore costante e prolungato, che stimola la maturazione ottimale dei fichi. Le alte temperature aiutano a sviluppare il contenuto di zucchero della frutta e contribuiscono al loro sapore dolce e delizioso.

4. Gestione dell'irrigazione

Sebbene gli alberi di fico siano resistenti alla siccità, l'irrigazione controllata è essenziale per garantirne un'adeguata buona produzione di frutti. Durante il periodo di crescita attiva, è meglio mantenere il terreno umido ma non fradicio. L'irrigazione regolare aiuta a garantire una maturazione uniforme dei fichi ed evita problemi come la spaccatura dei frutti.

5. Scelta delle varietà

In un clima mediterraneo, una varietà ben adattata è essenziale. Le varietà di fichi resistenti alla siccità con un fabbisogno termico moderato e caratteristiche di maturazione adeguate sono i migliori candidati. Alcune varietà popolari per le regioni mediterranee includono "Noire de Caromb", "Violette de Sollies" e "Blanche du Languedoc".

La coltivazione del fico in un clima mediterraneo è una storia di collaborazione tra l'albero e l'ambiente. Gli alberi di fico si fondono armoniosamente nel paesaggio arido, sfruttando il caldo estivo e la resistenza alla siccità. L'abbondanza di fichi maturi durante le estati mediterranee ricorda la capacità della natura di produrre raccolti deliziosi anche nelle condizioni più calde. La coltivazione del fico in questo clima è un inno alla sottile alleanza tra la pianta e il suo luogo di crescita, creando un quadro nutriente e artistico che arricchisce la regione mediterranea.

Capitolo 157: Fig e metodi di controllo

Funghi: preservare un raccolto prezioso

Il fico, frutto succulento e nutriente, è una meraviglia della natura. Tuttavia, la sua delicatezza lo rende soggetto agli attacchi dei funghi, che possono comprometterne la crescita e la qualità. Controllare questi invasori fungini è un compito cruciale per garantire un raccolto abbondante e sano.

1. Pratiche di gestione culturale

La prima linea di difesa contro i funghi è l'implementazione di adeguate pratiche di gestione colturale. Garantire un'adeguata circolazione dell'aria attorno agli alberi, evitando di piantare troppo densamente, aiuta a ridurre l'umidità che favorisce la crescita dei funghi. Inoltre, la selezione delle varietà resistente alle malattie fungine può ridurre il rischio di infezioni.

2. Potatura e potatura corretta

La potatura e il taglio regolari dei rami morti o malati sono essenziali per prevenire la diffusione dei funghi. Rimuovendo le parti interessate, si limitano le aree adatte alla crescita dei funghi. È importante disinfettare gli utensili da taglio tra ogni albero per prevenire la diffusione delle spore.

3. Uso di fungicidi naturali

I fungicidi naturali, come il bicarbonato di sodio e l'olio di neem, possono essere utilizzati per prevenire e controllare le infezioni fungine. Queste sostanze agiscono alterando l'ambiente favorevole alla crescita dei funghi riducendo al minimo gli effetti sull'ecosistema circostante.

4. Applicazione del rame

Il rame è un elemento riconosciuto per la sua efficacia nella lotta contro i funghi. I trattamenti con rame, applicati con giudizio e come raccomandato, possono aiutare a controllare le infezioni fungine. Tuttavia, un uso eccessivo del rame può comportarne l'accumulo nel suolo e avere effetti negativi sull'ambiente.

5. Rotazione delle colture

La rotazione delle colture è una strategia efficace per ridurre la presenza di spore fungine nel terreno. Evitare di coltivare alberi di fico o altre piante sensibili agli stessi funghi nello stesso luogo di anno in anno può prevenire la continua diffusione di malattie.

6. Monitoraggio regolare

La vigilanza è essenziale per individuare i primi segni di infezioni fungine. Il monitoraggio regolare di foglie, frutti e rami per macchie, scolorimenti o altre anomalie può consentire un intervento rapido in caso di problemi.

La coltivazione del fico richiede particolare attenzione per prevenire e controllare le infezioni fungine che possono compromettere il raccolto. Combinando pratiche di gestione culturale, metodi naturali di controllo dei funghi e monitoraggio regolare, è possibile preservare questo prezioso raccolto. La lotta contro i funghi nella coltivazione del fico è un'espressione di rispetto per questa pianta eccezionale e una garanzia per le generazioni future di godere di queste delizie dolci e nutrienti.

Capitolo 158: Cure invernali per proteggere il fico dal freddo: vita nutriente nel periodo di

Riposo

Il fico, simbolo di generosità e vitalità, attraversa anche periodi di riposo invernale in cui necessita di particolari cure per far fronte al freddo. Proteggere questo delicato albero da frutto dalle rigide condizioni climatiche invernali è fondamentale per garantire una salute robusta e abbondanti frutti in primavera.

1. Protezione delle radici

Le radici del fico sono vulnerabili al gelo e agli sbalzi di temperatura. L'applicazione di uno spesso pacciame attorno alla base dell'albero aiuta a mantenere una temperatura più stabile e previene i danni derivanti da ripetuti congelamenti e scongelamenti.

2. Irrigazione ridotta

In inverno il fabbisogno idrico del fico è notevolmente ridotto perché la crescita è rallentata. Ridurre l'irrigazione per evitare l'eccesso di umidità attorno alle radici e ridurre al minimo il rischio di marciume radicale.

3. Protezione delle gemme

I germogli del fico sono sensibili al freddo intenso. Avvolgere le cime con materiali isolanti come paglia o tessuti non tessuti può aiutare a prevenire i danni dovuti al gelo.

4. Anti-disidratazione

Il vento e il freddo invernali possono causare un'eccessiva perdita di umidità dalle foglie. Spruzzare una sottile nebbia d'acqua sulle foglie con tempo asciutto può aiutare a ridurre la disidratazione.

5. Dimensioni leggere

In inverno, quando l'albero è dormiente, è possibile effettuare una leggera potatura per rimuovere i rami morti, malati o danneggiati. Ciò favorisce la circolazione dell'aria e previene l'accumulo di umidità che favorisce la crescita dei funghi.

6. Vela invernale

L'uso di vele invernali appositamente progettate aiuta a proteggere l'albero pur consentendo la circolazione dell'aria. Queste vele fungono da barriera contro i venti freddi e le gelate.

7. Preparazione anticipata

Iniziare i preparativi per le cure invernali in autunno consente all'albero di acclimatarsi gradualmente alle condizioni fredde. Ridurre gradualmente l'irrigazione e applicare il pacciame prima che arrivino le temperature gelide.

La cura invernale del fico è una parte vitale della sua coltivazione. Prendendo misure per proteggere le radici, i germogli e le foglie, garantisci la conservazione di questo maestoso albero e dei suoi futuri raccolti. Questa attenta cura dimostra il nostro legame con la natura e il nostro impegno a vegliare sulla vita anche nei momenti di apparente riposo. Combinando conoscenze tradizionali e pratiche moderne, continuiamo a celebrare la bellezza e la resilienza del fico attraverso le stagioni.

Capitolo 159: Coltivazione del fico in terreni argillosi: trasformare l'ostacolo in opportunità

Coltivare alberi di fico in terreni argillosi può sembrare una sfida ardua, ma con l'approccio e le tecniche giuste è del tutto possibile prosperare in queste condizioni.

1. Comprendere i terreni argillosi

I terreni argillosi sono caratterizzati da una tessitura fine e compatta, che può comportare un drenaggio lento e un elevato potenziale di compattazione. Tuttavia, questi terreni sono ricchi di sostanze nutritive e hanno la capacità di trattenere l'umidità.

2. Miglioramento della struttura del suolo

Uno dei primi passi per coltivare i fichi nei terreni argillosi è migliorarne la struttura. Ciò può essere ottenuto aggiungendo compost, letame decomposto e materiali organici per aumentare la porosità del suolo e migliorare il drenaggio.

3. Creazione di tumuli di piantagioni

Per migliorare il drenaggio è consigliabile creare dei tumuli rialzati. Ciò consente all'acqua in eccesso di defluire più facilmente e previene il ristagno attorno alle radici.

4. Selezione delle varietà adatte

Alcune varietà di fichi sono più adatte ai terreni argillosi a causa della loro tolleranza all'umidità e à compattazione. È importante scegliere varietà che possano prosperare in queste condizioni specifiche.

5. Gestione dell'irrigazione

Sebbene i terreni argillosi trattengano l'umidità, è essenziale gestire l'irrigazione per evitare un eccesso di umidità attorno alle radici. L'irrigazione regolare e moderata è meglio per evitare il marciume radicale.

6. Aggiunta di materiali organici

Continuando ad aggiungere materia organica al terreno ogni anno, contribuisci a migliorarne la struttura nel tempo. Ciò promuove anche la vita microbica del suolo, che è essenziale per la salute generale dell'albero.

7. Sollevare i letti di coltivazione

Se stai piantando in file o in letti di coltivazione, sollevare questi letti può aiutare a ridurre la compattazione del terreno e migliorare il drenaggio.

8. Evitare la compattazione

Evitare di camminare o lavorare il terreno quando è troppo bagnato può impedire un'eccessiva compattazione del terreno argilloso.

Coltivare alberi di fico in terreni argillosi può essere un'esperienza gratificante se si considerano le esigenze specifiche di questo albero da frutto. Adottando tecniche di miglioramento del suolo, gestione delle irrigazioni e selezione delle varietà idonee, è possibile trasformare terreni considerati difficili in un ambiente favorevole alla crescita rigogliosa e all'abbondante fruttificazione dei fichi. Questa è una testimonianza della capacità dell'agricoltura di adattarsi alle sfide e di sfruttare le opportunità per coltivare cibi ricchi e nutrienti, anche in condizioni meno favorevoli.

Capitolo 160:

Il fico e le pratiche di fecondazione naturale: nutrire la terra per nutrire gli alberi

La fecondazione è una componente cruciale nella coltivazione dei fichi, poiché influenza direttamente la crescita, la salute e la fruttificazione di questi deliziosi alberi da frutto.

1. Compostaggio: oro nero per i fichi

Il compostaggio è una pratica di fertilizzazione naturale che ricicla i rifiuti organici in un fertilizzante ricco di sostanze nutritive. Gli scarti di cucina, i rifiuti del giardino e le foglie cadute possono essere trasformati in compost di alta qualità, fornendo agli alberi di fico una fonte continua di nutrienti essenziali.

2. Letame decomposto: un ricco fertilizzante naturale

Il letame decomposto di animali erbivori è una preziosa fonte di nutrienti organici per i fichi. Può essere incorporato nel terreno per migliorarne la struttura e arricchirne il contenuto di nutrienti.

3. Pacciame organico: protegge e nutre

L'applicazione di pacciame organico attorno alla base dei fichi offre molti vantaggi. Oltre a ridurre l'evaporazione dell'umidità, il pacciame si scompone gradualmente per rilasciare sostanze nutritive nel terreno.

4. Tè di compost: un cocktail nutriente

Il tè di compost è un liquido arricchito di sostanze nutritive ottenuto immergendo il compost in acqua. Può essere spruzzato su foglie e terreno per fornire agli alberi di fico ulteriore nutrimento.

5. Utilizzo di piante da consociazione

Alcune piante da compagnia possono promuovere la salute dei fichi fissando l'azoto presente nell'aria nel terreno e respingendo i parassiti. I legumi come i trifogli sono buoni esempi.

6. Alghe marine e farina di roccia: arricchiscono il terreno in modo naturale

Le alghe e la farina di roccia sono ricche fonti di minerali e oligoelementi essenziali per la crescita dei fichi. Possono essere utilizzati come ammendanti del terreno per migliorarne la fertilità.

7. Rotazione delle colture: bilanciamento dei nutrienti

La rotazione delle colture nel tuo giardino può aiutare a bilanciare il fabbisogno nutritivo degli alberi di fico prevenendo l'impoverimento del suolo.

8. Evitare il sovradosaggio

È importante notare che una fertilizzazione eccessiva può causare squilibri nutrizionali e danni ai fichi. Un approccio misurato e attento è essenziale per evitare overdose di fertilizzanti.

La coltivazione dei fichi può essere guidata da pratiche di fertilizzazione naturale rispettose dell'ambiente. Adottando metodi come il compostaggio, l'utilizzo di letame decomposto, pacciamature organiche e ammendanti naturali, potrai fornire ai tuoi alberi di fico i nutrienti di cui hanno bisogno per una crescita vigorosa e una fruttificazione abbondante. Onorando i cicli naturali della terra e promuovendo la biodiversità, crei un ambiente favorevole alla salute a lungo termine dei tuoi alberi di fico e del tuo ecosistema nel suo complesso.

Capitolo 161: Gestione dei parassiti specifici del fico: proteggere il raccolto in modo naturale

La coltivazione degli alberi di fico offre una moltitudine di dolci delizie, ma può anche attirare una varietà di parassiti specifici che minacciano la salute e la produttività di questi alberi da frutto.

1. Mosca della frutta: un invasore avido

La mosca della frutta è uno dei principali parassiti dei fichi, poiché danneggia i frutti deponendo le uova e formando galle. Per combatterli si possono utilizzare trappole a feromoni per catturare le mosche maschi e interromperne il ciclo riproduttivo.

2. Afide del fico: piccola minaccia, grande impatto

Gli afidi del fico si nutrono della linfa delle foglie, che può indebolire gli alberi. L'introduzione di insetti predatori come coccinelle e merletti può aiutare a controllare la loro popolazione in modo naturale.

3. Bruchi defogliatori: controllo biologico mirato

Alcuni bruchi si nutrono delle foglie dei fichi, riducendo la loro capacità di fotosintesi. L'introduzione di parassiti naturali come parassitoidi e vespe parassite può contribuire a contenerne la proliferazione.

4. Cocciniglie: prevenzione e controllo

Le cocciniglie, piccoli insetti succhiatori, possono causare danni ai fichi indebolendone la crescita. L'uso di soluzioni di sapone o olio di neem può aiutare a controllarne la presenza.

5. Ragni Rossi: Combattimento al Giardiniere Prudente

Gli acari si nutrono della linfa delle foglie e lasciano piccole ragnatele. L'irrigazione regolare delle foglie e l'introduzione di predatori naturali come gli acari predatori possono ridurne il numero.

6. Acari: bilanciamento dell'ecosistema

Gli acari possono nutrirsi delle foglie e dei fusti dei fichi. Incoraggiare la biodiversità nel tuo giardino, incluso l'habitat per gli acari predatori, può aiutare a mantenere la loro popolazione sotto controllo.

7. Lumache e limacce: barriere fisiche e biologiche

Lumache e lumache possono danneggiare i frutti e le foglie dei fichi. L'uso di barriere fisiche, come bicchieri pieni di birra, può attirarli e tenerli lontani dagli alberi. Anche i predatori naturali come le anatre o gli scarafaggi possono aiutare a controllare la loro popolazione.

8. Uso di piante repellenti

Alcune piante possono agire come repellenti naturali contro i parassiti. Piantare piante aromatiche come la menta o il rosmarino vicino ai fichi può scoraggiare gli insetti dannosi.

La gestione dei parassiti specifici del fico richiede un approccio equilibrato e rispettoso dell'ambiente. Promuovendo la biodiversità, utilizzando metodi di controllo biologico, introducendo predatori naturali e adottando pratiche colturali adeguate, è possibile proteggere gli alberi di fico dai parassiti senza ricorrere a sostanze chimiche aggressive. Comprendere i cicli di vita dei parassiti e la loro interazione con l'ecosistema è essenziale per preservare la salute degli alberi da frutto e garantire raccolti abbondanti e sani.

Capitolo 162: Coltivazione del fico nel clima subtropicale: adattamento e ricompense

Il fico, emblema della dolcezza mediterranea, può prosperare anche nei climi subtropicali, dove le temperature sono più elevate e l'umidità ambientale è più accentuata.

1. Adattamento ai climi subtropicali

Gli alberi di fico, originari delle regioni mediterranee, possono essere adattati con successo ai climi subtropicali seguendo alcuni principi chiave. La scelta di varietà adatte alle temperature più elevate e all'umidità elevata è essenziale per garantire il successo della crescita.

2. Scelta delle varietà

Alcune varietà di fichi sono più adatte ai climi subtropicali rispetto ad altre. Varietà come "Black Mission", "Brown Turkey" e "Brown Turkey". e "Kadota" sono noti per la loro capacità di tollerare temperature più elevate e produrre frutti di qualità in condizioni subtropicali.

3. Gestione dell'umidità

I climi subtropicali possono essere caratterizzati da periodi di elevata umidità, che possono favorire lo sviluppo di malattie fungine. La circolazione dell'aria, una potatura adeguata per favorire una buona ventilazione ed evitare l'umidità stagnante intorno agli alberi sono misure chiave per ridurre il rischio di malattie.

4. Irrigazione adattata

Nei climi subtropicali, dove le precipitazioni possono essere irregolari, un'irrigazione regolare e adeguata è essenziale per garantire la crescita e lo sviluppo dei fichi. È importante mantenere un equilibrio tra umidità del suolo ed evaporazione.

5. Protezione contro temperature estreme

Sebbene gli alberi di fico possano tollerare le alte temperature, le ondate di caldo prolungate possono compromettere la loro salute. Fornire ombra parziale durante le giornate più calde e utilizzare il pacciame per mantenere una temperatura del suolo stabile può aiutare a proteggere gli alberi.

6. Pratiche di potatura e formazione

La potatura regolare dei fichi nei climi subtropicali è importante per mantenere una struttura sana e favorire una buona circolazione dell'aria. Ciò aiuta a ridurre il rischio di malattie fungine e a massimizzare la produzione di frutti.

7. Fecondazione equilibrata

Gli alberi di fico nei climi subtropicali beneficiano di una fertilizzazione equilibrata per sostenerne la crescita e lo sviluppo. L'apporto di nutrienti essenziali, come azoto, fosforo e potassio, dovrebbe essere adeguato alle esigenze specifiche della varietà e alle condizioni del terreno.

8. Premi della cultura nel clima subtropicale

La coltivazione di fichi nei climi subtropicali può offrire ricompense uniche. Le condizioni calde favoriscono una maturazione più rapida dei frutti, creando una stagione di raccolta più lunga. Anche i fichi coltivati in questi ambienti possono sviluppare aromi e sapori più intensi, soprattutto se esposti a variazioni di temperatura.

Coltivare alberi di fico nei climi subtropicali può essere un'esperienza gratificante per gli amanti dei frutti dolci e succosi. Adattando le pratiche di coltivazione alle condizioni specifiche di queste regioni, è possibile superare le sfide e raccogliere frutti deliziosi. La selezione delle varietà adatte, la gestione dell'umidità, la protezione dalle temperature estreme e la manutenzione regolare sono tutti fattori che contribuiscono al successo della coltivazione in un clima subtropicale.

Capitolo 163: Il fico e le soluzioni ecologiche ai problemi dei parassiti: verso la coesistenza

Armonioso

La coltivazione degli alberi di fico offre un'abbondanza di delizie dolci e nutrienti, ma a volte può essere ostacolata dai parassiti. Tuttavia, invece di ricorrere a prodotti chimici aggressivi, esistono soluzioni ecologiche e sostenibili per prevenire e gestire i parassiti in modo rispettoso dell'ambiente.

1. Comprendere i parassiti

Il primo passo nello sviluppo di soluzioni rispettose dell'ambiente ai problemi dei parassiti è comprendere la biologia e il comportamento dei parassiti specifici che colpiscono i fichi. Questa conoscenza aiuta a identificare i momenti critici nel loro ciclo di vita in cui è possibile adottare misure preventive.

2. Utilizzo di predatori naturali

Uno degli approcci più rispettosi dell'ambiente per controllare i parassiti è incoraggiare i predatori naturali. Coccinelle, merletti e vespe parassitoidi sono esempi di predatori che si nutrono di parassiti come afidi e bruchi.

3. Rotazione delle colture

La rotazione delle colture è una pratica efficace per ridurre l'accumulo di parassiti nel terreno. Cambiando ogni anno la posizione degli alberi di fico, i parassiti che hanno un'affinità specifica per questi alberi avranno più difficoltà a stabilirsi in modo sostenibile.

4. Utilizzo di piante da consociazione

Alcune piante agiscono come repellenti naturali contro specifici parassiti. Piantare erbe aromatiche come menta, basilico e salvia vicino agli alberi di fico può scoraggiare i parassiti e aggiungere un tocco aromatico al giardino.

5. Pratiche di potatura e igiene

Mantenere una potatura adeguata dei fichi e rimuovere regolarmente le parti danneggiate o infette può impedire la diffusione dei parassiti. Anche le pratiche igieniche, come la raccolta delle foglie cadute e il loro smaltimento, riducono i potenziali siti di riproduzione dei parassiti.

6. Utilizzo di prodotti naturali

Per trattare le infestazioni di parassiti possono essere utilizzati insetticidi naturali a base di sostanze come neem, sapone insetticida e bicarbonato di sodio. Questi prodotti sono meno tossici per l'ambiente e per gli organismi non bersaglio rispetto ai pesticidi chimici.

7. Incoraggiare la diversità

Creare un ecosistema diversificato attorno agli alberi di fico può aiutare a bilanciare la popolazione dei parassiti. Fornendo una varietà di piante, habitat e risorse, puoi attirare una serie di organismi benefici che aiutano a controllare in modo naturale le popolazioni di parassiti.

La convivenza armoniosa tra fichi e parassiti è possibile grazie a soluzioni ecologiche e sostenibili. Piuttosto che compromettere la salute dell'ambiente e degli alberi di fico con sostanze chimiche tossiche, è meglio adottare approcci rispettosi dell'ecosistema. Comprendendo i cicli di vita dei parassiti, utilizzando i predatori naturali, promuovendo la biodiversità e applicando pratiche di coltivazione sane, gli amanti dei fichi possono proteggere i propri raccolti contribuendo a preservare l'equilibrio ecologico.

Capitolo 164: Coltivazione di alberi di fico in aree esposte al vento: sfide e soluzioni

Coltivare il fico può essere gratificante, poiché fornisce un'abbondanza di fichi deliziosi e dolci. Tuttavia, in alcune regioni i fichi devono affrontare sfide particolari, in particolare nelle aree esposte al vento.

Effetti del vento sugli alberi di fico

Le aree esposte al vento possono causare una serie di problemi allo sviluppo dei fichi. Gli effetti più comuni includono:

1. Disidratazione: Il vento può aumentare l'evaporazione dell'umidità dalle foglie e dal terreno, che può causare la rapida disidratazione degli alberi di fico.

2. Stress idrico: La combinazione del vento e dell'aumento dell'evaporazione può causare stress idrico, rendendo gli alberi di fico più vulnerabili a malattie e parassiti.

3. Rottura del ramo: Forti raffiche di vento possono causare la rottura dei rami, che possono danneggiare la struttura dell'albero e compromettere il futuro raccolto.

4. Impollinazione ridotta: Il vento può interrompere il processo di impollinazione, impedendo ai fiori di fico di impollinarsi correttamente, con conseguente riduzione della produzione di frutti.

Soluzioni per coltivare alberi di fico in aree ventose

1. Scelta delle varietà resistenti: Optare per varietà di fichi che sono naturalmente resistenti ai forti venti. Alcune varietà presentano foglie più resistenti e steli più flessibili, che le rendono più adatte alle condizioni ventose.

2. Protezione dal vento: Pianta siepi frangivento, recinzioni o altre strutture per proteggere gli alberi di fico dai forti venti. Ciò può aiutare a ridurre la forza del vento e creare aree più riparate.

3. Dimensioni prudenti: Praticando una potatura corretta, rimuovendo i rami morti e mantenendo una struttura forte, puoi ridurre il rischio che i rami vengano spezzati dal vento.

4. Irrigazione adattata: Nelle zone ventose, l'irrigazione regolare è essenziale per compensare l'aumento dell'evaporazione. Utilizzare sistemi di irrigazione a goccia o immersione per mantenere il terreno umido.

5. Protezione dei fiori: Per proteggere i fiori dai disturbi del vento, considera l'utilizzo di reti o tessuti leggeri per coprirli durante il periodo di fioritura.

6. Ancoraggio solido: Quando pianti gli alberi di fico, assicurati che siano adeguatamente ancorati al terreno

terreno per resistere ai forti venti. Sono essenziali una base forte e una struttura radicale ben sviluppata.

Coltivare alberi di fico in zone ventose può sembrare difficile, ma con le giuste pratiche e soluzioni può avere successo. Scegliendo varietà resistenti, proteggendo gli alberi di fico dai forti venti, mantenendo una struttura forte e fornendo un'irrigazione adeguata, i giardinieri possono superare le sfide del vento e raccogliere fichi deliziosi. La perseveranza e l'applicazione di tecniche adeguate sono le chiavi per trasformare una sfida in un'opportunità per far crescere alberi di fico sani e produttivi, anche in condizioni ventose.

Capitolo 165: Fichi e rimedi organici contro gli insetti dannosi: crescere in modo sano

Coltivare alberi di fico può essere un'esperienza gratificante, ma come ogni pianta può essere soggetta all'attacco di insetti nocivi. Invece di ricorrere a prodotti chimici aggressivi, molti giardinieri stanno adottando metodi di controllo biologico per preservare la salute dei loro alberi di fico e dell'ambiente.

Parassiti di insetti comuni per alberi di fico

Prima di esplorare soluzioni organiche, è importante riconoscere alcuni degli insetti nocivi che possono colpire i fichi:

1. **Afidi:**Questi piccoli insetti si nutrono della linfa dei fichi, provocando l'indebolimento della pianta e la deformazione delle foglie.

2. **Tripidi:**I tripidi si nutrono delle foglie e dei frutti dei fichi, causando danni visibili e potenzialmente diffondendo virus.

3. **Cocciniglie:**Questi parassiti si attaccano alle foglie e ai fusti dei fichi, succhiandone la linfa e provocandone un indebolimento generale.

4. **I bruchi:**Alcuni bruchi possono nutrirsi delle foglie dei fichi, il che può ridurre la capacità di fotosintesi e indebolire l'albero. Soluzioni biologiche per combattere gli insetti

Parassiti

1. Prevenzione: La prima linea di difesa è mantenere la salute generale dei fichi. Un buon pavimento equilibrato nei nutrienti, un'irrigazione adeguata e una potatura adeguata possono aiutare a costruire la resistenza degli alberi contro i parassiti.

2. Utilizzo di predatori naturali:L'introduzione di predatori naturali come coccinelle, vespe parassitoidi e cinciallegre può aiutare a controllare le popolazioni di insetti parassiti.

3. Repellenti naturali: Usa repellenti naturali come olio di neem, olio di semi di pompelmo o aglio diluito per scoraggiare i parassiti.

4. Insidie: Posiziona trappole adesive gialle o trappole a feromoni per attirare e catturare i parassiti.

5. Sapone insetticida: Usa un sapone insetticida biologico per eliminare delicatamente i parassiti. Assicurati di non influenzare i predatori benefici.

6. Rotazione delle colture: La rotazione delle colture può aiutare a impedire che gli insetti nocivi si stabiliscano permanentemente in una determinata area. 7. Spruzzo d'acqua: utilizzare un forte getto d'acqua per rimuovere fisicamente gli insetti dalle foglie e dagli steli.

8. Fertilizzanti naturali: Utilizza fertilizzanti naturali ricchi di azoto per favorire la crescita sana dei fichi, rafforzando la loro resistenza ai parassiti.

Il controllo biologico dei parassiti sugli alberi di fico è un approccio rispettoso dell'ambiente che promuove la salute a lungo termine degli alberi e dell'ecosistema circostante. Utilizzando metodi preventivi, predatori naturali, repellenti e soluzioni biologiche delicate, i giardinieri possono mantenere la vitalità dei loro alberi di fico riducendo al minimo gli impatti negativi sull'ambiente. I rimedi biologici consentono di coltivare alberi di fico sani e produttivi senza l'uso di sostanze chimiche dannose, creando un equilibrio armonioso tra natura e agricoltura.

Capitolo 166: Proteggere il fico dalle condizioni meteorologiche estreme: strategie

per preservare la vitalità

Coltivare il fico può essere un'esperienza gratificante, ma come ogni pianta è soggetto ai capricci del tempo, soprattutto alle condizioni meteorologiche estreme. Gli alberi di fico possono essere vulnerabili al gelo, al caldo estremo, ai forti venti e ad altri eventi meteorologici.

Prepararsi all'inverno: proteggersi dal freddo

1. Pacciamatura: L'applicazione di uno spesso strato di pacciame attorno alla base del fico aiuta a proteggere le radici dal freddo intenso e dagli sbalzi di temperatura.

2. Avvolgere : Avvolgere gli alberi di fico con materiali come tela o tessuto non tessuto durante l'inverno può proteggere le parti sensibili dell'albero dal gelo.

3. Protezione delle radici: L'uso di un materiale isolante come la paglia per coprire le radici durante l'inverno può prevenire un congelamento eccessivo. Adattamento al calore intenso: riduzione dello stress termico

1. Irrigazione: Nei periodi di caldo intenso assicurare annaffiature regolari e profonde per mantenere un'adeguata umidità nel terreno.

2. Ombreggiatura: Usa teli o tessuti ombreggianti per creare ombra parziale, aiutando a proteggere foglie e frutti dal sole caldo.

3. Pacciame: Applicare uno strato di pacciame organico attorno all'albero per preservare l'umidità del terreno e ridurre l'evaporazione.

4. Irrigazione serale: Evitare di annaffiare nelle ore più calde della giornata. Preferire l'irrigazione serale per ridurre al minimo l'evaporazione. Resistenza ai venti violenti: rafforzamento delle strutture

1. Tutor: L'uso di pali per sostenere i giovani alberi può impedire loro di sdraiarsi o di rompersi in caso di forti venti.

2. Dimensioni prudenti: La rimozione dei rami morti o deboli può impedire la rottura dei rami durante i venti forti.

3. Recinzione antivento: Piantare una siepe o una recinzione frangivento può ridurre la forza del vento attorno agli alberi di fico.

Prevenire il maltempo improvviso: essere proattivi

1. Monitoraggio meteorologico: Monitora le previsioni meteorologiche e adotta misure preventive in base alle condizioni imminenti.

2. Reazione rapida: In caso di condizioni estreme improvvise, come un gelo inaspettato in primavera, rispondere rapidamente applicando metodi di protezione.

3. Varietà resistenti: Scegli varietà di fichi resistenti alle condizioni meteorologiche specifiche della tua regione.

Proteggere il fico dalle condizioni meteorologiche estreme è essenziale per mantenerne la salute e la produttività. Adottando strategie di preparazione all'inverno, di adattamento al caldo intenso, di resistenza ai venti violenti e di prevenzione del maltempo improvviso, i giardinieri possono garantire la vitalità dei loro alberi di fico di fronte alle sfide climatiche. L'osservazione regolare del clima e l'adozione di misure preventive proattive sono elementi chiave per preservare la resilienza dei fichi e la loro capacità

à prosperare nonostante le mutevoli condizioni climatiche. Grazie a questi sforzi, gli alberi di fico continueranno a fornire frutti deliziosi e ad abbellire i nostri spazi esterni, anche nei momenti più difficili.

Capitolo 167: Coltivazione di fichi in terreni sabbiosi: sfide e soluzioni per la raccolta

Abbondante

La coltivazione di fichi in terreni sabbiosi può presentare vantaggi e sfide unici. Sebbene i terreni sabbiosi forniscano un buon drenaggio e un'elevata permeabilità, tendono ad asciugarsi rapidamente e sono privi di nutrienti essenziali.

I vantaggi dei terreni sabbiosi per i fichi

I terreni sabbiosi presentano alcuni vantaggi per la coltivazione dei fichi, tra cui:

1. **Drenaggio efficace:**I terreni sabbiosi hanno un'eccezionale capacità di drenaggio, impedendo l'accumulo di acqua attorno alle radici e riducendo così il rischio di marciume.

2. **Calore anticipato:**A causa della loro capacità di riscaldarsi rapidamente, i terreni sabbiosi favoriscono la crescita precoce dei fichi in primavera.

3.**Ventilazione migliorata:** La struttura granulare dei terreni sabbiosi facilita l'aerazione delle radici, il che è benefico per la salute dell'albero.

Sfide del terreno sabbioso per gli alberi di fico

Tuttavia, i terreni sabbiosi presentano anche delle sfide:

1. **Ritenzione idrica limitata:**I terreni sabbiosi hanno una bassa capacità di ritenzione idrica, il che può causare stress idrico agli alberi di fico, soprattutto durante i periodi caldi e secchi.

2. **Deplezione di nutrienti:**I nutrienti hanno meno probabilità di rimanere nei terreni sabbiosi a causa della loro elevata permeabilità, che può portare a carenze nutrizionali per gli alberi di fico.

3. **Erosione potenziale:**A causa della loro struttura leggera, i terreni sabbiosi sono soggetti all'erosione, che può danneggiare le radici e ridurre la stabilità degli alberi.

Strategie per la coltivazione di alberi di fico in terreni sabbiosi

1. **Miglioramento del suolo:**L'aggiunta di materia organica come compost o letame può migliorare la ritenzione idrica e la fertilità del terreno sabbioso.

2.**Irrigazione regolare:** Fornire un'irrigazione regolare e profonda è fondamentale per evitare lo stress acqua di fichi.

3. **Pacciamatura:**Applicare uno spesso pacciame attorno alla base del fico può aiutare a conservare l'umidità, ridurre l'erosione e fornire nutrienti al terreno.

4. **Fecondazione equilibrata:**Utilizza fertilizzanti bilanciati per fornire agli alberi di fico i nutrienti essenziali

che potrebbero mancare nei terreni sabbiosi.

5. **Scelta delle varietà adatte:**Optare per varietà di fichi più tolleranti ai terreni sabbiosi può aumentare le possibilità di successo.

La coltivazione di fichi su terreni sabbiosi richiede un'attenzione speciale e cure adeguate per garantire una crescita sana e un raccolto abbondante. Utilizzando la gestione dell'acqua, il miglioramento del suolo e pratiche di fertilizzazione giudiziose, i giardinieri possono superare le sfide dei terreni sabbiosi e godere del drenaggio e dei benefici del suolo che offrono. Con un approccio proattivo e un'attenta cura, è del tutto possibile coltivare alberi di fico rigogliosi e produttivi in condizioni di terreno sabbioso, sfruttando le loro qualità uniche per un raccolto delizioso e gratificante.

Capitolo 168: Usare il pacciame naturale per promuovere radici di fico sane

Nella coltivazione del fico, il benessere delle radici è fondamentale per garantire una crescita vigorosa e un raccolto abbondante. L'uso della pacciamatura naturale può svolgere un ruolo cruciale nel promuovere la salute delle radici creando un ambiente favorevole al loro sviluppo e fornendo una serie di benefici all'albero.

I vantaggi del pacciame naturale per le radici del fico

1. **Conservazione dell'umidità:**I pacciami naturali, come trucioli di legno, foglie cadute o paglia, trattengono l'umidità del terreno creando una barriera che riduce l'evaporazione. Ciò mantiene idratate le radici del fico, anche durante i periodi caldi e secchi.

2. **Regolazione della temperatura:**I pacciami agiscono come uno strato isolante, proteggendo le radici del fico da sbalzi di temperatura estremi. Riducono al minimo le variazioni di caldo e freddo, fornendo un ambiente più stabile per la crescita delle radici.

3.**Prevenzione dell'erosione:** La pacciamatura aiuta a prevenire l'erosione del suolo causata dalle intemperie e dal vento,

290

mantenendo così le radici del fico saldamente ancorate e protette.

4. **Controllo delle infestanti:**La pacciamatura naturale impedisce la crescita delle erbe infestanti, riducendo la competizione per i nutrienti e l'acqua e consentendo alle radici del fico di prosperare.

5. **Fornitura di nutrienti:**Alcuni pacciami, come foglie morte e compost, si decompongono gradualmente e rilasciano sostanze nutritive nel terreno, nutrendo le radici del fico.

Pratiche di pacciamatura per la salute delle radici di fico

1. **Scegliere il pacciame giusto:**Opta per pacciami naturali, non trattati chimicamente, come trucioli di legno non colorati, paglia, foglie cadute o gusci di noci. Evita il pacciame che potrebbe essere dannoso per il fico.

2. **Spessore adatto:**Applicare uno strato di pacciame spesso circa 5-10 centimetri attorno alla base del fico. Assicurati di non ammucchiare il pacciame contro il tronco, perché potrebbe causare marciume.

3. **Rinnovo regolare:**I pacciami si decompongono nel tempo, quindi si consiglia di rinnovarli ogni anno per mantenere una copertura efficace.

4.**Ventilazione:** Evitare di compattare il pacciame, poiché è essenziale consentire un'adeguata aerazione radici per respirare.

5. **Distanza dal Tronco:**Lasciare uno spazio di circa 10 centimetri intorno al tronco del fico senza pacciamatura per evitare marciumi e una circolazione d'aria inadeguata.

L'uso del pacciame naturale può migliorare significativamente la salute delle radici del fico fornendo una serie di benefici, dalla conservazione dell'umidità alla regolazione della temperatura e alla soppressione delle erbe infestanti. Adottando pratiche di pacciamatura adeguate, i giardinieri possono creare un ambiente favorevole alla crescita sana delle radici, promuovendo così la crescita e la produttività fico globale. La combinazione di pacciame naturale e cure adeguate contribuirà a garantire che le radici del fico prosperino, portando a un raccolto abbondante e ad un albero forte e rigoglioso.

Capitolo 169: I vantaggi della coltivazione di alberi di fico in agroforestazione

L'agroforestazione, un approccio sostenibile e integrato alla gestione dei terreni agricoli, sta diventando sempre più popolare grazie ai suoi numerosi vantaggi ecologici, economici e sociali. La coltivazione del fico in ambito agroforestale offre un'opportunità unica per sfruttare i molteplici vantaggi di questa pratica per gli ecosistemi, gli agricoltori e le comunità locali.

Biodiversità migliorata

L'integrazione del fico nei sistemi agroforestali contribuisce alla diversificazione delle colture e alla creazione di habitat favorevoli a una varietà di specie vegetali e animali. Gli alberi di fico forniscono nicchie ecologiche per insetti impollinatori, uccelli e altri organismi benefici, promuovendo la biodiversità e la regolazione naturale dei parassiti.

Conservazione del suolo e dell'acqua

I sistemi agroforestali che includono alberi di fico aiutano a ridurre l'erosione del suolo stabilizzando il terreno e riducendo al minimo il deflusso. Il sistema radicale profondo del fico contribuisce alla stabilità del suolo, mentre la copertura vegetale riduce l'impatto delle gocce di pioggia. Inoltre, gli alberi di fico svolgono un ruolo cruciale nella conservazione dell'acqua regolando il ciclo dell'acqua nel suolo.

Fissazione dell'azoto

Alcuni tipi di fichi, come i fichi strangolatori, sono in grado di fissare l'azoto atmosferico nel terreno attraverso una simbiosi con batteri specifici. Ciò arricchisce il contenuto di nutrienti del suolo, avvantaggiando le colture vicine e riducendo la necessità di applicazioni di fertilizzanti chimici.

Produzione alimentare sostenibile

Gli alberi di fico forniscono una fonte alimentare diversificata e ricca di sostanze nutritive per gli agricoltori e le comunità locali. I fichi, ricchi di fibre, minerali e antiossidanti, offrono un'opzione alimentare sana e gustosa. Inoltre, sistemi agroforestali diversificati consentono agli agricoltori di coltivare più colture contemporaneamente, rafforzando così la sicurezza alimentare e il reddito.

Miglioramento del reddito e dei mezzi di sussistenza

La coltivazione del fico può fornire un'ulteriore fonte di reddito per gli agricoltori. I fichi freschi e secchi possono essere venduti nei mercati locali o trasformati in prodotti a valore aggiunto come marmellate, gelatine di frutta e cosmetici. Questa diversificazione economica rafforza la resilienza delle famiglie agricole di fronte alle fluttuazioni del mercato.

Mitigare gli effetti del cambiamento climatico

Gli alberi di fico, essendo alberi a crescita rapida, assorbono l'anidride carbonica dall'atmosfera, contribuendo a mitigare gli effetti del cambiamento climatico. La loro presenza nei sistemi agroforestali aiuta a regolare il microclima, a ridurre le temperature estreme e a migliorare la resilienza delle colture.

La coltivazione del fico in ambito agroforestale offre una moltitudine di benefici che vanno oltre la semplice produzione di frutti. Promuove la biodiversità, protegge il suolo e l'acqua, arricchisce il suolo di sostanze nutritive, garantisce una produzione alimentare sostenibile e contribuisce alla lotta contro il cambiamento climatico. Integrando attentamente gli alberi di fico nei sistemi agricoli, gli agricoltori possono creare ambienti equilibrati e resilienti, promuovendo la sostenibilità a lungo termine degli ecosistemi e delle comunità agricole.

Capitolo 170: La lotta integrata contro i nemici del fico

La gestione integrata dei parassiti dei fichi, un approccio olistico e sostenibile, mira a mantenere la salute degli alberi di fico bilanciando i metodi di gestione per ridurre al minimo i danni causati dai parassiti, malattie e altri parassiti. Piuttosto che fare affidamento su soluzioni chimiche aggressive, questo approccio incoraggia l'uso di metodi biologici, culturali e fisici per preservare gli alberi di fico e promuovere ecosistemi equilibrati.

Principi di lotta integrata ai parassiti

1. **Identificazione precisa:**Il primo passo nella gestione integrata dei parassiti è identificare con precisione i parassiti e le malattie specifici che colpiscono i fichi. Ciò consente di scegliere i migliori metodi di gestione adatti a ciascuna situazione.

2. **Prevenzione:**La prevenzione è essenziale per evitare l'introduzione di parassiti e malattie. Ciò può includere misure come l'utilizzo di piante sane e resistenti, la rotazione delle colture e il mantenimento di un'igiene adeguata nei frutteti.

3. **Favorisci i nemici naturali:**Incoraggiare la presenza di organismi benefici come predatori naturali, parassiti e insetti impollinatori può aiutare a mantenere l'equilibrio ecologico. Ad esempio, attirare le coccinelle per combattere gli afidi.

4. **Utilizzo di barriere fisiche:**Posizionare trappole, reti o altre barriere fisiche può impedire ai parassiti di raggiungere gli alberi di fico. Ciò può essere particolarmente efficace nel prevenire i parassiti in movimento attivo.

5. **Metodi culturali:**La rotazione delle colture, la potatura corretta, la gestione dell'irrigazione e un'alimentazione equilibrata possono rafforzare la resilienza dei fichi e renderli meno vulnerabili agli attacchi dei parassiti.

6. **Uso selettivo di prodotti chimici:**Se necessario, l'uso di pesticidi chimici dovrebbe essere l'ultima opzione e dovrebbe essere effettuato in modo selettivo per ridurre al minimo gli impatti negativi sull'ambiente e sulla salute umana.

Vantaggi della lotta integrata ai parassiti

1. **Sostenibilità ambientale:**Privilegiando metodi biologici e non chimici, la lotta integrata rispetta la biodiversità e preserva gli ecosistemi naturali.

2. **Salute umana** :Ridurre l'uso di pesticidi chimici diminuisce l'esposizione a prodotti tossici, tutelando la salute di agricoltori e consumatori.

3. **Redditività:** La gestione integrata dei parassiti può ridurre i costi associati all'acquisto di pesticidi, promuovendoli al tempo stesso migliore produttività a lungo termine.

4. **Conservazione della qualità della frutta:**Riducendo al minimo gli attacchi di parassiti e malattie, la gestione integrata dei parassiti contribuisce alla produzione di frutti di migliore qualità.

5. **Resistenza a lungo termine:**L'adozione di metodi sostenibili rafforza la resilienza dei fichi, prevenendo così lo sviluppo di resistenza ai pesticidi.

La gestione integrata dei parassiti dei fichi è un approccio efficace e rispettoso dell'ambiente per mantenere la salute degli alberi riducendo al minimo l'uso di sostanze chimiche tossiche. Combinando la conoscenza di parassiti e malattie, pratiche colturali giudiziose e metodi biologici, questo approccio promuove ecosistemi più equilibrati, una migliore qualità dei frutti e sistemi agricoli sostenibili a lungo termine.

Capitolo 171: Coltivazione del fico in terreni calcarei: sfide e soluzioni

La coltivazione di fichi su terreni calcarei rappresenta una sfida unica per agricoltori e giardinieri. I terreni calcarei, ricchi di carbonato di calcio, possono avere un impatto sulla nutrizione e sulla crescita dei fichi. Tuttavia, con pratiche adeguate, è possibile superare queste sfide e coltivare con successo alberi di fico sani e produttivi in tali condizioni.

Le sfide dei terreni calcarei

1. **Esigenze nutrizionali:** I terreni calcarei possono limitare l'assorbimento di alcuni nutrienti essenziali, come ad esempio

ferro, zinco e rame, a causa della fissazione di questi elementi da parte del calcio.

2. **Reazione del terreno:**I terreni calcarei tendono ad essere alcalini, il che può influenzare l'assorbimento dei nutrienti da parte delle radici del fico, in particolare elementi come ferro, manganese e zinco.

3. **Compattazione e drenaggio:**I terreni calcarei a volte possono essere compattati, il che limita il drenaggio e può portare a ristagni idrici, causando problemi di marciume radicale.

Soluzioni per la coltivazione di alberi di fico in terreni calcarei

1. **Scelta delle varietà:**Alcune varietà di fichi sono più tolleranti rispetto ad altre ai terreni calcarei. È importante scegliere varietà adatte a queste condizioni per aumentare le possibilità di successo.

2. **Emendamenti organici:**L'aggiunta di materia organica sotto forma di compost o letame migliora la struttura dei terreni calcarei, migliora il drenaggio e fornisce ulteriori nutrienti.

3. **Assunzioni nutrizionali mirate:**A seconda delle esigenze nutrizionali specifiche del fico, potrebbe essere necessario applicare fertilizzanti ricchi di micronutrienti come ferro, zinco e manganese. Tuttavia, ciò dovrebbe essere fatto con moderazione per evitare squilibri.

4. **Chelazione dei nutrienti:**L'uso di ammendanti chelati può aiutare a rendere alcuni nutrienti più accessibili alle radici impedendo loro di essere assorbiti dal calcio.

5. **Gestione dell'irrigazione:**Un adeguato drenaggio è essenziale nei terreni calcarei. Evitare l'irrigazione eccessiva e l'accumulo di acqua attorno alle radici preverrà problemi di marciume.

6. **Applicazione della calce:**In alcuni casi può essere necessaria l'applicazione di calce per regolare il pH del terreno, anche se questa operazione va effettuata con cautela e in base alle effettive necessità.

Vantaggi della coltivazione di alberi di fico nei terreni calcarei

1. **Resistenza alle malattie:**I terreni calcarei a volte possono essere meno favorevoli allo sviluppo di

alcune malattie, che possono contribuire alla salute generale dei fichi.

2. **Resistenza alla salinità:**In alcune zone, i terreni calcarei possono essere associati ad elevati livelli di salinità. Gli alberi di fico tendono a tollerare queste condizioni meglio di altre colture.

3.**Sapori migliorati:** I fichi coltivati su terreni calcarei possono produrre frutti saporiti e aromi più concentrati.

Sebbene la coltivazione di fichi su terreni calcarei presenti sfide specifiche, queste sfide possono essere superate con pratiche di gestione adeguate. Scegliendo le varietà giuste, arricchendo il terreno con sostanza organica e fornendo nutrienti essenziali in modo mirato, è possibile coltivare fichi produttivi e sani in queste condizioni. Con un'attenta attenzione all'irrigazione e alla gestione dell'ambiente radicale, giardinieri e agricoltori possono godere dei benefici della coltivazione di fichi su terreni calcarei

Capitolo 172: Fichi e metodi di prevenzione delle malattie: coltivazione sana

Il fico, con la sua ricca storia e il gusto succulento, è un tesoro per gli amanti della frutta. Tuttavia, affinché i fichi possano prosperare e produrre frutti abbondanti, è fondamentale proteggerli dalle malattie che possono indebolirli. La prevenzione delle malattie del fico si basa su pratiche di coltivazione attentamente pianificate e strategie di gestione adeguate.

1. Scelta delle varietà resistenti: Optare per varietà di fichi note per la loro resistenza alle malattie è una prima linea di difesa. Alcune varietà hanno naturalmente una migliore resistenza a determinate infezioni.

2. Suolo e drenaggio sani: Un terreno sano e ben drenato è fondamentale per prevenire l'accumulo di umidità che favorisce lo sviluppo di malattie fungine. Una buona struttura del terreno favorisce anche radici vigorose e una crescita sana.

3. Evitare l'umidità eccessiva: Annaffiare adeguatamente il fico è essenziale. Evitare l'irrigazione eccessivo che può causare lo sviluppo di muffe e funghi.

4. Igiene degli strumenti:L'uso di strumenti puliti e disinfettati durante la potatura o altri lavori riduce al minimo la diffusione di agenti patogeni.

5. Dimensione corretta: Una potatura corretta consente un'adeguata circolazione dell'aria all'interno dell'albero, evitando che l'umidità rimanga intrappolata e riducendo il rischio di malattie.

6. Rimozione delle foglie malate: Rimuovere regolarmente le foglie infette per prevenire la diffusione della malattia.

7. Utilizzo del pacciame:L'applicazione di pacciame organico attorno alla base del fico aiuta a mantenere il terreno pulito e impedisce agli schizzi di acqua contaminata di colpire le foglie.

8. Rotazione delle colture: Se possibile, evita di piantare alberi di fico ogni anno nello stesso luogo. La rotazione delle colture previene l'accumulo di agenti patogeni nel terreno.

9. Trattamento naturale: Alcune soluzioni naturali a base di erbe o minerali possono aiutare a prevenire le malattie. Ad esempio, uno spray di bicarbonato di sodio diluito può aiutare a prevenire le infezioni fungine.

10. Monitoraggio regolare: Ispeziona regolarmente i tuoi alberi di fico per identificare rapidamente eventuali segni di malattia. L'intervento precoce è spesso la chiave per prevenire la diffusione.

11. Resistenza biologica: Migliorare la salute generale dei fichi, attraverso l'uso di pratiche colturali adeguate, può aumentare la loro naturale resistenza alle malattie.

12. Fecondazione equilibrata: Fornire ai tuoi alberi di fico una dieta equilibrata di nutrienti favorisce una crescita sana e una maggiore resistenza alle malattie.

13. Protezione contro i parassiti: Alcuni parassiti possono danneggiare i fichi e renderli più suscettibili alle malattie. Controllando i parassiti, riduci indirettamente il rischio di malattie. In definitiva, una combinazione di pratiche preventive è la chiave per far crescere alberi di fico sani. La vigilanza, la conoscenza dei segnali d'allarme delle malattie e l'adozione di metodi rispettosi dell'ambiente sono modi efficaci per preservare la salute dei tuoi alberi di fico e raccogliere frutti deliziosi e abbondanti.

Capitolo 173: L'importanza di un'adeguata irrigazione per il fico: nutrire la prosperità

L'irrigazione, o approvvigionamento idrico, è una componente fondamentale per la coltivazione di qualsiasi albero, compreso il fico. Questa pratica cruciale determina la salute, la crescita e la produttività dell'albero. Il fico, con la sua storia millenaria e il suo fascino gustativo, merita un'attenzione particolare in termini di irrigazione.

1. Fornire l'acqua necessaria: Il fico ha bisogno di un'adeguata quantità di acqua per crescere correttamente. L'irrigazione regolare garantisce una crescita sana delle radici e delle parti aeree, favorendo così la produzione dei frutti.

2. Soddisfare esigenze variabili: Il fabbisogno idrico del fico varia a seconda di fattori quali stagione, temperatura, stadio di crescita e dimensione dell'albero. L'irrigazione dovrebbe essere regolata di conseguenza per rispondere a queste fluttuazioni.

3. Evitare l'acqua in eccesso:L'eccesso di acqua può causare soffocamento delle radici e favorire lo sviluppo di malattie fungine. L'irrigazione eccessiva dovrebbe essere evitata per mantenere un equilibrio ottimale.

4. Incoraggiare la fruttificazione:L'irrigazione regolare durante il periodo di sviluppo dei frutti favorisce la crescita dei fichi e un'abbondante produzione di frutti di qualità.

5. Prevenzione dello stress idrico: La mancanza d'acqua può stressare il fico, portando a una crescita rallentata, foglie appassite e una ridotta produzione di frutti.

6. Rafforzare la resistenza: Una corretta irrigazione aiuta a rafforzare la resistenza del fico malattie e parassiti mantenendo la sua salute generale.

7. **Risparmio idrico:**Un'irrigazione ben pianificata e gestita consente di utilizzare l'acqua in modo efficiente, evitando sprechi e soddisfacendo al tempo stesso le esigenze dell'albero.

8. **Metodi di irrigazione:**A seconda delle condizioni locali e delle preferenze del coltivatore, è possibile utilizzare diversi metodi di irrigazione, come l'irrigazione a goccia, il tubo poroso o l'irrigazione manuale.

9. **Evitare schizzi:**L'irrigazione diretta sulle foglie può favorire lo sviluppo di malattie. È meglio annaffiare direttamente il terreno per ridurre al minimo gli schizzi.

10. **Considera il tipo di terreno:**I terreni argillosi trattengono l'acqua più a lungo rispetto ai terreni sabbiosi. La frequenza e la durata dell'irrigazione devono essere adattate in base al tipo di terreno.

11. **Evitare l'irrigazione superficiale:**L'irrigazione superficiale può favorire la crescita delle radici vicino alla superficie, rendendole vulnerabili a condizioni meteorologiche estreme.

12. **Usa la tecnologia:**I sistemi di irrigazione intelligenti possono aiutare a monitorare e controllare l'approvvigionamento idrico in base alle esigenze dell'albero.

Insomma, un'irrigazione adeguata è un elemento essenziale per garantire la prosperità del fico. Un'attenta attenzione al fabbisogno idrico, alle variazioni stagionali e alla salute generale dell'albero può portare a una crescita vigorosa, a frutti abbondanti e alla conservazione della bellezza e del sapore caratteristici dei fichi. Un attento equilibrio tra l'assunzione di acqua e altre cure colturali costituisce la base per il successo nella coltivazione di questo albero apprezzato fin dall'antichità.

Capitolo 174: Coltivazione di alberi di fico nelle zone gelide: sfide e ricompense

Coltivare alberi di fico in zone gelide rappresenta una sfida entusiasmante per i giardinieri che vogliono coltivare questo iconico albero da frutto nonostante le condizioni climatiche meno favorevoli. Se il fico è spesso associato alle calde regioni mediterranee, è possibile coltivarlo con successo in zone soggetto al gelo, utilizzando tecniche specifiche e comprendendo le esigenze specifiche dell'albero.

1. Scelta delle varietà resistenti: Il primo passo per coltivare con successo alberi di fico nelle zone gelide è scegliere varietà resistenti al freddo. Alcune varietà, come "Chicago Hardy", "Brown Turkey" e "Brown Turkey". e 'Celeste', sono più adatti ai climi freddi e tollerano temperature invernali più basse.

2. Preparazione per il freddo: Prima dell'arrivo dell'inverno è consigliabile preparare il fico annaffiandolo abbondantemente e pacciamando il terreno attorno all'albero. Questo aiuta a proteggere le radici dal congelamento.

3. Posizione strategica: Pianta il fico in un luogo soleggiato, preferibilmente contro un muro o una recinzione che possa fungere da radiatore termico naturale e aiutare a trattenere il calore.

4. Utilizzo delle vele invernali: Coprire il fico con vele svernanti prima dei periodi di gelo per proteggere i rami e i germogli dal freddo intenso.

5. Protezione delle radici: Proteggi le radici del fico applicando uno spesso strato di pacciame attorno alla base dell'albero. Ciò aiuta a mantenere una temperatura del suolo più stabile.

6. Dimensione riflessa: La potatura del fico prima dell'inverno può aiutare a ridurre i danni del gelo rimuovendo le parti deboli e favorendo la crescita di nuovi rami forti.

7. Innesto e avvolgimento degli steli: Alcuni giardinieri scelgono di innestare varietà resistenti al freddo su portinnesti più adatti alle condizioni invernali. Anche avvolgere gli steli con materiale isolante, come la paglia, può aiutare a ridurre al minimo i danni.

8. Pazienza e osservazioni: Quando le temperature iniziano ad aumentare in primavera, tieni d'occhio i germogli e la nuova crescita. Se si è verificato un danno, potrebbe essere necessario del tempo affinché il fico si riprenda. Sii paziente e fornisci le cure necessarie.

9. Premi unici: Coltivare alberi di fico nelle zone gelide può sembrare intimidatorio, ma i benefici sono molteplici. Raccolta di fichi freschi in un clima dove non sono naturali abbondante può portare grandi soddisfazioni. I fichi coltivati in zone gelide possono spesso essere più dolci e saporiti a causa delle variazioni di temperatura che influenzano la concentrazione di zuccheri nel frutto.

10. Connessione con la natura: Coltivare il fico in condizioni difficili rafforza il legame con la natura e consente ai giardinieri di adattarsi e imparare a lavorare in armonia con il proprio ambiente.

La coltivazione di alberi di fico nelle zone gelide richiede un'attenzione speciale e un'attenta preparazione, ma può essere gratificante per i giardinieri determinati. Con le giuste tecniche e comprendendo le esigenze specifiche del fico in condizioni fredde, i giardinieri possono godersi le delizie di questo frutto eccezionale anche nei climi più freddi.

Capitolo 175: Pratiche di controllo dei fichi e dei parassiti: protezione equilibrata e

durabilità

La coltivazione del fico è spesso un'attività entusiasmante e gratificante, ma non è priva di sfide, inclusa la presenza di insetti nocivi che possono danneggiare foglie, germogli e frutti. La gestione degli insetti nocivi nella coltivazione dei fichi è un aspetto cruciale per garantire raccolti sani e abbondanti mantenendo la sostenibilità dell'ecosistema.

1. Identificazione precisa: Il primo passo per gestire gli insetti nocivi nella coltivazione del fico è identificare correttamente i parassiti specifici presenti nell'area. Ogni specie può richiedere strategie di controllo diverse.

2. Metodi di prevenzione: La prevenzione è la chiave per evitare una grave infestazione. Utilizzare metodi di prevenzione come piantare varietà resistenti agli insetti, mantenere il giardino pulito e igienico e utilizzare reti o vele per impedire agli insetti di atterrare sulle piante degli alberi di fico.

3. Pratiche culturali: Mantenere il vigore dei fichi attraverso pratiche culturali sane, come

Potature regolari, adeguate annaffiature e un'adeguata concimazione, possono aumentare la loro naturale resistenza agli insetti dannosi.

4. Utilizzo di predatori naturali: Incoraggiare la presenza di predatori naturali, come coccinelle e vespe parassitoidi, può aiutare a controllare le popolazioni di parassiti.

5. Usare le trappole:L'uso di trappole adesive o di trappole a feromoni specifiche può aiutare a catturare alcuni parassiti e ridurne il numero.

6. Insetticidi organici: In caso di infestazione, privilegiare gli insetticidi biologici a base di batteri, funghi o altri agenti naturali specifici per i parassiti.

7. Rotazione delle colture: Praticare la rotazione delle colture aiuta a interrompere il ciclo di vita degli insetti nocivi, riducendo così il loro impatto sugli alberi di fico.

8. Evitare trattamenti eccessivi:L'uso eccessivo di insetticidi può avere effetti dannosi sull'ecosistema eliminando i predatori naturali e causando resistenza negli insetti presi di mira. Utilizzare trattamenti mirati e con parsimonia.

9. Monitorare regolarmente: Il monitoraggio regolare degli alberi di fico è essenziale per rilevare rapidamente eventuali infestazioni incipienti e agire prima che le popolazioni di parassiti vadano fuori controllo.

10. Educazione e consapevolezza: Aumentare la consapevolezza sui metodi di controllo dei parassiti rispettosi dell'ambiente e incoraggiare altri giardinieri ad adottare pratiche sostenibili.

È importante comprendere che l'uso eccessivo di sostanze chimiche può avere conseguenze dannose sulla salute umana, sugli impollinatori e sull'ambiente in generale. Pertanto, l'attuazione di pratiche di controllo dei parassiti rispettose dell'ambiente è essenziale per mantenere l'equilibrio nel giardino e preservare la salute degli alberi di fico e la biodiversità circostante. In definitiva, la combinazione di metodi preventivi, tecniche biologiche e gestione responsabile degli insetti nocivi contribuirà a una coltura del fico prospera e sostenibile.

Capitolo 176: Selezionare le varietà di fichi adatte alla propria zona: coltivare con successo

Il successo della coltivazione degli alberi di fico dipende in gran parte dalla scelta delle varietà giuste per la tua regione specifica. Ogni regione ha il suo clima, il suo suolo e le sue condizioni di crescita uniche e la selezione delle varietà di fichi appropriate può garantire raccolti abbondanti e di alta qualità.

1. **Clima:**Il clima della tua zona è uno dei fattori più importanti da considerare quando si scelgono le varietà di fichi. Alcune varietà sono più adatte ai climi caldi e secchi, mentre altre possono resistere agli inverni più freddi. Assicurati di scegliere varietà compatibili con le temperature e le condizioni meteorologiche della tua zona.

2. **Durata della stagione di crescita:**Alcune varietà di fichi richiedono una lunga stagione di crescita per produrre frutti maturi. Se vivi in una zona con estati brevi, opta per varietà a maturazione precoce per garantire un raccolto di successo.

3. **Terra :**Il tipo di terreno nella tua zona influenza la crescita e lo sviluppo dei fichi. Alcuni terreni sono più drenanti, mentre altri trattengono più acqua. Scegli le varietà che si adattano bene al terreno della tua zona.

4. **Resistenza alle malattie:**Alcune varietà di fichi sono più resistenti alle malattie comuni come la peronospora o la ruggine. La scelta di varietà resistenti può ridurre la necessità di trattamenti chimici.

5. **Dimensione dell'albero:**Anche la dimensione matura dell'albero è un fattore da considerare. Se disponi di spazio limitato, scegli le varietà nane o semi-nane che meglio si adattano al tuo giardino.

6. **Sapore e utilizzo:**Gli alberi di fico producono frutti con una gamma di sapori, consistenze e colori. Scegli le varietà che corrispondono alle tue preferenze di gusto e al modo in cui desideri utilizzarle, sia per il consumo fresco, la cottura, la marmellata o l'essiccazione.

7. Risorse disponibili: Considera le risorse disponibili nella tua zona, come l'approvvigionamento idrico e i requisiti di cura per le varietà che stai considerando. Alcune varietà potrebbero richiedere più attenzione di altre.

8. Ricerca e consulenza locale: Ricerca le varietà che sono già state coltivate con successo nella tua zona. Anche i consigli di giardinieri, vivaisti o esperti di orticoltura locali possono essere preziosi per aiutarvi a scegliere le varietà più adatte.

9. Sperimentazione: Potrebbe essere una buona idea sperimentare piantando diverse varietà per determinare quali prosperano meglio nella tua zona. Osservare la crescita, la produzione dei frutti e la resistenza alle condizioni locali.

Scegliere le varietà di fichi adatte alla tua regione è un passo essenziale per garantire il successo del tuo raccolto. Considerando attentamente il clima, il suolo, la resistenza alle malattie e i fattori di potatura degli alberi, puoi creare un giardino di fichi fiorente e produttivo che prospera armoniosamente nel tuo ambiente locale.

Capitolo 177: Coltivazione di fichi in terreni acidi: sfide e soluzioni

Coltivare alberi di fico in terreni acidi può presentare sfide uniche, ma con un'attenta pianificazione e una cura adeguata, è possibile coltivare questi deliziosi frutti in condizioni meno favorevoli al pH.

Sfide:

1. **pH del terreno:**Gli alberi di fico generalmente preferiscono un terreno neutro o leggermente alcalino, con un pH compreso tra 6 e 7. I terreni acidi, avendo un pH inferiore a 6, possono rendere difficile per le radici dell'albero di fico assorbire i nutrienti essenziali.

2. **Nutrienti inaccessibili:**Nei terreni acidi, alcuni nutrienti vitali come calcio, magnesio e fosforo possono essere legati chimicamente e diventare meno disponibili per le piante,

che può portare a carenze nutrizionali.

Le soluzioni:

1. **Prova del terreno:**Prima di piantare alberi di fico in un terreno acido, si consiglia di testare il terreno per determinarne l'esatto pH. Ciò aiuterà a capire quanto è acido il terreno e quali aggiustamenti potrebbero essere necessari.

2. **Modifiche al calcare:**Per aumentare il pH del terreno acido, può essere efficace l'aggiunta di ammendanti calcarei come la calce agricola. Ciò contribuirà a rendere il terreno più neutro o leggermente alcalino, che è più adatto per gli alberi di fico.

3. **Arricchimento di nutrienti:**I terreni acidi possono mancare di alcuni nutrienti essenziali. Aggiungendo ammendanti organici ricchi di sostanze nutritive come compost, letame ben decomposto o fertilizzanti a lenta cessione, puoi migliorare la qualità del suolo e fornire agli alberi di fico i nutrienti necessari.

4. **Pacciame organico:**L'uso del pacciame organico attorno alla base degli alberi di fico può aiutare a mantenere l'umidità del suolo e creare un ambiente favorevole alla crescita, promuovendo anche la decomposizione della materia organica che può aiutare a regolare gradualmente il pH del terreno.

5. **Scelta delle varietà:**Alcune varietà di fichi sono più tolleranti ai terreni acidi rispetto ad altre. Fai le tue ricerche per scegliere le varietà che hanno mostrato un migliore adattamento alle condizioni acide.

6. **Monitoraggio e aggiustamenti:**Una volta messe in atto le modifiche e le pratiche raccomandate, monitorare regolarmente il pH del terreno e la salute del fico. Se necessario, apportare ulteriori modifiche per mantenere un ambiente favorevole.

7. **Irrigazione regolare:**Nei terreni acidi, l'irrigazione regolare è importante per mantenere l'umidità costante. Assicurati di non lasciare che il terreno si asciughi eccessivamente, il che potrebbe aumentare le sfide del pH acido.

Coltivare alberi di fico in terreni acidi può richiedere un po' più di cura e impegno per creare un ambiente favorevole alla loro crescita e alla produzione di frutti. Seguendo pratiche come l'analisi del terreno, la modifica, l'arricchimento di nutrienti e la scelta di varietà appropriate, i giardinieri possono superare le sfide del terreno acido e godersi un raccolto di fichi deliziosi.

In conclusione, "Fig Trees Galore: The Global Encyclopedia"; ci ha portato in un viaggio affascinante attraverso il mondo ricco e diversificato dei fichi. Dalla ricerca della varietà perfetta alla propagazione, dalla coltivazione tradizionale ai metodi innovativi, dai rituali spirituali agli usi medicinali, questo libro ha esplorato ogni aspetto di questo straordinario albero che ha plasmato culture e culture.

civiltà attraverso i secoli.

À Attraverso queste pagine abbiamo scoperto come gli alberi di fico abbiano trasceso i confini geografici e culturali, lasciando il segno nelle arti, nella letteratura, nella gastronomia, nella spiritualità e molto altro ancora. Dalla mitologia antica alle moderne pratiche di coltivazione sostenibile, ogni capitolo di questo libro ci ha mostrato quanto gli alberi di fico siano profondamente radicati nelle nostre vite.

In questa enciclopedia abbiamo esplorato gli innumerevoli usi dei fichi, dalle ricette tradizionali alle applicazioni medicinali fino al loro ruolo cruciale nella biodiversità e nella conservazione dell'ambiente. Siamo stati testimoni di come gli alberi di fico abbiano ispirato l'arte, la spiritualità, la cucina e la tecnologia nel corso dei secoli, pur rimanendo un simbolo di sostenibilità, connessione e crescita.

"Fichi a bizzeffe: l'enciclopedia globale" incarna la passione e la devozione degli amanti del fico in tutto il mondo. Attraverso queste pagine non solo abbiamo ampliato la nostra conoscenza di questi straordinari alberi, ma abbiamo anche scoperto l'incredibile potenziale che offrono per il futuro del nostro pianeta e delle nostre società.

Mentre chiudiamo questo libro, siamo invitati a continuare il nostro viaggio con gli alberi di fico, a piantarli e averne cura nella nostra vita. Sia per i loro frutti succulenti, sia per il loro ricco simbolismo spirituali o la loro capacità di nutrire il nostro pianeta, gli alberi di fico rimangono un potente promemoria della nostra connessione con la natura e del nostro ruolo di custodi della terra. "Fichi a bizzeffe: l'enciclopedia globale" rimarrà una risorsa preziosa per chiunque desideri esplorare a fondo la vita, la storia e le molte dimensioni degli alberi di fico. Possa questo libro continuare a ispirare e illuminare, proprio come gli stessi fichi continuano ad arricchire la nostra vita con i loro frutti, la loro bellezza e la loro presenza benefica.